高等职业教育新目录新专标
电子与信息大类教材

图形图像处理技术

张秀杰 主 编
张兴华 关丽丽 任丽哲 副主编
金忠伟 主 审

電子工業出版社
Publishing House of Electronics Industry
北京•BEIJING

内 容 简 介

本书以计算机类专业教学标准和企业标准为依据，结合“成果导向+行动学习”的教育理念，以成果导向、项目引导、任务驱动、能力培养、面向就业为原则，将全书分为 8 个学习项目、24 个学习任务，包括图像处理基础知识的认知，图像的修正、美化与合成，标志设计，UI 设计，海报设计，书籍装帧设计，包装设计，网页设计。本书坚持基础知识、商业设计理念、图像处理与设计技巧并重，理论、操作与提高并举，具有很强的实用性和可操作性。

本书适用于各类高等职业院校计算机类、艺术设计类、虚拟现实技术应用类、数字媒体类、视觉传达类等相关专业，也可作为各类平面设计课程的培训教材和各类高等学校的项目教材，更是平面设计爱好者首选的自学教材。

图书在版编目（CIP）数据

图形图像处理技术 / 张秀杰主编. —北京：电子工业出版社，2023.4

ISBN 978-7-121-45367-0

Ⅰ. ①图… Ⅱ. ①张… Ⅲ. ①图像处理软件－高等学校－教材 Ⅳ. ①TP391.413

中国国家版本馆 CIP 数据核字（2023）第 060568 号

责任编辑：左　雅　　　　特约编辑：田学清
印　　刷：三河市良远印务有限公司
装　　订：三河市良远印务有限公司
出版发行：电子工业出版社
　　　　　北京市海淀区万寿路 173 信箱　　　邮编：100036
开　　本：787×1092　1/16　印张：17.5　字数：471 千字
版　　次：2023 年 4 月第 1 版
印　　次：2023 年 11 月第 2 次印刷
定　　价：55.00 元

凡所购买电子工业出版社图书有缺损问题，请向购买书店调换。若书店售缺，请与本社发行部联系，联系及邮购电话：（010）88254888，88258888。

质量投诉请发邮件至 zlts@phei.com.cn，盗版侵权举报请发邮件至 dbqq@phei.com.cn。

本书咨询联系方式：（010）88254580，zuoya@phei.com.cn。

前　　言

Photoshop 凭借着其强大的图形图像设计和处理能力，深受平面设计者和图形图像处理爱好者的喜爱。目前，全国很多高等职业院校计算机类、艺术设计类等专业均开设了“图形图像处理技术”相关课程。

本书以培养学生协作力、学习力、专业力、执行力、责任力、发展力这“六力”为主线，以成果导向、项目引导、任务驱动、能力培养、面向就业为原则，共分为 8 个学习项目，包括图像处理基础知识的认知，图像的修正、美化与合成，标志设计，UI 设计，海报设计，书籍装帧设计，包装设计，网页设计。本书通过任务驱动来组织学习（共 24 个学习任务），每个学习任务首先提出需要解决的问题（所要实现的效果），然后介绍解决问题所需要的相关知识，并引导学生运用相关知识解决问题，最后提出新问题让学生举一反三。具体内容如下。

项目 1 包含 3 个学习任务，主要介绍图形图像处理的基础知识及平面设计的基本要求、基本流程。

项目 2 包含 3 个学习任务，主要介绍在 Photoshop 界面中创建与使用选区的方法、图层的基本操作及修饰图形图像的方法，使学生能够熟练使用菜单栏、工具箱、选项栏、控制面板、图像编辑区等。

项目 3 包含 3 个学习任务，主要介绍标志设计的原则、色彩搭配、步骤与流程，使学生能够熟练使用选择工具、钢笔工具、渐变工具、套索工具、描边工具和图层面板，并能举一反三设计不同类别的标志，充分发挥自己的创新思维，设计出符合需求的作品。

项目 4 包含 3 个学习任务，主要介绍 UI 设计的基础知识，图标、按钮及导航设计，表单控件设计，使学生能够熟练调整图像色彩，使用钢笔工具、通道和图层面板进行 UI 设计，充分发挥自己的创新思维，设计出符合需求的 UI 作品。

项目 5 包含 3 个学习任务，主要介绍海报色彩的基本概念、海报版式设计的原则、海报版式设计的布局和步骤，使学生能够熟练使用色彩平衡、照片滤镜及黑白命令，学会使用滤镜操作、变换操作和文字变形操作，并能举一反三设计不同类型的海报，充分发挥自己的创新思维，设计出符合需求的海报作品。

项目 6 包含 3 个学习任务，主要介绍书籍装帧版式设计的要素、种类和风格，以及封面设计的前期准备、构思、步骤、印刷与封装，使学生能够熟练使用油漆桶工具及魔棒工具，掌握色阶操作、变换操作和载入选区操作、设计流程，从而完成书籍装帧设计。

项目 7 包含 3 个学习任务，主要介绍包装设计的类型、构成要素、基本原则、步骤和流程，使学生能够根据设计需要收集素材；能够根据实际情况选择并运用合适的方法进行抠图操作；能够定位设计风格，包括设计创意、表现形式、版面布局、图文编排、整体色调等；能够熟练建立文件，并设置文件尺寸、分辨率、颜色模式；能够灵活地使用各种工具；能够熟练制作商品各种包装形式的平面效果图和立体效果图；能够按照需求设置文件的存储格式；并能举一反三设计不同类别的商品包装并熟练解决在设计过程中遇到的各种问题，设计出符合需求的商品包装作品。

项目 8 包含 3 个学习任务，主要介绍网页的基本结构、基本原则、分类、步骤及流程，使学生能够掌握网页背景、标题、导航栏、登录区域、网站内容等模块的制作方法，并能熟练运用 Photoshop 制作网页中的常见模块。

本书内容新颖、适用面广，在前期已出版的教材版本基础上，重构了教材体系，虚拟了企业真实项目，更加符合岗位对人才的需求。

- 特色之一：思维导图指引并贯穿各项目的学习，突出重点、难点。全书 8 个项目对应 8 个思维导图，涵盖教材的所有知识点，使学生的思路更加清晰。
- 特色之二：虚拟企业真实项目，零距离对接岗位。本书内容以任务情境（任务场景、任务布置）、知识准备、任务实施、任务评价、任务拓展、综合技能训练、在线测试方式展现，体现内容的新颖、前沿、实用、受众面广。
- 特色之三：以“六力”的培养为主线。学生通过学习本书的内容，完成课程目标，也为平面设计师、广告设计师、插画师、原画师等岗位提供必备的知识，为计算机类（尤其是虚拟现实技术应用、数字媒体技术应用、视觉传达、动漫制作等相关专业）课程的学习起到承上启下的作用。
- 特色之四：数字资源内容丰富。本书配备了电子课件、微课、实操演示视频、综合技能训练、拓展训练、在线测试、教学单元设计等教学资源，为师生提供了打破时空学习的便利条件。

本书由张秀杰担任主编，并统稿、定稿；由张兴华、关丽丽、任丽哲担任副主编。本书的具体编写分工如下：项目 1、项目 2 由任丽哲编写；项目 3、项目 4 及附录由张秀杰编写；项目 5，项目 6，项目 8 的 8.2、8.3 节由关丽丽编写，项目 7，项目 8 的 8.1 节由张兴华编写。本书由金忠伟担任主审。全体人员在本书的编写、审校过程中付出了很多努力，也得到了电子工业出版社的大力支持和帮助，在此一并表示衷心感谢！

由于编者水平有限，书中难免存在不妥之处，欢迎各位读者通过电子邮箱（531941414@qq.com）来函给予宝贵意见，我们将不胜感激。

编　者

目　　录

项目 1　图像处理基础知识的认知

学习目标

1．知识目标

•认识并区分位图、矢量图。

•了解不同图像文件格式的区别。

•了解图像颜色模式的种类及特点。

•掌握常用的菜单命令。

2．技能目标

•熟练创建、保存、关闭和打开图像文件。

•熟练对“编辑”菜单的首选项进行设置。

•熟练调整图像尺寸、更改像素。

•熟练调整画布尺寸和颜色。

•熟练使用 Photoshop 的常用工具。

3．能力目标

•培养学生自主学习、合作学习的能力。

4．素质目标

•培养学生专注、细致的工作态度及职业素养。

任务 1.1　学习图像的基础知识

任务情境

【任务场景】使用 Photoshop 处理图像，首先要掌握图像的基础知识，包括认识位图、矢量图，了解图像文件格式，了解图像的颜色模式，为后续课程的学习奠定基础。

【任务布置】学习图像的基础知识，能够区分位图和矢量图；能够放大位图和矢量图；能够明确不同文件格式图像的特点；能够了解图像颜色模式的区别，并对给出的图像颜色模式进行调整。

知识准备

1.1.1 位图与矢量图

图像分为两种，即位图和矢量图。Photoshop 是典型的位图处理软件，而 CorelDraw、Illustrator 等是常用的矢量图处理软件。

1. 位图

位图（Bitmap）又被称为“点阵图”，是由许多单独的小方块组成的，这些小方块就是像素点，如图 1-1 所示。当放大位图时，可以看见构成整张图像的每一个小方块显示不同的颜色。也就是说，每个像素点都有特定的位置和颜色值。对位图进行编辑，就是对像素点进行编辑。

位图的特点是可以表现色彩的变化和色彩的细微过渡效果。位图的显示效果由像素点决定，不同排列方式和着色的像素点组合在一起形成图像。像素点越多，色彩越丰富，图像的分辨率越高，同时图像文件所占存储空间也会越大。

位图中包含的像素点数目是一定的，如果在屏幕上以较大的尺寸显示图像，则会将单个像素点增大，导致图像失真，边缘出现锯齿并丢失图像细节，如图 1-2 所示。

数码相机拍摄的照片，扫描仪扫描的图片及计算机截屏的图片等都属于位图。

图 1-1 位图

图 1-2 局部放大位图

2. 矢量图

矢量图（Vector Graphics）又被称为“向量图”，是基于图形的几何特性来描述的图像。构成这些几何图形的元素是一些点、线、矩形等，这些元素又被称为“对象”。构成矢量图的每一个对象都是独立的个体，都具有大小、颜色、形状、轮廓等特性，如图 1-3 所示。

矢量图与分辨率无关，可以被无限放大。矢量图被放大后不变色、不模糊，而且不会丢失细节。矢量图也可以被缩放到任意大小，被缩小后清晰度不变，不会出现锯齿状的边缘，如图 1-4 所示。

矢量图与位图相比，优点是不受分辨率的影响，无论是被放大、缩小，还是被旋转都不会失真；缺点是不易制作色调丰富的图像，难以表现图像色彩层次丰富的逼真效果，无法像位图那样精确地描绘各种绚丽的景象。

矢量图文件占用的存储空间较小，常被用于图案设计、标志设计、文字设计等。

位图既适用于人物、风景、商品等需要表示真实图像的领域，又适用于卡通、线条画等表现抽象意念的领域。

图 1-3　矢量图

图 1-4　局部放大矢量图

【课堂训练 1-1】

观察并对比图像素材，掌握位图与矢量图的区别。

1.1.2　文件格式

由于保存和编辑图像文件的方式不同，因此产生了多种存储图像文件的格式。Photoshop 支持 20 多种图像文件格式，每一种文件格式都有各自的特点。如果用户掌握了各种文件格式的特点和区别，则可以在图像编辑过程中使图像达到最佳效果。在 Photoshop 中，保存、编辑图像默认的文件格式为 PSD 格式。

1. PSD 格式

PSD（*.psd）是 Photoshop 中新建文件时默认的文件存储格式，是 Photoshop 自身专用的文件格式，也是唯一可以存储所有 Photoshop 特有的文件信息及颜色模式的格式。

PSD 格式能够保存图像文件的细微部分，包括图层、蒙版、通道、辅助线和路径等信息。这种格式一般用于图像编辑过程中的存储，图像被存储后各图层之间相互独立，便于用户修改和制作各种特效。

在保存图像文件时，如果要求图像文件中含有图层或通道信息，则必须以 PSD 格式存储。若要将 PSD 格式的图像文件保存为其他格式，系统将合并图层，保存后的图像文件不具有任何图层。

2. BMP 格式

BMP（*.bmp）是一种在 DOS 和 Windows 平台上常用的标准位图文件格式，且支持的颜色模式有 RGB、索引、灰度和位图，但不支持 Alpha 通道。

BMP 格式的特点是其包含的图像信息比较丰富，几乎不对图像进行压缩，占用的磁盘空间较大，保存和打开文件的速度相对较慢。

3. TIFF 格式

TIFF（*.tif 或*.tiff）是一种较为通用的位图文件格式，具有复杂、存储信息多的特点。几乎所有的绘画、图像编辑和页面版式应用程序均支持这种文件格式。TIFF 格式与 PSD 格式相似，支持使用 Photoshop 中的复杂工具，也能够保存通道、图层和路径信息。

TIFF是现有的图像文件格式中最复杂的一种格式，支持的颜色模式包括位图、灰度、索引、RGB、CMYK和Lab，同时RGB、CMYK和灰度颜色模式均可包含Alpha通道，并支持LZW无损压缩，应用广泛。TIFF格式具有可扩展性、方便性、可改性、可移植性的特点，支持跨平台应用软件，可以在不同的应用程序和平台之间交换图像文件。

TIFF格式可以制作质量非常高的图像，因此经常被用于出版印刷。因为TIFF格式的结构比其他格式更复杂，所以当使用TIFF格式存储图像文件时，应考虑图像文件的大小。

4. GIF格式

GIF（*.gif）是网页上的通用格式，几乎所有相关软件都支持该格式。在公共领域中，大量的软件都在使用GIF格式的图像文件。GIF格式只支持256种颜色，支持透明，不支持Alpha通道，不能存储真彩色的图像文件。一个GIF格式的文件中可以存储多张彩色图像，如果把这些彩色图像逐张显示到屏幕上，就可以产生简单的动画效果。

以GIF格式保存的图像文件占用较小的存储空间，传输速度快，适用于网络传输，是网页中常用的图像文件格式。

5. JPEG格式

JPEG（.jpg或.jpeg）是目前网络上非常流行的图像文件格式，也是一种高效的、有损压缩的图像文件格式。JPEG格式的图像通常用于图像预览和超文本文档中。因为对JPEG格式的图像文件进行了高倍率的压缩，图像文件体积较小，所以下载速度快，在注重图像文件大小的领域应用广泛，如网页制作过程中的图像和光盘读物。

JPEG格式采用有损压缩方式，在存储图像文件时会丢失部分数据，因此JPEG格式的图像文件并不适合放大观看。在采用JPEG格式输出印刷品时，图像品质也会受到影响。JPEG格式不支持Alpha通道，也不支持透明。

6. PDF格式

PDF（*.pdf）是一种便携式文件格式，是用于图像文件交换所发展出的文件格式。它能保留图像文件的原有格式，是印刷行业的印前标准，能在印刷时保证精确的颜色和准确的打印效果。它能将文本、字形、格式、颜色和图像全部嵌入文档，可以可靠地呈现和交换文档，是网络下载经常使用的文件格式。

PDF格式的图像文件不仅可以包含矢量图和位图，还可以包含超链接。PDF格式除了支持RGB、CMYK、索引、灰度、位图和Lab等颜色模式，还支持通道图层等数据信息。

7. PNG格式

PNG（*.png）是一种无损压缩的网页格式，可以用于网络图像的传输。它结合GIF和JPEG格式的优点，可以实现无损压缩、体积更小。它不仅支持灰度、位图、索引和RGB颜色模式，而且在RGB和灰度颜色模式下还支持透明和Alpha通道。

由于PNG格式不完全适用于所有浏览器，不是所有的程序都可以使用PNG格式来存储图像文件，因此在网页中它比GIF和JPEG格式使用得少，但Photoshop可以处理PNG格式的图像文件，也可以将图像文件存储为PNG格式。

1.1.3　图像的颜色模式

颜色模式是将某种颜色表现为数字形式的模型。图像的颜色模式决定了显示和打印图像颜色的方式。Photoshop 提供了多种颜色模式，选择适当的颜色模式可以正确显示图像并确保图像的打印质量。常见的颜色模式有 RGB、CMYK、HSB、Lab、灰度、索引、位图、双色调等。

1. RGB 颜色模式

RGB 颜色模式又被称为“真彩色”，是一种常见的颜色模式。RGB 是 Photoshop 中默认使用的颜色模式。RGB 图像由红（Red）、绿（Green）、蓝（Blue）3 个颜色通道组成，每个颜色通道各分为 256 阶亮度，取值范围是 0～255。通过 3 个颜色通道的变化及 3 种颜色发出的不同强度的光叠加可以形成多种不同颜色，表现出绚丽多彩的视觉效果。

RGB 颜色模式是一种加色模式，模拟光的调色原理，将红、绿、蓝 3 种颜色按不同比例混合，可以编辑出不同的图像颜色。在 Photoshop 中编辑图像时，用户可以使用 Photoshop 中所有的命令和滤镜，几乎所有的命令和滤镜都支持该颜色模式。另外，RGB 颜色模式的图像文件占用的存储空间相对较小，在扫描输入的图像和绘制的图像时一般都采用 RGB 颜色模式进行存储。

【提示】

在 Photoshop 中编辑图像时，可以执行“图像”→“模式”命令，将图像转换成 CMYK 颜色模式。但是在转换颜色模式之前，用户需要预览转换效果，以确保图像效果。

2. CMYK 颜色模式

CMYK 颜色模式下的图像由青（Cyan）、洋红（Magenta）、黄（Yellow）和黑（Black）4 个颜色通道组成，每个颜色通道的取值范围是 0%～100%。CMYK 颜色模式是印刷时最常用的一种颜色模式。

CMYK 颜色模式是减色颜色模式，它模拟的是颜料、油墨的调色原理。在 Photoshop 中，因为很多滤镜不支持这种颜色模式的图像，所以通常采用 RGB 颜色模式进行图像编辑。如果作品需要进行印刷，则在新建 Photoshop 文件时，要选择 CMYK 颜色模式，这时制作的图像都在可印刷的色域中，可以避免成品图像的颜色失真。

CMYK 颜色模式与 RGB 颜色模式相比，主要是产生颜色的原理不同，另外 CMYK 颜色模式的图像文件占用的存储空间较大。

3. HSB 颜色模式

HSB 是基于人对颜色的心理感受的一种颜色模式，这种颜色模式比较符合人的视觉感受，让人觉得更加直观。HSB 颜色模式有色相（Hue）、饱和度（Saturation）和亮度（Brightness）3 个要素，为将自然颜色转换为计算机创建的颜色提供了一种直接方法。在进行图像色彩校正时，经常会用到“色度/饱和度”命令。

HSB 颜色模式是将 RGB 三原色转换为 Lab 颜色模式，再在 Lab 颜色模式的基础上考虑人对颜色的心理感受转换而成的。HSB 颜色模式比 RGB 和 CMYK 颜色模式更直观，更接近人的视觉效果。

4. Lab 颜色模式

Lab 是 Photoshop 在不同颜色模式之间转换时使用的内部颜色模式。因为该颜色模式是独立于设备的颜色模式，所以通过它可以将各种颜色模式在不同系统或平台之间进行转换。Lab 颜色模式由 3 个通道组成：一个通道是“透明度”，用 L 表示；其他两个通道是颜色通道，即“色相”与“饱和度”，分别用 a 和 b 表示。Lab 颜色模式的图像是由 RGB 三原色转换而来的，是 RGB 颜色模式转换为 CMYK 颜色模式的桥梁，在转换的过程中，颜色不会被替换或丢失。

Lab 颜色模式包括了人眼可见的所有颜色，弥补了 CMYK 颜色模式和 RGB 颜色模式的不足。在这种颜色模式下处理图像，与在 RGB 颜色模式下处理图像的速度相似，但要比在 CMYK 颜色模式下处理图像的速度快。

5. 灰度颜色模式

灰度颜色模式（Grayscale）一般只用于灰色和黑白色图像中，图像只有灰度，没有其他颜色。在灰度颜色模式下，“亮度”是唯一能够影响灰度颜色模式图像的因素，没有“色相”与“饱和度”信息。灰度颜色模式图像中的每一个像素用 8 位的二进制数据表示，具有 0～256 个亮度级，能表示出 256 种不同浓度的色调，当灰度值为 0 时，生成的颜色是黑色；当灰度值为 255 时，生成的颜色是白色。灰度颜色模式可以表现出丰富的色调，但表现出的仍然是黑白色图像。

在 Photoshop 中，如果将彩色图像转换为灰度颜色模式图像，则所有的颜色将被不同的灰度代替。使用黑、白或灰度扫描仪产生的图像常以灰度颜色模式显示。

【提示】

尽管 Photoshop 允许将灰度颜色模式图像转换为彩色图像，但是不能将原来的颜色完全还原。所以将图像转换为灰度颜色模式图像时，应该提前做好备份。

6. 索引颜色模式

索引颜色模式是根据图像中的像素来统计颜色的，它将统计的颜色定义成一个“颜色表”（Color Look-up Table，CLUT），用于存放并索引图像中的颜色。在利用 Photoshop 处理图像时，彩色图像被转换为索引颜色模式图像后包含近 256 种颜色，如果原始图像中的颜色不能用 256 种颜色表现，则程序将会选取现有颜色中最接近的一种。

索引颜色模式最多不超过 256 种颜色，在利用 Photoshop 处理图像时，所有的滤镜都不可用，只能进行有限的编辑，因此在编辑后会出现图像失真的现象，如果想要进一步编辑，则要临时将其转换为 RGB 颜色模式或其他颜色模式。

在索引颜色模式下，通过限制调色板和索引颜色，可以在减小图像文件体积的同时保持图像文件的视觉品质不变。索引颜色模式适用于制作网页图像文件或多媒体动画文件。

7. 位图颜色模式

位图颜色模式的图像又被称为“黑白图像”，该颜色模式用黑、白两种颜色来表示图像中的像素。该颜色模式的特点是信息少，图像体积小，占用的磁盘存储空间也较小。

在 Photoshop 中，因为只有灰度颜色模式可以转换为位图颜色模式，所以将一张彩色图像转换为黑白颜色模式的图像时，必须先将图像转换为灰度颜色模式的图像，再转换为位图颜色模式的图像。

8. 双色调颜色模式

双色调颜色模式是用一种灰色油墨或彩色油墨来渲染灰度图像的模式。

双色调颜色模式图像是通过 1～4 种自定义油墨创建单色调、双色调（两种颜色）、三色调（3 种颜色）和四色调（4 种颜色）的灰度图像。该颜色模式最多可向灰度图像添加四种颜色，所以将图像由灰度颜色模式转换为双色调颜色模式时，可以对色调进行编辑，使用少量颜色表现多层次效果。

任务实施

1-1 更改图像的颜色模式和文件格式.mp4

更改图像的颜色模式和文件格式。

1. 更改图像的颜色模式

打开任意一个图像文件，执行“图像”→“模式”命令，选择颜色模式，完成更改。

2. 更改图像的文件格式

打开任意一个图像文件，执行“文件”→“存储为”命令，在“保存类型”中选择与原始文件格式不同的格式选项（如“*.psd”“*.jpg”“*.png”等）。

任务评价

填写任务评价表，如表 1-1 所示。

表 1-1　任务评价表

工作任务清单	完成情况
1. 区分位图与矢量图	○优　○良　○中　○差
2. 更改图像的颜色模式	○优　○良　○中　○差
3. 更改图像的文件格式	○优　○良　○中　○差

任务拓展

1-2 了解矢量图.pdf

了解矢量图编辑软件及矢量图文件格式。

任务 1.2　认识 Photoshop 的操作界面

任务情境

【任务场景】使用 Photoshop 处理图像，首先要熟悉 Photoshop 的操作界面，熟悉“文件”菜单和“编辑”菜单的使用。

【任务布置】认识 Photoshop 的操作界面，能够新建、打开、保存、关闭图像文件；能够利用“首选项”对话框设置 Photoshop 的界面、工作区、单位与标尺等。

知识准备

1.2.1 Photoshop 操作界面

Photoshop 操作界面是使用 Photoshop 进行图形图像处理的场所。Photoshop 操作界面由菜单栏、属性栏、工具箱、浮动控制面板、编辑区和标题栏、状态栏等模块组成。

执行“开始”→“程序”→“Adobe Photoshop”命令，或者双击桌面上的“Adobe Photoshop”快捷图标，启动中文版 Photoshop，进入软件操作界面，如图 1-5 所示。

图 1-5 Photoshop 操作界面

1. 菜单栏

Photoshop 菜单栏在操作界面最上方，包含“文件”“编辑”“图像”“图层”“文字”“选择”“滤镜”“3D”“视图”“窗口”“帮助”共 11 个菜单命令，如图 1-6 所示。几乎所有命令都被分类存放在这些菜单中。单击或使用快捷键可以快速调用菜单栏中的命令。另外，部分命令也可以通过在文档窗口右击并在弹出的快捷菜单中调用。

“文件”菜单主要包含“新建”“打开”“关闭”“存储”“打印”等命令。“编辑”菜单用于对图像进行初步编辑；“图像”菜单用于对整个画布的大小、色调等进行设置；“图层”菜单集成了对图层进行新建、复制、变换和编辑的命令；“文字”菜单主要包含对文字进行编辑的命令；“选择”菜单是对选取的对象进行操作的集成菜单；“滤镜”菜单用于为图像添加各种特效；“3D”菜单用于制作图层的立体效果；“视图”菜单用于调整打印尺寸和缩放比例等；“窗口”菜单用于设置程序中面板的显示/隐藏；“帮助”菜单包含“Photoshop 教程”“系统信息”等命令。

打开菜单后可以看到菜单命令，如果命令是灰色的，则表示这些命令未被激活，无法操作；有些命令后面会标注出快捷键，表示按下该快捷键便可快速执行相应的命令；如果命令后面有三角形箭头，则表示在该命令下有隐藏选项，当鼠标指针划过该选项时，会显示出子菜单。“图像”菜单列表及其子菜单如图 1-7 所示。

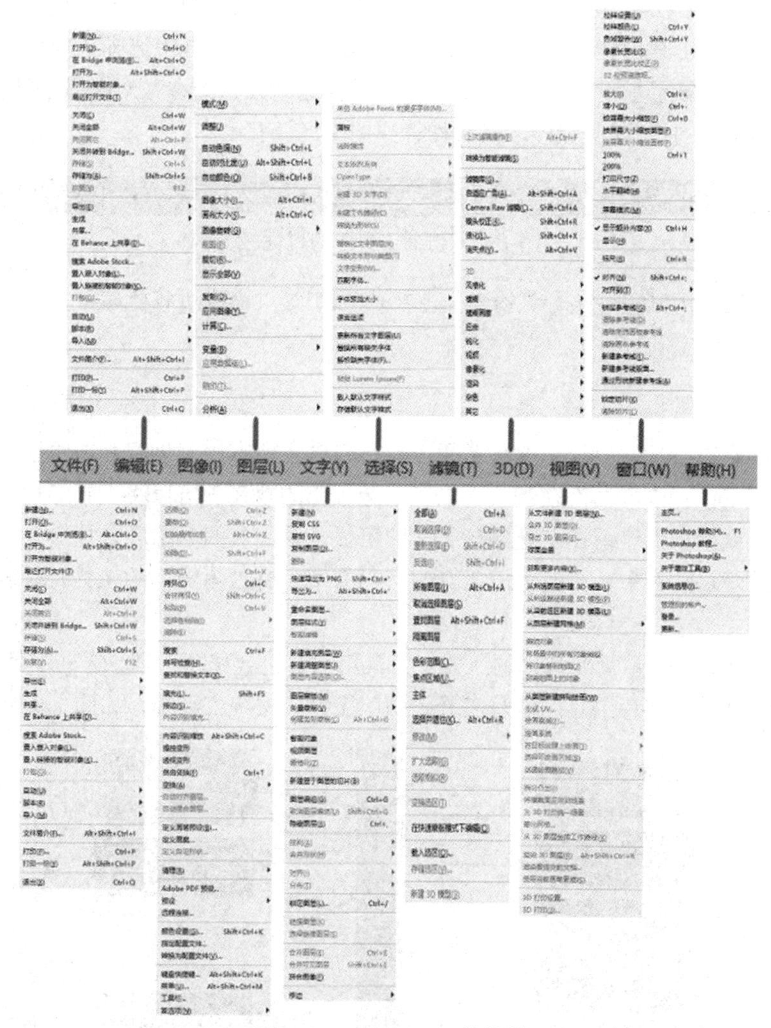

图 1-6　Photoshop 菜单栏

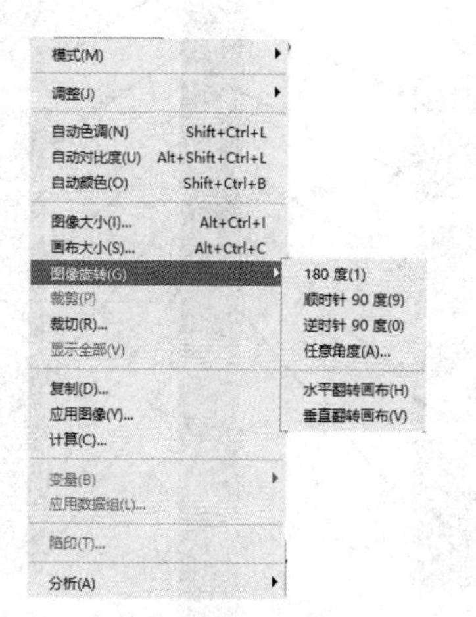

图 1-7　“图像”菜单列表及其子菜单

2. 属性栏

属性栏是用于设置工具选项的。在操作过程中，选择工具箱中的不同工具，属性栏显示的内容和参数会随所选工具的变化而变化。用户可以在特定的文本框中选择选项，对参数进行调整，并使用该工具对图像进行编辑和修改；也可以使用系统默认的参数对图像进行编辑和修改。例如，选择工具箱中的“仿制工具”，其属性栏如图 1-8 所示。

图 1-8 “仿制工具”的属性栏

属性栏和工具箱可以通过执行“窗口”→“选项/工具”命令进行隐藏或显示，也可以通过拖曳使其变为悬浮状态。

3. 工具箱

Photoshop 的工具箱提供了约 65 种常用工具，包含了所有用于创建和编辑图像的工具。工具箱位于 Photoshop 操作界面的左侧，单击工具箱顶部的双箭头可以将工具箱切换为单列显示或双列显示，将鼠标指针停留在工具图标上，即可显示该工具的名称和快捷键。工具箱中功能相似的工具被整理后，集中在一起形成工具组，当右下角有三角图标的工具时，表示是一个工具组。

右击工具按钮，可显示需要选择的工具。工具箱主要包含移动工具、选框工具、套索工具、颜色设置工具、裁剪和切片工具、修复工具、画笔工具、文字工具等，如图 1-9 所示。

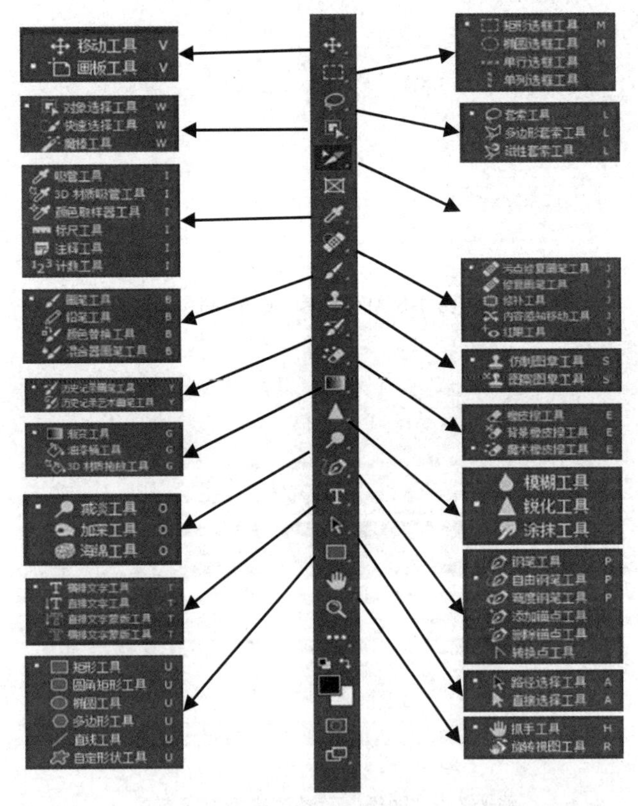

图 1-9 工具箱

工具箱可以被折叠起来，单击工具箱顶部的折叠图标，可以将其折叠为双栏，再次单击，可以将其还原为单栏。另外，可以将工具箱设置为浮动状态，方法是将鼠标指针放置在图标上，利用鼠标左键拖曳即可（将工具箱拖曳到原处，可以将其还原为停靠状态）。

4. 浮动控制面板

浮动控制面板是 Photoshop 重要的组成部分。在默认情况下，它位于 Photoshop 操作界面的右侧，用于执行选择颜色、编辑图层、新建通道、编辑路径和撤销编辑等命令，对图层、通道、路径及色彩进行相关的设置和控制。

面板默认以选项卡的形式成组出现，在“窗口”菜单中可以选择需要的面板将其打开或关闭。在面板的右上角有一个“折叠/展开”按钮，单击此按钮可以根据需要将面板折叠、展开或自由组合，如图 1-10 所示。

单击面板右上角的“选择工作区”下拉按钮，可以根据编辑目的选择“基本功能”或“3D”等选项，面板模块将呈现不同参数面板的组合形式。使用“复位基本功能”选项可以将面板恢复到默认的初始状态，使用“新建工作区”选项可以将自定义的面板进行存储，如图 1-11 所示。

图 1-10　面板中的“折叠/展开”按钮

图 1-11　面板中的“选择工作区”下拉按钮

5. 编辑区和标题栏

在 Photoshop 中，图像窗口是对图像进行浏览和编辑操作的主要场所，具有显示图像文件、编辑或处理图像的功能。每打开一个图像，便会创建一个文档窗口，同时打开多个图像或新建多个文档，文档标题会以选项卡形式显示在标题栏中。标题栏中可以显示打开文件的名称、格式、颜色模式、所属通道和图层状态。同时打开多个图像文件，在标题栏中单击某个图像文件的名称，即可将其设置为当前操作的窗口，如图 1-12 所示。

图 1-12　打开多个图像文件

如果想要调整文档窗口在选项卡中的顺序，则可以按住鼠标左键拖曳文档标题栏。如果想要在多个窗口之间进行切换，则可以通过快捷键完成：按快捷键 Ctrl+Tab 可以使窗口按照从前到后的顺序切换；按快捷键 Ctrl+Shift+Tab 可以使窗口按照从后到前的顺序切换。

在标题栏中选中某个窗口，按住鼠标左键拖曳，可以将该窗口从选项卡中拖出，使选中的文档窗口变为悬浮状态，成为可以随意移动的浮动窗口。按住鼠标左键将浮动窗口的标题栏拖曳到选项卡中，当图像编辑区中出现蓝色方框时释放鼠标左键，可以将浮动窗口重新放置到选项卡中。另外，拖动浮动窗口的侧边或一角可以调整窗口的大小。悬浮窗口如图 1-13 所示。

图 1-13　悬浮窗口

6. 状态栏

状态栏位于文档底部，可以显示文档的缩放比例、文档大小和当前使用的工具等信息。在文档信息区域右击，可以显示文档的宽度、高度、通道等信息。状态栏信息如图 1-14 所示。

图 1-14　状态栏信息

1.2.2　“文件”菜单的基本操作

打开 Photoshop，选择“文件”菜单命令，在打开的“文件”菜单中可以看到其中包含的操作命令，如“新建”“打开”“关闭”“关闭全部”“存储”“存储为”等。在“文件”菜单中有些命令显示为灰色，表示该命令未被激活，当前不能使用，如图 1-15 所示。

1.“新建”命令

在默认情况下，启动 Photoshop 不会自动新建文档。如果需要新建一个空白文档进行绘制，可以使用“文件”菜单中的命令。

（1）执行“文件”→“新建”命令或按快捷键 Ctrl+N，可以打开“新建文档”对话框，如图 1-16 所示。

（2）“新建文档”对话框显示的是 Photoshop 中已经预先定义好的一些图像尺寸，可在其中进行选择。“新建文档”对话框的右侧为预设详细信息区域，包括文档的标题，图像的宽度、高度、方向、分辨率、颜色模式和背景内容，在这里可以根据需要进行相应的设置。新建文档的标题默认为“未标题-序号”，可根据需要进行更改。图像的默认分辨率为 72 像素/英寸，高度和宽度的单位是像素。

2.“打开”命令

执行“文件”→“打开”命令或按快捷键 Ctrl+O，打开“打开”对话框，如图 1-17 所示。

在“打开”对话框中选择需要打开的文件路径，选择需要打开的一个或多个图像文件，单击“打开”按钮即可打开图像文件，打开的文档窗口以选项卡方式显示。

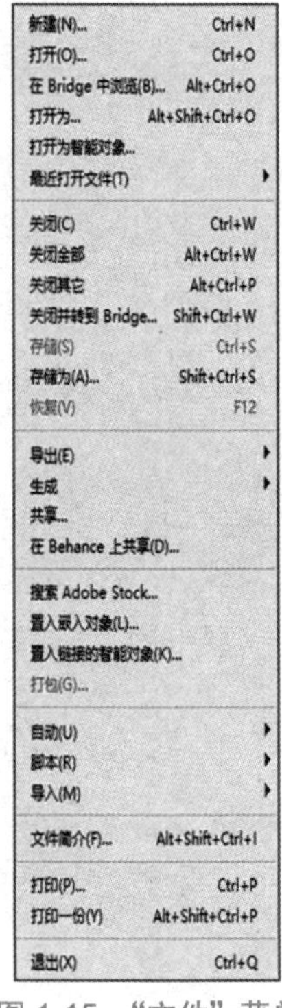

图 1-15 “文件”菜单

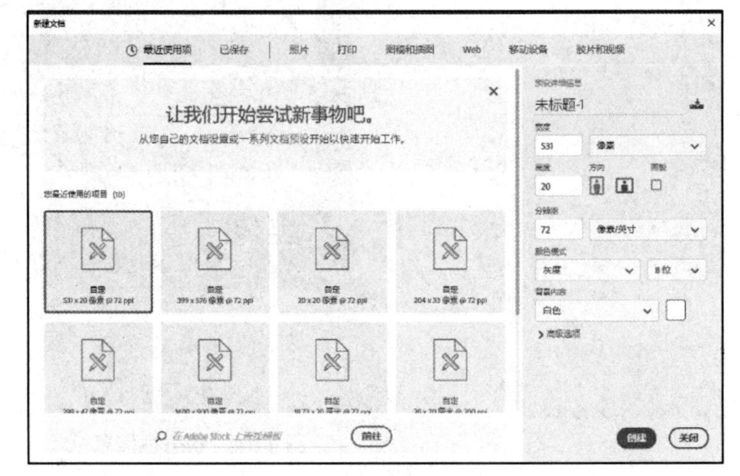

图 1-16 “新建文档”对话框

图 1-17 “打开”对话框

3. “保存”命令

如果是第一次保存新建文件，则直接执行“文件”→“存储”命令或按快捷键 Ctrl+S，打开“另存为”对话框，如图 1-18 所示。在选择存储位置后，输入文件名，选择文件的保存类型，在“保存类型”下拉列表中选择相应选项，单击“保存”按钮即可。

图 1-18 “另存为”对话框

如果需要对已经存储过的图像文件进行修改并保存，则可以执行“文件”→“存储”命令或按快捷键 Ctrl+S，这时不会打开“另存为”对话框，直接进行保存。

如果需要对修改的图像文件进行重命名或更改保存类型，则可以执行“文件”→“存储为”命令或按快捷键 Shift+Ctrl+S，在打开的“另存为”对话框中，根据需要进行设置，完成后保存。

4. “关闭”命令

执行“文件”→“关闭”命令，按快捷键 Ctrl+W 或单击图像文件标题栏上的“关闭”按钮 ☒，都可以关闭图像文件。如果没有保存当前文件，则在关闭文件时将会询问是否保存文件。

如果需要同时关闭多个图像文件，则可以执行“文件”→“关闭全部”命令或按快捷键 Alt+Ctrl+ W。

5. 排列窗口

如果屏幕上打开多个图像窗口，且以文档选项卡方式显示时，则可以重新排列窗口；也可以将活动窗口设置为浮动窗口，使图像显示更为直观，便于多个窗口同时进行编辑。

（1）在标题栏中选中图像文件标题，使用鼠标左键拖曳，可以更改窗口的排列顺序。

将鼠标指针置于图像窗口的选项卡上，直接将多个窗口拖曳至屏幕上重新排列，或者执行“窗口”→“排列”→“使所有内容在窗口中浮动”命令。完成编辑后，执行“窗口”→“排列”→“使所有内容合并到选项卡中”命令，把它们合并起来。

（2）执行“窗口”→“排列”→“层叠”命令或“平铺”命令，也可以重新布置图像窗口，如图 1-19 所示。

图 1-19　平铺窗口

1.2.3　“编辑”菜单的首选项设置

为了更好地操作 Photoshop，我们可以对 Photoshop 的常规设置、界面、暂存盘、单位与标尺等进行适当的调整和更改，这些基本设置可以在“首选项”对话框中完成。掌握“首选项”对话框的使用方法，有利于解决 Photoshop 中的一些基础问题。

对常规选项进行设置。执行“编辑”→“首选项”命令或按快捷键 Ctrl+K，可以打开“首选项”对话框。“首选项”对话框的左侧显示可设置的选项，根据需要设置调整选项，其他选项保持默认。设置完成后，每次启动 Photoshop 后都会按照这个设置来运行。“编辑”菜单如图 1-20 所示。

1. 界面

在“首选项”对话框左侧选择“界面”选项，切换到“界面”面板。在此面板中可以设置窗口的外观，包括颜色方案、高光颜色等，如图 1-21 所示。

2. 暂存盘

在“首选项”对话框左侧选择“暂存盘”选项，切换到“暂存盘”面板。在此面板中可以选择文件的存储位置，如图 1-22 所示。建议将图像文件存放在容量较大的硬盘中，最好不要占用 C 盘空间。

3. 单位与标尺

在“首选项”对话框左侧选择“单位与标尺”选项，切换到“单位与标尺”面板。在此面板中可以对标尺参数进行设置，包括标尺的度量单位、新文档预设分辨率等，如图 1-23 所示。

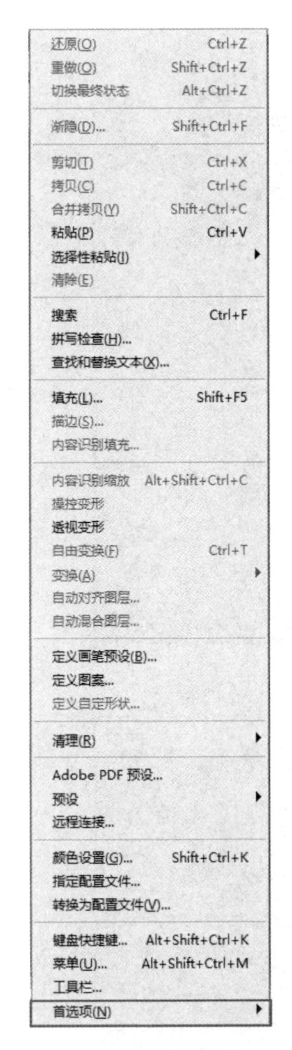

图 1-20 “编辑”菜单

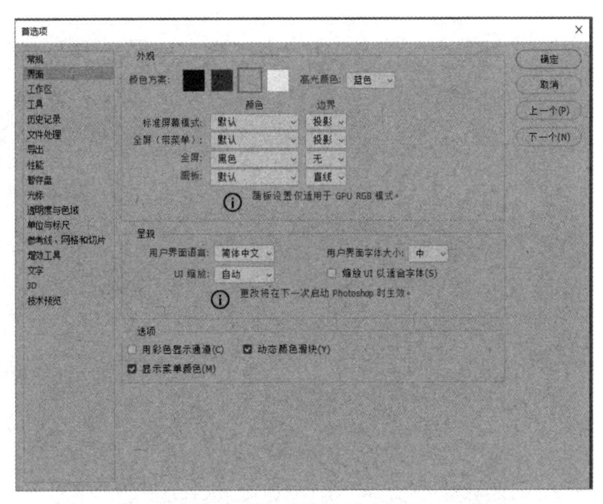

图 1-21 “界面”面板

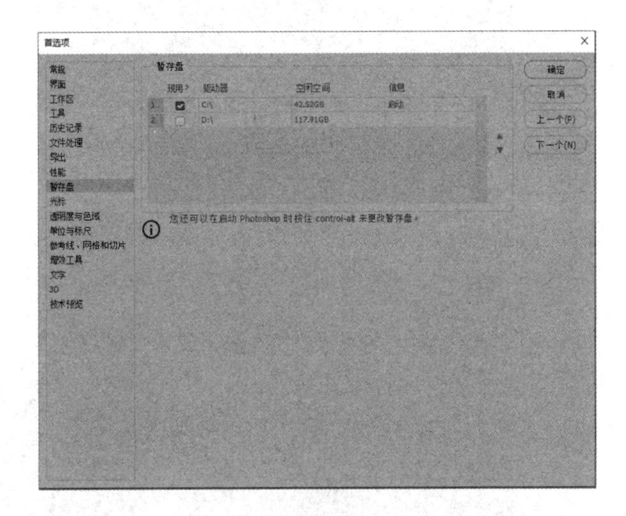

图 1-22 “暂存盘”面板

标尺可以更准确地显示光标的位置，使选择更加准确。标尺在图像窗口的左侧和上方，分别为水平标尺和垂直标尺。标尺以数字显示，默认单位为厘米。在编辑图像时，可以通过“视图”菜单或按快捷键 Ctrl+R 显示或隐藏标尺。默认标尺原点为窗口的左上角，坐标为(0,0)，原点位置可以根据实际需求进行改变。将鼠标指针移动到窗口的默认原点位置，按住鼠标左键把虚线拖曳至合适位置就可以改变标尺的原点位置。

4. 参考线、网格和切片

在“首选项”对话框左侧选择“参考线、网格和切片”选项，切换到“参考线、网格和切片”面板。在此面板中可以设置画布、画板的参考线；设置切片的线条颜色；设置网格颜色及网格线间隔，如图 1-24 所示。参考线和网格都是显示在整个图像上但不会被打印的直线。

参考线可以使编辑图像的位置更精确。执行“视图”→“显示”→“参考线”命令或按快捷键 Ctrl+“；”可以显示或隐藏参考线。执行“视图”→“新建参考线”命令，可以打开“新建参考线”对话框，如图 1-25 所示。

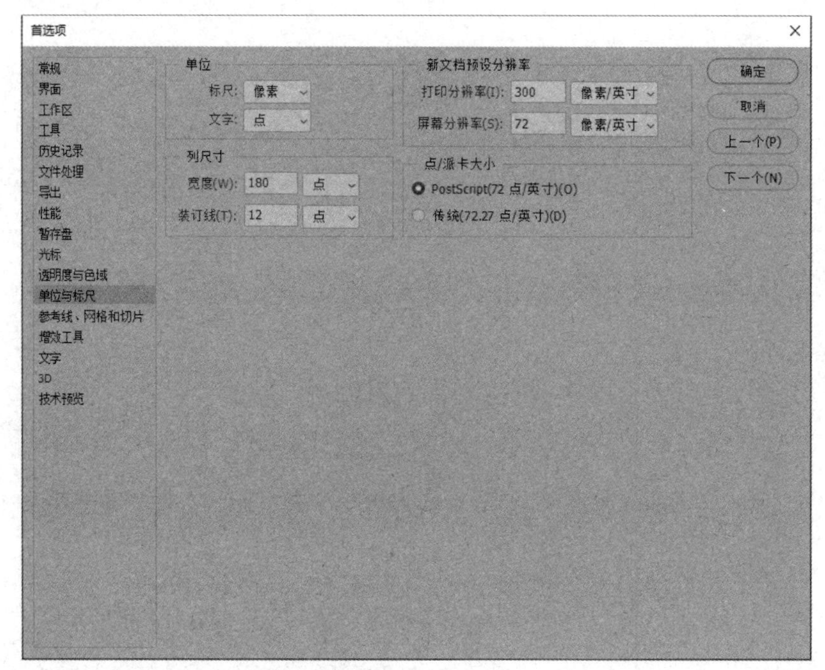

图 1-23 “单位与标尺”面板

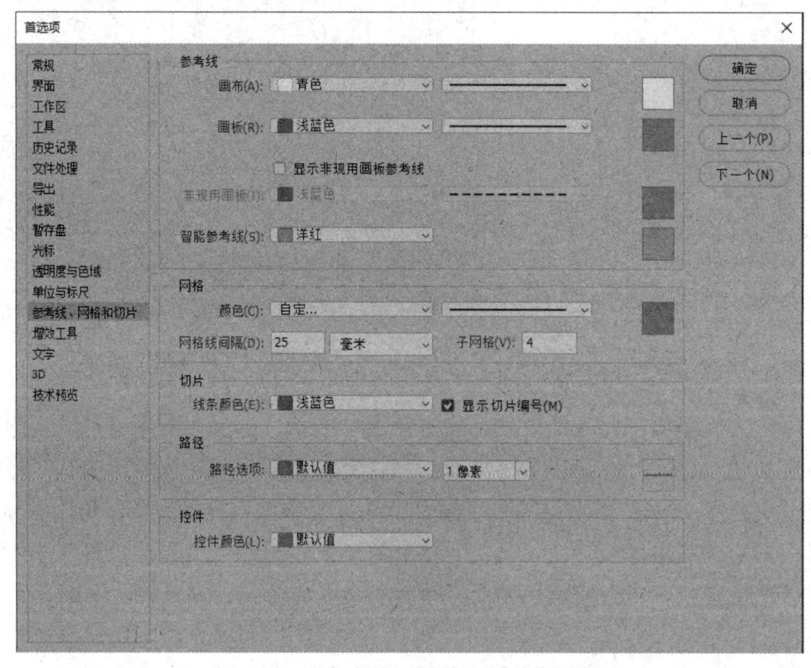

图 1-24 “参考线、网格和切片”面板

将鼠标指针移动到参考线位置，按住 Ctrl 键，拖曳鼠标或使用移动工具进行拖曳，可以移动参考线；执行“视图”→“锁定参考线”命令或按快捷键 Alt+Ctrl+“，”，可以锁定参考线；执行“视图”→“清除参考线”命令，可以一次性删除所有参考线。

网格与参考线功能相同，也是常用的辅助定位工具，可以使图像处理得更精准。执行“视图”→“显示”→“网格”命令或按快捷键 Ctrl+2，可以显示或隐藏网格，如图 1-26 所示。

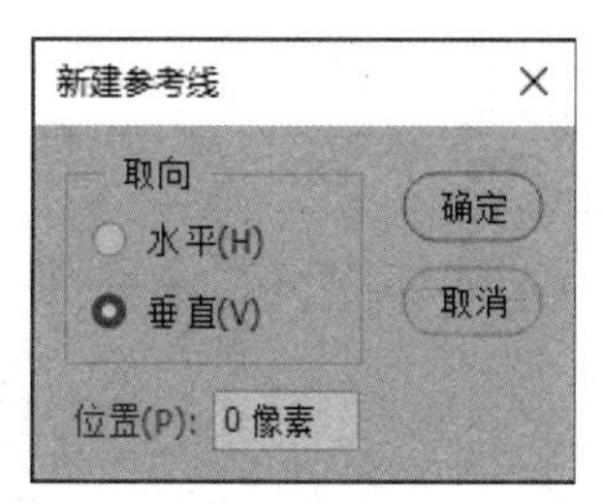

图 1-25　“新建参考线”对话框

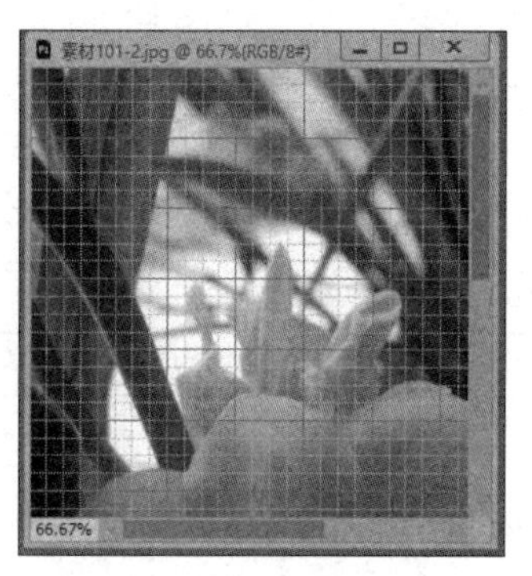

图 1-26　显示网格

【课堂训练 1-2】

观察“编辑”菜单中“首选项”命令下的“常规”选项，并对各选项分别进行设置。

任务实施

1. 新建图像文件

新建一个图像文件，在预设信息中更改标题为“素材 1-1”，设置图像高度为 1000 像素，宽度为 1000 像素，分辨率为 200 像素/英寸。其他属性保持默认设置，颜色模式设置为 Lab 颜色模式。

2. 打开图像文件

打开“素材 1-1.psd”图像文件，在浮动控制面板中查看图像的各项信息，可对图像进行适当的调整。

3. 保存、关闭图像文件

（1）保存新建的“素材 1-1.psd”图像文件。执行“文件”→“存储”命令，在打开的对话框中设置文件名称为“素材 1-1”，保存类型为“*.tif”，存储选项为“作为副本”。

（2）对打开的“素材 1-2.psd”图像文件进行保存和另存为。

保存：对“素材 1-2.psd”图像文件进行简单更改，执行“文件”→“存储”命令或按快捷键 Ctrl+S。

另存为：将“素材 1-2.psd”图像文件另存为“素材 1-2.gif”图像文件。

（3）关闭在以上操作过程中打开的图像文件。分别操作：关闭当前活动窗口；关闭所有打开窗口；关闭其他窗口。

4. 排列浮动窗口

打开多个图像文件，将其设置为活动窗口并进行排列。

任务评价

填写任务评价表，如表 1-2 所示。

表 1-2 任务评价表

工作任务清单	完成情况
（1）新建图像文件	○优　○良　○中　○差
（2）打开图像文件	○优　○良　○中　○差
（3）保存、关闭图像文件	○优　○良　○中　○差
（4）排列浮动窗口	○优　○良　○中　○差

任务拓展

1-3 在“编辑”菜单下设置界面的颜色、网格大小及颜色.pdf

在“编辑”菜单下设置界面的颜色、网格大小及颜色。

1. 设置界面颜色：执行“编辑”→“首选项”→“界面”命令，在打开的“首选项”对话框左侧功能中选择“界面”选项，可以在右侧的编辑区对外观进行设置，包括颜色方案、标准屏幕模式、全屏、文本等设置。

2. 设置网格大小及颜色：执行“编辑”→“首选项”→“界面”命令，在打开的“首选项”对话框左侧功能中选择“参考线、风格和切片”选项，可以在右侧的编辑区设置网格颜色和网格线间距等。

任务 1.3　调整图像和画布

任务情境

【任务场景】使用 Photoshop 处理图像，先要熟悉 Photoshop 的操作界面，熟悉菜单和工具的功能，熟练使用菜单和工具对图像进行操作，为后续课程的学习奠定基础。

【任务布置】学习调整图像和画布；能够根据图像处理的需要，准确选取不同的工具；能够熟练使用吸管工具组、渐变/油漆桶工具组、钢笔工具组、文字工具组和形状工具组进行图形图像处理。

知识准备

1.3.1　调整图像

在 Photoshop 中，执行“图像”→“调整”→“图像大小”命令，打开“图像大小”对话框，可以根据需要对图像的像素、分辨率和尺寸进行调整，如图 1-27 所示。

1. 像素

像素是“构成图像的元素”。像素是整个图像中最小的、不可分割的单位或元素。图像是由单一颜色的小方格组成的，每一个小方格就是一个像素。每一个点阵图像包含一定量的像素，这些像素决定了图像在屏幕上所呈现的状态。图像包含的像素越多，图像的品质就越好。像素作为图像的一种尺寸单位，只存在于计算机中，是一种虚拟的单位。

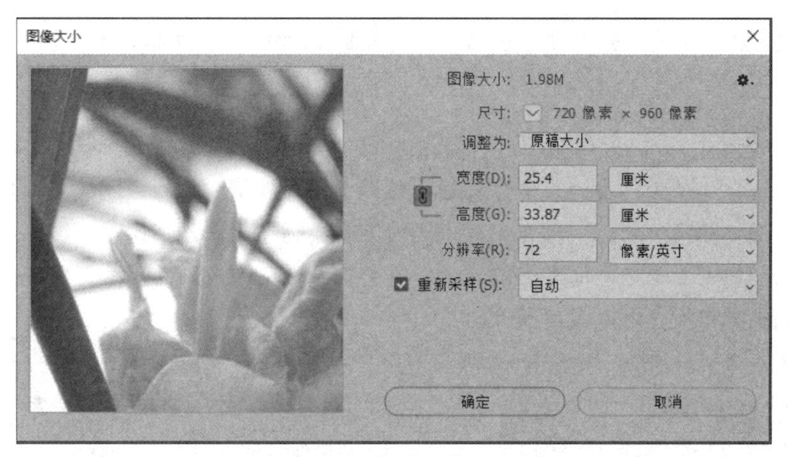

图 1-27 “图像大小”对话框

2. 分辨率

分辨率是指每英寸图像内有多少个像素点。分辨率的单位为 PPI（Pixels Per Inch），通常被称为“像素/英寸”。分辨率一般被用于 Photoshop 中，用来改变图像的清晰度。

分辨率决定了位图细节的精细程度，分辨率越高，像素点密度越高。在通常情况下，图像的分辨率越高，所包含的像素点就越多，图像就越清晰、越逼真，在存储文件时占用的空间越大。在做大规模的喷绘时，对图像分辨率的要求较高，就是为了保证每英寸图像内拥有更多的像素点。

3. 图像尺寸

图像尺寸的长度与宽度是以“像素”或“厘米”为单位的。在改变图像尺寸时，如果图像的像素总量不变，则提高图像的分辨率可以减小图像的打印尺寸；如果增大打印尺寸，则可能会降低图像的分辨率；如果图像的像素总量发生变化，则在增大打印尺寸的同时，可保持图像分辨率不变。

【课堂训练 1-3】

打开任意一张图像，查看图像的像素、分辨率和尺寸。

1.3.2 调整画布

1. 调整画布尺寸

画布是整个文档的工作区域，即图像的显示区域。用户可以根据需要增大画布尺寸、减小画布尺寸或旋转画布。

执行“图像”→“画布大小”命令或按快捷键 Ctrl+Alt+I，打开“画布大小”对话框，如图 1-28 所示。使用“裁剪工具”也可以直接修改画布尺寸。

2. 调整画布颜色

画布颜色与 Photoshop 操作界面颜色一致。选择“油漆桶工具”并按住 Shift 键单击画布边缘，即可设置画布底色为当前选择的颜色；也可以右击画布边缘空白处，在弹出的快捷菜单中执行“自定义颜色”命令，打开“拾色器（自定义画布颜色）”对话框，即可设置画布的颜色，如图 1-29 所示。

3．画布与图像

在 Photoshop 中处理图像时，经常需要设置图像尺寸和画布尺寸。图像尺寸是指图像及画布尺寸，因此调整图像尺寸后，画布尺寸也会被调整。画布尺寸是指作图区域，调整画布尺寸后，画布内的图像不受影响，而图像的显示范围会被调整。增大画布尺寸可以在图像周围添加空白区域，减小画布尺寸可以裁剪图像。

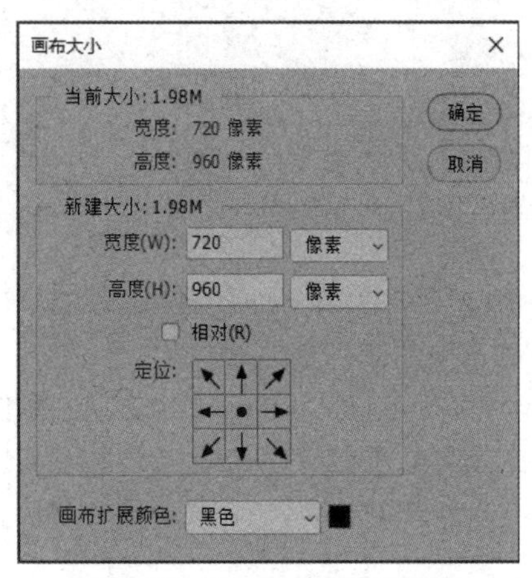

图 1-28 “画布大小”对话框

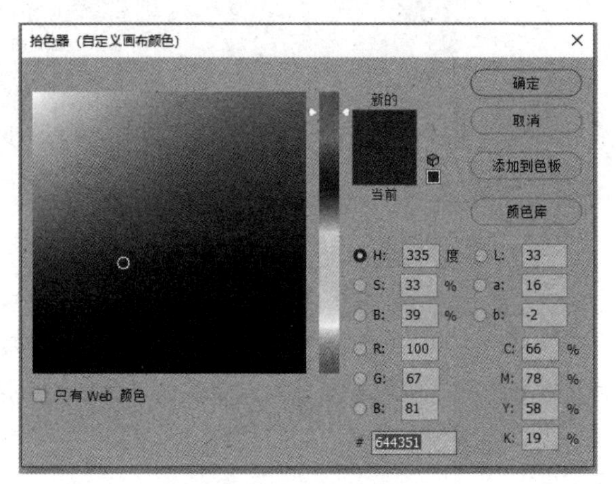

图 1-29 “拾色器（自定义画布颜色）”对话框

【课堂训练 1-4】

打开任意一张图像，查看图像的像素、分辨率、尺寸，以及画布的尺寸和颜色。

1.3.3 Photoshop 的常用工具

1．吸管工具组

吸管工具组包括“吸管工具”“3D 材质吸管工具”“颜色取样器工具”“标尺工具”“注释工具”“计数工具”，如图 1-30 所示。按快捷键 Shift+I 可以进行切换。

使用“吸管工具”可以从图像中吸取某一点的颜色，或者以拾取点周围颜色的平均色进行颜色取样，用来改变图像的前景色或背景色。在工具箱中选择“吸管工具”，单击视图中任意位置，即可吸取被单击处的颜色。在默认状态下，吸取的颜色会替换前景色。

使用“3D 材质吸管工具”可以吸取 3D 效果中的材质样式。使用“颜色取样器工具”单击图像上的某处，可以获取被单击处颜色的 RGB 值。使用“标尺工具”可以测量图像的尺寸，还可以在属性栏设置参数。使用“注释工具”可以记录图像中的操作。使用“计数工具”可以对图像中的元素进行计数，选择“计数工具”后单击，数字会自动递增。

2．渐变/油漆桶工具组

渐变/油漆桶工具组包括“渐变工具”“油漆桶工具”“3D 材质拖放工具”，如图 1-31 所示。

按快捷键 Shift+G 可以进行切换。

选择“渐变工具”，按住鼠标左键，通过点线拖曳可以生成由前景色到背景色的渐变；使用“油漆桶工具”可以填充和替换背景颜色或图案；使用“3D 材质拖放工具”可以将 3D 材质拖曳至 3D 模型上进行填充。

3. 钢笔工具组

钢笔工具组包括“钢笔工具”“自由钢笔工具”“弯度钢笔工具”“添加锚点工具”“删除锚点工具”“转换点工具”，如图 1-32 所示。

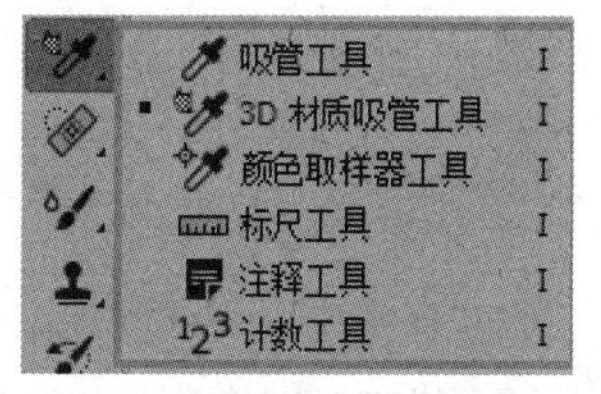

图 1-30　吸管工具组

图 1-31　渐变/油漆桶工具组

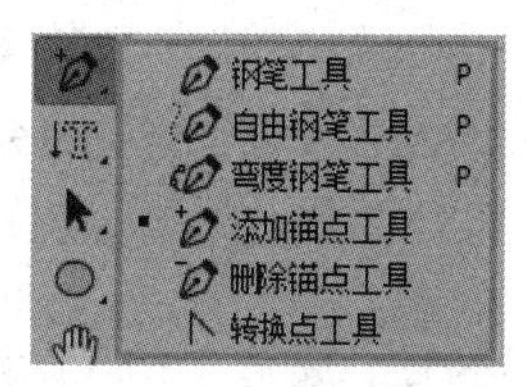

图 1-32　钢笔工具组

“钢笔工具”是绘制路径比较常用的一个工具。使用“钢笔工具”在 Photoshop 操作界面中单击，可以创建锚点和线段。使用“自由钢笔工具”可以自由地创建路径，有“磁性的”功能，与“磁性套索工具”相似。使用“弯度钢笔工具”可以直观地绘制曲线和直线段，连接两个锚点可以绘制出直线段，连接 3 个锚点可以绘制出曲线。使用“添加锚点工具”可以调整路径，在路径上单击就可以添加锚点。使用“删除锚点工具”可以删除路径上多余的锚点，删除锚点的路径会自动保持连接。使用“转换点工具”可以转换形状或路径中的锚点类型。

4. 文字工具组

文字工具组包括“横排文字工具”“直排文字工具”“直排文字蒙版工具”“横排文字蒙版工具”，如图 1-33 所示。文字工具组在 Photoshop 中经常会被用到，用于输入文字和创建文字选区。在选择文字工具后，在图像中利用鼠标指针拖曳出一个文本框，在这个文本框中输入内容，可以在其属性栏中设置字号、颜色等。按快捷键 Shift+T 可以在 4 个工具之间进行切换。

5. 形状工具组

形状工具组包括“矩形工具”“圆角矩形工具”“椭圆工具”“多边形工具”“直线工具”“自定形状工具”，如图 1-34 所示。使用这些工具可以在 Photoshop 中绘制基本图形、各种规则图形和一些预设图形。按快捷键 Shift+U 可以在 6 个工具之间进行切换。

在使用形状工具时，按住 Shift 键，可以按比例绘制形状；按快捷键 Ctrl+T 或执行“编辑”→“自由变换”命令，可以对绘制的形状进行缩放、变换或旋转操作。

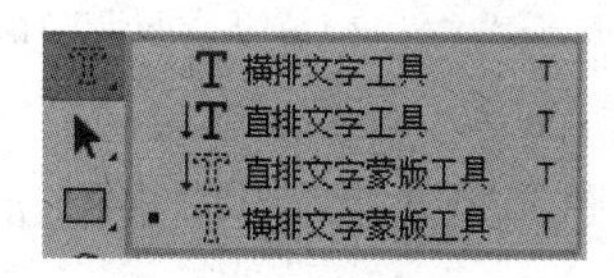

图 1-33　文字工具组

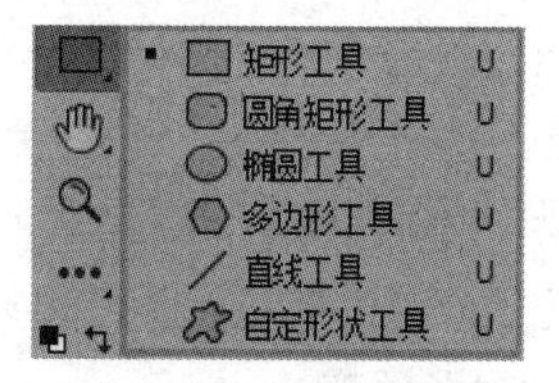

图 1-34　形状工具组

【课堂训练 1-5】

使用文字工具为图像添加文字。

1.3.4 纠正操作

1. 恢复

使用还原命令，撤销最近一次的操作，还原到上一步操作。执行“编辑”→“还原”命令或按快捷键 Ctrl+Z。

执行“文件”→“恢复”命令或按 F12 键，可以将文件恢复到最后一次被保存的状态，如果中途没有保存文件，将会恢复到打开文件时的状态。

2. 后退一步或前进一步

执行“编辑”→“后退一步”命令，可以还原操作步骤，快捷键为 Alt+Ctrl+Z。

执行“编辑”→“前进一步”命令，可以恢复被撤销的步骤，快捷键为 Shift+Ctrl+Z。

3. “历史记录”面板

执行“窗口”→“历史记录”命令，打开“历史记录”面板，选择图像状态，如图 1-35 所示。

图 1-35 “历史记录”面板

在 Photoshop 中，每次更改图像时，图像的新状态都会被添加到“历史记录”面板中，可以使用“历史记录”面板实现图像状态的跳转，也可以使用“历史记录”面板删除图像状态。

【提示】

“恢复”命令只针对已有操作步骤的图像，不可用于新建图像。“历史记录”面板还可以配合历史记录画笔使用。

任务实施

1. 更改图像的像素、分辨率和尺寸

（1）执行“文件”→“打开”命令或按快捷键 Ctrl+O，打开“打开”对话框，找到并打开“素材 1-1.psd”图像文件，如图 1-36 所示。

（2）执行“图像”→“图像大小”命令或按快捷键 Ctrl+Alt+I，在打开的“图像大小”对话框中可以看到图像的尺寸为 750 像素×750 像素，分辨率为 72 像素/英寸，如图 1-37 所示。更改图像的尺寸为 1200 像素×1200 像素，分辨率为 72 像素/英寸，如图 1-38 所示。

（3）单击“确定”按钮，即可调整图像的尺寸，如图 1-39 所示。查看图像的属性可以看到，图像的像素发生了改变。

图 1-36　打开“素材 1-1.psd”图像文件

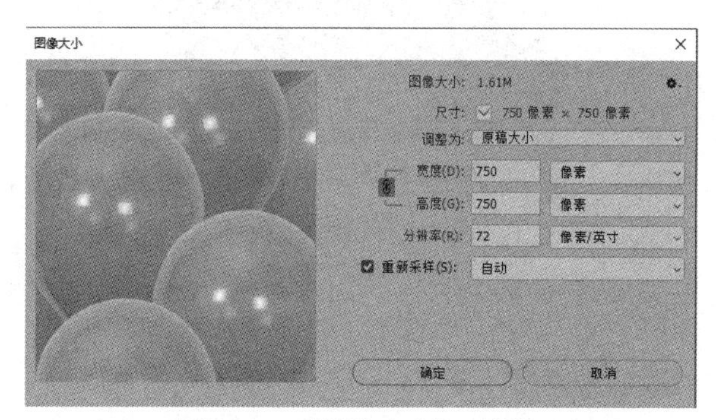

图 1-37　“图像大小”对话框

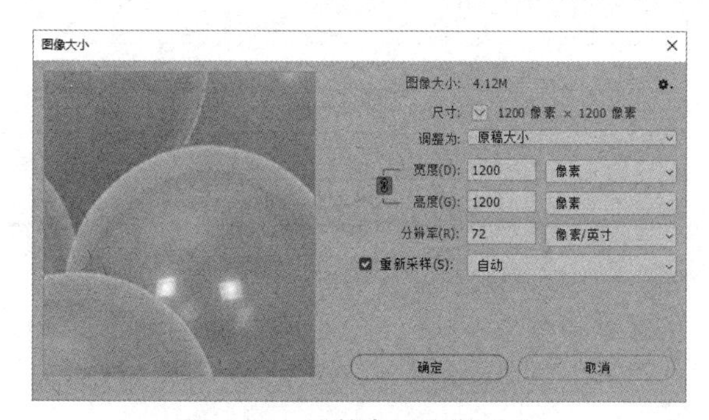

图 1-38　调整素材图像尺寸

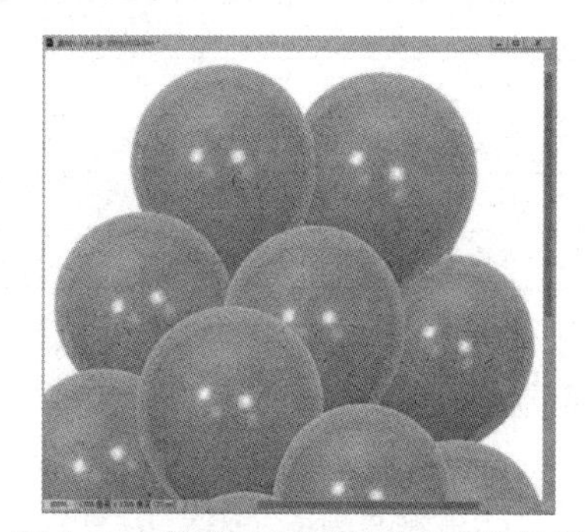

图 1-39　调整素材图像尺寸后的效果

2. 使用“渐变工具”为图像添加渐变色

（1）打开“素材 1-2.psd”图像文件，如图 1-40 所示。

（2）选择“渐变工具”，在其属性栏中设置参数：蓝色渐变色、角度渐变、溶解模式、不透明度为 50%。

（3）在图像中线位置，按住鼠标左键，由左至右拖曳鼠标指针，释放鼠标左键即可为图像添加渐变色，如图 1-41 和图 1-42 所示。渐变色分布方向与鼠标指针拖曳方向相关，可以向不同方向拖曳鼠标指针，观察颜色变化。

图 1-40　打开“素材 1-2.psd”图像文件

图 1-41 “渐变工具”的属性栏

图 1-42 添加渐变色

任务评价

填写任务评价表，如表 1-3 所示。

表 1-3 任务评价表

工作任务清单	完成情况
（1）区分位图、矢量图	○优 ○良 ○中 ○差
（2）更改图像文件的格式、区分图像的颜色模式	○优 ○良 ○中 ○差
（3）调整图像的像素、分辨率和尺寸	○优 ○良 ○中 ○差
（4）掌握工具种类及简单应用	○优 ○良 ○中 ○差

任务拓展

1. 了解“渐变工具”的属性栏。
2. 在“编辑”菜单下设置 Photoshop 操作界面的颜色及网格。

1-4“渐变工具”的属性栏.pdf

1-5 设置 Photoshop 界面的颜色及网格.mp4

项目总结

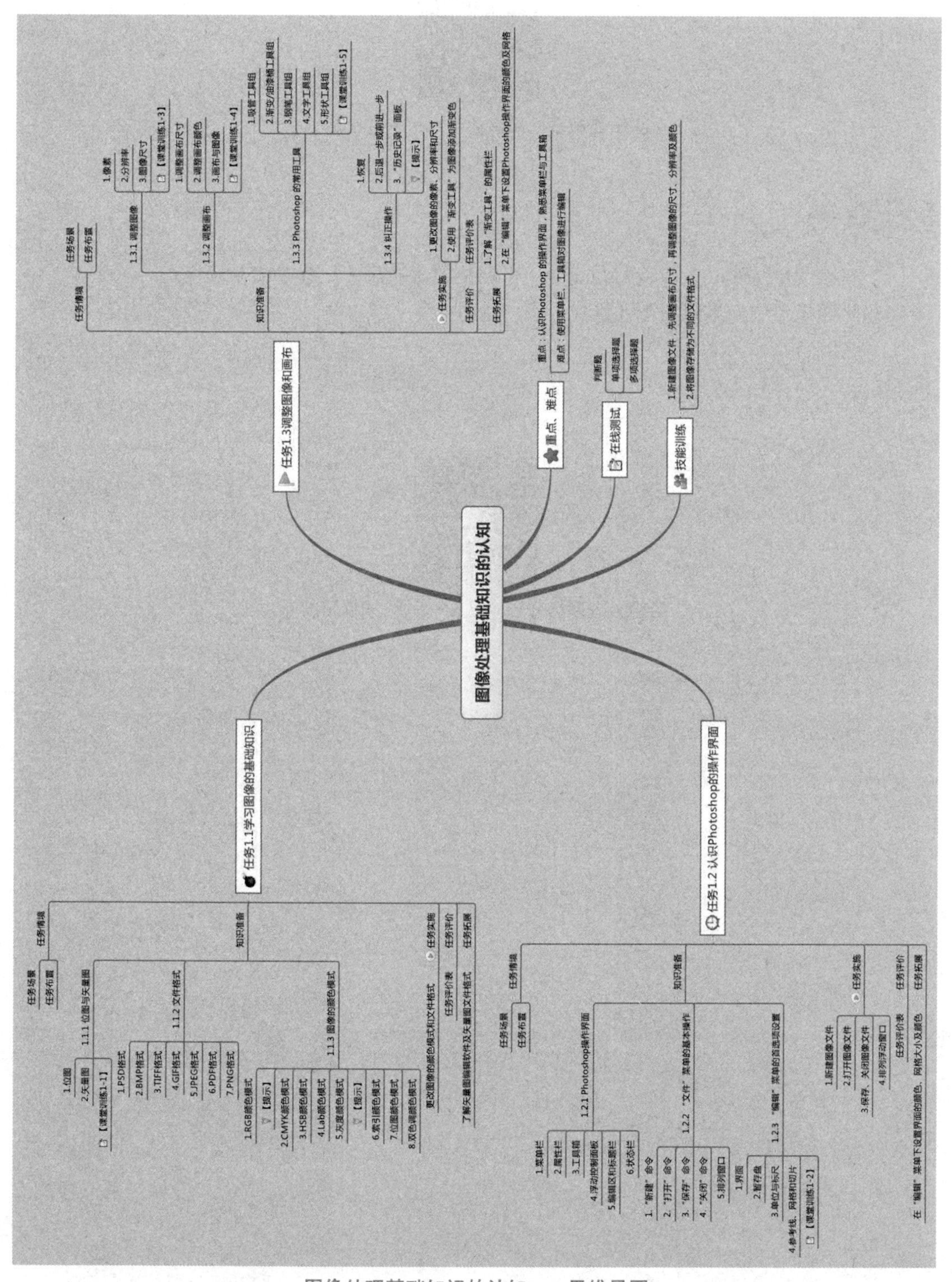

图像处理基础知识的认知——思维导图

在线测试

图像处理基础知识的认知——在线测试

技能训练

1. 新建图像文件，先调整画布尺寸，再调整图像的尺寸、分辨率及颜色。
2. 将图像存储为不同的文件格式。

教学单元设计

图像处理基础知识的认知——教学单元设计

项目 2　图像的修正、美化与合成

学习目标

1. 知识目标

- 了解选区的概念、作用与重要性。
- 掌握制作选区、调整和编辑选区的方法。
- 认识图层、掌握图层的基本操作方法。
- 掌握“画笔工具”的使用方法。

2. 技能目标

- 熟练创建矩形选区和椭圆选区。
- 熟练使用“套索工具”“魔棒工具”“快速选择工具”。
- 熟练裁剪选区并羽化、调整选区边缘。
- 熟练新建、删除并使用“画笔工具”。
- 熟练对图像进行填充、描边、变形、变换、翻转等操作。
- 熟练修复、合成图像。

3. 能力目标

- 培养学生应用所学知识，处理相关问题的能力。
- 培养学生自主学习，合作学习的能力。

4. 素质目标

- 培养学生团队沟通及团队组织协调能力。
- 培养学生专注、细致的工作态度及职业素养。

任务 2.1　创建与使用选区

任务情境

【任务场景】在对图像文件进行修正、美化与合成的过程中，需要熟练使用菜单命令和各个工具进行基本操作，包括制作选区并对选区进行适当的调整和编辑。

【任务布置】掌握 Photoshop 基本工具的使用方法，对选区进行新建、相加、相减、相交、移动和变换等操作；制作矩形选区、椭圆选区和单行或单列选区；使用套索工具组、选择魔棒工具组制作不规则选区；使用裁剪工具编辑选区、对选区进行羽化及调整选区边缘，使用移动工具移动、取消或反选选区。

知识准备

在 Photoshop 中进行图像处理时，需要先确定操作对象（创建选区），再进行操作。选区可以确定操作对象和操作范围，这是选区的基本功能，也是在 Photoshop 中处理图像的一个重要步骤。用户可以对选区进行新建、相加、相减、相交、移动和变换等操作。

在 Photoshop 中，选区可以被绘制，也可以来源于图层、通道、路径等。在图像处理过程中，用户可以根据需要和要求选择工具或方法创建选区。选区的最终轮廓是封闭的，始点即终点。创建选区是通过不同的方式实现区域选取，由于选区设置就是选取图像范围的过程，因此用于绘制选区的工具又被称为“选择工具”。

2.1.1 制作规则选区

规则选区可以使用规则形状选择工具完成。规则形状选择工具包括“矩形选框工具”“椭圆选框工具”“单行选框工具”“单列选框工具”，如图 2-1 所示。使用时只需在工具箱中选择一种规则形状选择工具，在图像中的适当区域拖曳鼠标即可。

规则形状选择工具操作简便，但只能建立简单并且形状规则的选区，不能建立复杂选区。“矩形选框工具”用于建立矩形选区；“椭圆选框工具”用于建立椭圆选区；“单行选框工具”和“单列选框工具”将选区定义为一个像素宽的行或列。按快捷键 Shift+M 可以实现 4 种规则形状选择工具之间的切换。规则图形选区效果如图 2-2 所示。

2-1“椭圆选框工具”属性参数.pdf

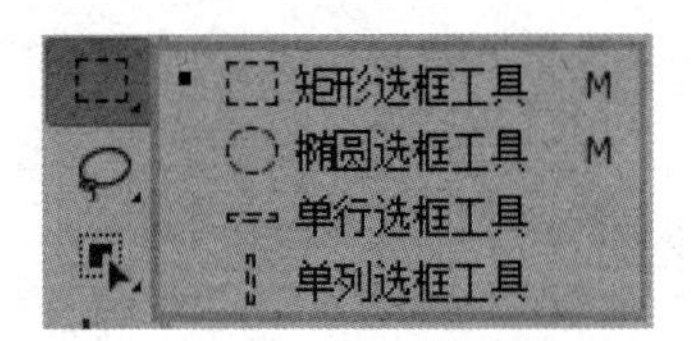

图 2-1 规则形状选择工具

图 2-2 规则图形选区效果

1. 矩形选区

“矩形选框工具”是形状工具组最基础的工具之一。使用“矩形选框工具”可以很方便地绘制矩形或正方形。

建立矩形选区：选择“矩形选框工具”，移动鼠标，当鼠标指针变为“+”形时，单击并按住 Shift 键拖曳鼠标，即可绘制矩形选区。

2. 椭圆选区

建立椭圆选区：选择“椭圆选框工具”，移动鼠标，当鼠标指针变为“+”形时，单击并按住 Shift 键拖曳鼠标，即可绘制椭圆选区。

3. 单行或单列选区

建立单行或单列选区：选择“单行选框工具”或“单列选框工具”，在图像中适当位置单击并拖曳鼠标，可以选取一个宽度或高度为 1 像素的矩形选区。这两个工具便于调整图像细节。另外，这种方法也可以为选区填充不同的颜色。

选择工具后，在 Photoshop 窗口上方会显示属性栏，同一个工具组中的工具属性栏选项相似，但不同工具也有各自的特殊属性。规则形状选择工具的属性栏共分为 6 部分：“当前工具标识”“选区选项”（“新选区”“添加到选区”“从选区减去”“与选区交叉”）“消除锯齿”“样式”“宽度”“高度”。“椭圆选框工具”的属性栏如图 2-3 所示。

图 2-3 “椭圆选框工具”的属性栏

【提示】

当生成选区需要使用快捷键时，必须先拖曳鼠标，再按下快捷键。在结束选取时，先释放鼠标左键，再释放快捷键。

【课堂训练 2-1】

练习使用规则形状选择工具创建规则选区。

2.1.2 制作不规则选区

2-2“磁性套索工具”属性参数.pdf

1. 套索工具组

套索工具组是制作不规则选区的工具，包括“套索工具”“多边形套索工具”“磁性套索工具”，如图 2-4 所示。不规则形状选择工具主要用于处理不规则图像或对不规则形状进行选取。按快捷键 Shift+L 可以实现 3 个工具之间的切换。

（1）选择“套索工具”，在图像中单击确定起点，按住鼠标左键并拖曳可选取区域，拖曳至起点时释放鼠标左键，可形成闭合选区；如果未拖曳至起点，则起点与终点之间会自动生成直线，并以直线相连。“套索工具”一般在选取精度要求不高的区域时使用。

（2）选择“多边形套索工具”，在起点位置单击，拖曳鼠标来绘制选区。在绘制过程中如果需要设置转折点，则可以单击；如果绘制结束，则双击即可。绘制结束后起点与终点重合，形成一个闭合的选区；如果起点与终点没有重合，则起点与终点之间会自动生成直线，使选区闭合。“多边形套索工具”适用于选取几何图形或边缘平直的选区。

（3）选择“磁性套索工具”，在起点位置单击，拖曳鼠标来绘制选区，锚点会吸附到图像上并自动生成选区。如果在绘制过程中遇到直角边，则可以按住 Alt 键并单击直角边，“磁性套索工具”将变为“多边形套索工具”，释放 Alt 键后，“多边形套索工具”恢复为“磁性套索工具”。“磁性套索工具”适用于选取与背景对比明显的图像。

不规则图形选区效果如图 2-5 所示。

图 2-4　套索工具组

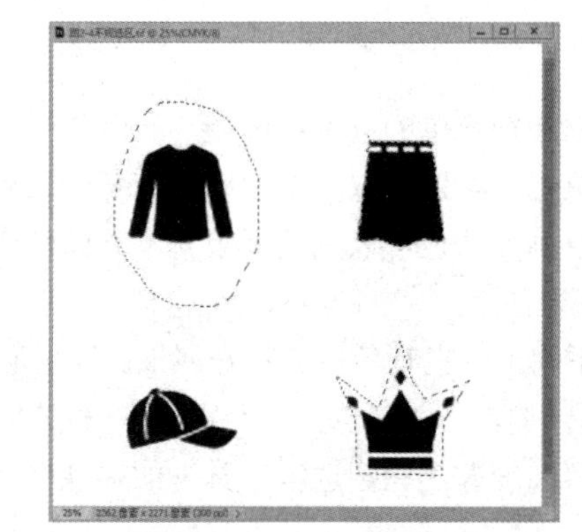

图 2-5　不规则图形选区效果

【小技巧】

- 按住 Shift 键的同时拖曳鼠标，可以创建一个正方形。
- 按住 Alt 键的同时拖曳鼠标，可以创建一个以单击点为中心的矩形。
- 按住快捷键 Shift+Alt 的同时拖曳鼠标，可以创建一个以单击点为中心的正方形。
- 选择“矩形工具”后，在画布中单击，会打开“创建矩形”对话框，可以自定义所创建矩形的宽度和高度的具体数值。
- 在已有选区时，按住 Shift 键不放（或单击属性栏第二项的“添加到选区”按钮），可以连续增加选区范围。
- 在已有选区时，按住 Alt 键不放（或单击属性栏第三项“从选区减去”按钮），选区重叠部分将被减去。
- 在已有选区时，按住快捷键 Alt+Ctrl 键不放（或单击属性栏第四项“与选区交叉”按钮），可以保留选区重叠部分。

【课堂训练 2-2】

练习使用“套索工具”创建不规则选区。

2. 选择/魔棒工具组

选择/魔棒工具组包括“对象选择工具”“快速选择工具”“魔棒工具”，如图 2-6 所示。按快捷键 Shift+W 可以在 3 个工具之间进行切换。

图 2-6　选择/魔棒工具组

1）对象选择工具

使用“对象选择工具”可简化在图像中选择某对象或对象的某部分（人物、汽车、宠物等）

的过程。使用“对象选择工具”在被选择对象周围绘制套索或矩形区域，选区就会自动查找并选择套索或矩形区域内的图像边缘。“对象选择工具”适合处理定义明确的对象。“对象选择工具”的属性栏如图 2-7 所示。

图 2-7　“对象选择工具”的属性栏

“对象选择工具”属性栏中的选区选项包括“新选区”“添加到选区”“从选区减去”“与选区交叉”。“新选区”是在未创建选区时的默认选项。在创建初始选区后，默认选项将自动改为“添加到选区”。在删除当前对象选区内的背景区域时，“从选区减去”可以减去选取的背景区域，效果与反相选择效果相同，在套索或矩形区域中包括背景较多时，删减效果会更好。“与选区交叉”是指两个选区可以有交叉，即两个选区可以包含一部分相同的区域。

“对象选择工具”有两种选择模式：矩形或套索。矩形模式，拖曳鼠标指针可以定义对象周围的矩形区域，效果如图 2-8 所示。套索模式，在对象的边界外绘制粗略的套索，效果如图 2-9 所示。

“对所有图层取样”是指在创建选区时，选取图像的所有图层，而并非仅是当前选定的图层。

“自动增强”的作用是减少选区边界的粗糙度和块效应，也就是说，勾选了这个复选框，选取选区后，选区边缘会自动进行调整，使被选取的图层边缘相对自然、平整。

“减去对象”的作用与“从选区减去”相似。

图 2-8　“对象选择工具”矩形模式

图 2-9　“对象选择工具”套索模式

2）快速选择工具

“快速选择工具”可以快速选择图像区域。使用圆形笔尖来创建选区，可以在属性栏中修改笔尖大小，如图 2-10 所示。“快速选择工具”可以自动识别图像边缘，默认为“添加到选区”模式，拖曳鼠标绘制选区。与前面提到的绘制选区方式类似，单击属性栏中的“从选区减去”按钮或按住 Alt 键，拖曳鼠标可以取消选区，效果如图 2-11 所示。

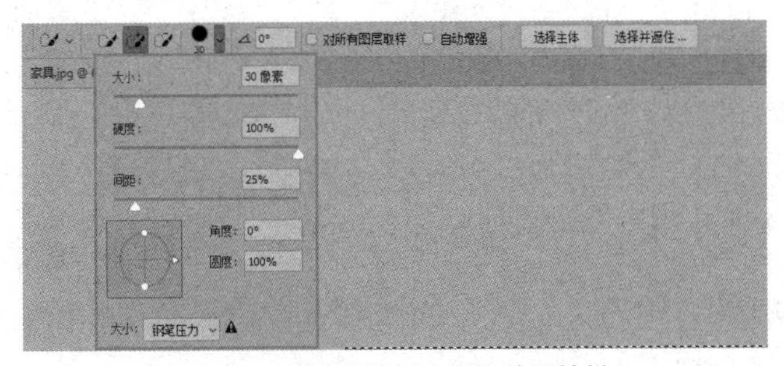

图 2-10　“快速选择工具”的属性栏

图 2-11 “快速选择工具”效果

3）魔棒工具

在绘制一些轮廓复杂的选区时，使用“魔棒工具”可以节省大量的时间。该工具可以把图像中连续或不连续的颜色相近的区域作为选区的范围，选择出颜色相同或相近的色块。魔棒工具使用起来很简单，只需在图像中单击一下即可完成操作。

“魔棒工具”有一定的智能性，能够识别并选取与选区颜色相似的颜色。当使用“魔棒工具”直接创建选区时，选区会自动选中相似颜色。“魔棒工具”一般用于颜色背景单一、近似纯色、图像明暗对比小且选区与背景颜色对比明显的图像。“魔棒工具”的属性栏如图 2-12 所示。

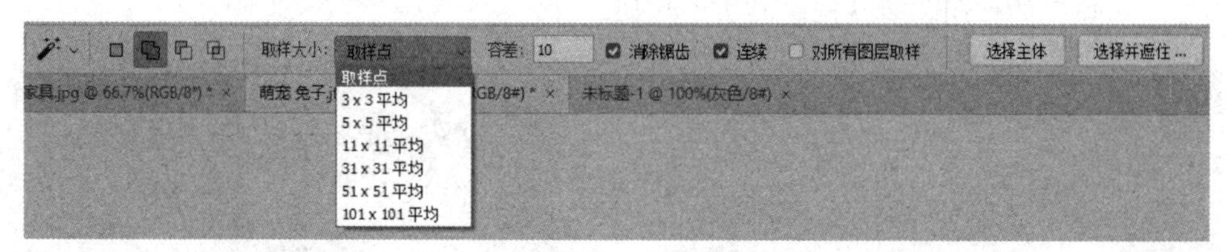

图 2-12 “魔棒工具”的属性栏

“魔棒工具”的属性栏中包括“选区选项”“取样大小”“容差”“消除锯齿”“连续”“对所有图层取样”。“选区选项”“消除锯齿”的使用方法和原理与“矩形选框工具”一样，这里就不再介绍了。

- 取样大小：多数使用“取样点”选项，是单个像素，表示被单击的颜色即为取样颜色。3×3 是指 9 个像素的平均色值；5×5 是指 25 个像素的平均色值。可以理解为被选取颜色的相似程度大小。
- 容差：表示选区范围的大小，就是对颜色的包容程度。容差值越小，颜色选取的范围也就越小，表示颜色必须很相近才能被选中；容差值越大，颜色选取的范围也就越大。容差与取样点的区别是，容差是指取样点的色值和被选取区域的色值之间的相差值数；取样点是指被选取区域像素的平均色值。
- 连续：当没有勾选该复选框时，有且只有一个选区，即使容差值设置得再大也只能有一个选区；当勾选该复选框时，可以形成多个选区。容差值一般设置为 5～35。
- 对所有图层取样：当没有勾选该复选框时，选区的识别范围将跨越所有可见的图层。当勾选该复选框时，“魔棒工具”只能在当前应用的图层上识别选区。“魔棒工具”选区效果如图 2-13 所示。

图 2-13　“魔棒工具”选区效果

【课堂训练 2-3】

练习使用选择/魔棒工具组中的工具。

2.1.3　调整编辑选区

1. 裁剪选区

裁剪工具组中的工具是在 Photoshop 中进行图像处理时经常使用的工具，在修改图像大小时首先选择的就是裁剪工具组中的工具。裁剪工具组包括“裁剪工具”“透视裁剪工具”“切片工具”“切片选择工具”，如图 2-14 所示。按快捷键 Shift+C 可以实现 4 个工具之间的切换。裁剪工具组中的工具可以对图像进行任意的裁剪，如裁大、裁小，还可以修正歪斜的图像，重新设置图像的方向、位置和大小。

1）裁剪工具

在对图像进行裁剪时，在工具箱中选择“裁剪工具”，被裁剪的图像上会产生一个裁剪区域，在裁剪区域周围出现控制点，通过鼠标指针拖曳控制点，可以缩放、移动或旋转裁剪框，也可以调整被裁剪区域的大小。在拖曳角控制点时按住 Shift 键可以按约束比例缩放裁剪区域，将鼠标指针放在裁剪框外侧，鼠标指针变为弯曲的箭头，旋转这个箭头，可以旋转裁剪框。操作完成后按 Enter 键，或者在被裁剪区域中双击结束裁剪编辑，得到裁剪图像效果，效果如图 2-15 所示。如果选中裁剪框向外拖曳鼠标指针，可增大画布，增大的画布区域的颜色与当前背景色一致。

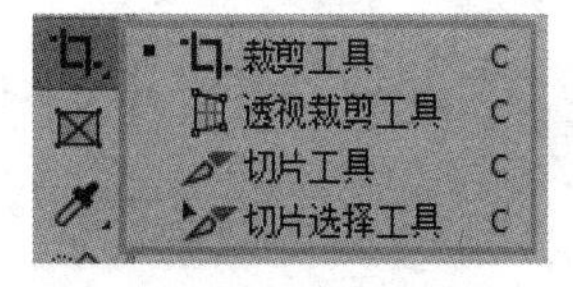

图 2-14　裁剪工具组

图 2-15　裁剪图像效果

“裁剪工具”的属性栏如图 2-16 所示。

- 工具：单击工具属性栏的下拉按钮，可以打开工具预设选区器，在预设选区器中可以选择设定的参数，对图像进行裁剪。
- 比例：可以显示当前的裁剪比例或设置新的裁剪比例。
- 裁剪输入框：可以自定义设置裁剪的长、宽比。
- 高度与宽度互换：设置裁剪框为纵向裁剪或者横向裁剪。
- 清除：清除前面填充的数值，把“裁剪工具”恢复到默认状态。
- 拉直：可以矫正倾斜的图像。对于倾斜图像，使用“拉直工具”在图像中拉出一条直线，图像会自动按照直线旋转为正常角度。
- 设置裁剪工具的叠加选项：可以设置裁剪参考线的样式及叠加方式，参考视图辅助线裁剪出完美的构图，如黄金比例、金色螺线等。
- 设置其他裁剪选项：可以设置裁剪的显示区域，以及裁剪屏蔽的颜色、不透明度等。
- 删除裁剪的像素：如果勾选该复选框，则裁剪完成后不再保留被裁剪区域的图像，裁剪将不可更改；如果不勾选该复选框，则裁剪完成后可保留被裁剪区域部分图像，图像可以被还原或重新调整裁剪框。

在“裁剪工具”属性栏的右侧还有“复位设置”按钮、“取消当前裁剪操作”按钮、“提交当前裁剪操作”按钮。

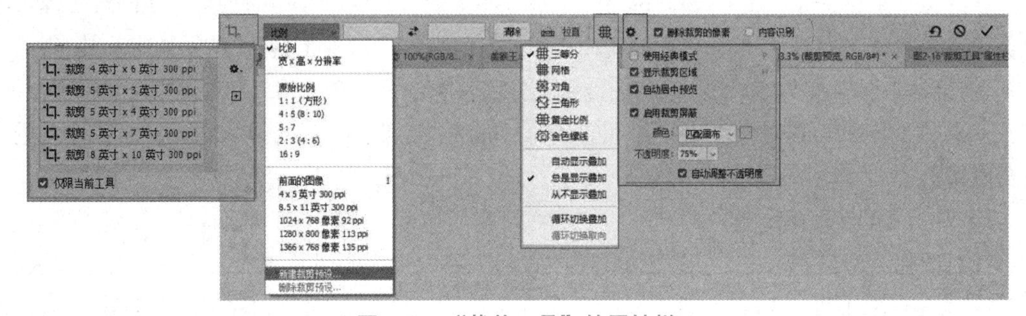

图 2-16 “裁剪工具”的属性栏

2）透视裁剪工具

“透视裁剪工具”也是一个裁剪工具，不过它比一般的裁剪工具更灵活。一般的裁剪工具只能裁剪出正方形或长方形的图片，而“透视裁剪工具”则可以裁剪出不规则形状的图片，可以将裁剪的框架内容（矩形）变形为非矩形框架内容，使裁剪对象不仅局限于规则图形，如图 2-17 所示。

图 2-17 透视裁剪效果

使用“透视裁剪工具”在画布中拉出裁剪框，在裁剪框中会显示出网格，可以拖曳网格随意裁剪图片，拖曳网格的 4 个边控制点可以调整图片形状大小。在裁剪过程中要进行图片观察，即观察水平线，用来矫正图片中的斜线。设定图片的裁剪形状以后，双击结束裁剪。

另外，在选择“透视裁剪工具”后，也可以在其属性栏中设置生成图像的高度、宽度、分辨率，如图 2-18 所示。

图 2-18　“透视裁剪工具”的属性栏

3）切片工具和切片选择工具

将占用内存比较大的图片上传到网页中需要很长时间。“切片工具”最大的作用就是可以将这些大图片分割成多个小图片。使用“切片工具”将图片切割后上传，可以减少网络滞留，加快数据传送速度。

使用“切片工具”对图片进行切割有自动切片和自定义切片两种方法。

自动切片：选择“切片工具”，将鼠标指针在图片上方停留并右击，在弹出的快捷菜单中执行“划分切片”命令，如图 2-19 所示。在打开的“划分切片”对话框中进行设置，勾选“水平划分为”复选框和“垂直划分为”复选框，并设置数值；勾选“预览”复选框，如图 2-20 所示。查看图片切片效果，如图 2-21 所示。

自定义切片：选择“切片工具”，根据需要在图片中使用鼠标左键拖曳绘制切片范围，完成切片操作，效果如图 2-22 所示。

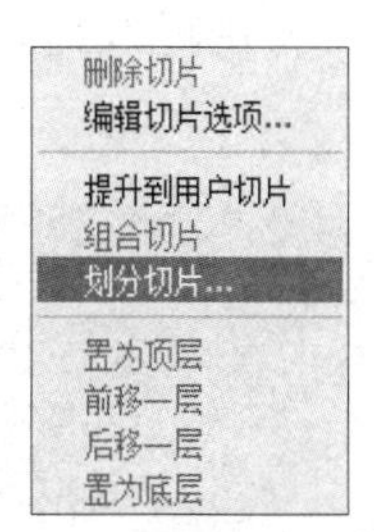

图 2-19　执行“切片工具”命令

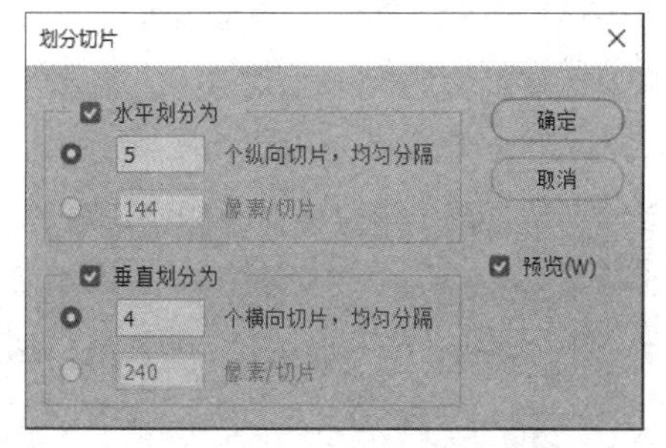

图 2-20　“划分切片”对话框

图 2-21　自动切片效果

图 2-22　自定义切片效果

完成切片后，在保存切片时执行“文件”→“导出”→“存储为 Web 所用格式”命令进行存储。存储位置会出现默认名称为“images”的文件夹，所有切片会在此文件夹内分别进行存储。

“切片选择工具”是对被“切片工具”分割后的图片进行选择的工具。使用“切片选择工具”可以对切片后的分区重新进行调整或重新选取切片区域，选择被“切片工具”分割后的图片，调整它的大小，对每个独立的切片进行编辑。因为只有被分割完成的图片才能选择“切片选择工具”，所以“切片选择工具”是依附于“切片工具”的。

【课堂训练 2-4】

练习使用裁剪工具组中的工具。

2. 羽化、调整边缘

1）羽化

羽化的原理是使选区内外交界部分虚化，起到渐变的作用，进而达到自然衔接的效果，是 Photoshop 的重要功能。在处理图像过程中灵活运用羽化功能，可以达到自然逼真的效果。

“羽化”命令在“选择”菜单的“修改”子菜单中，右击选区弹出的快捷菜单中也有“羽化”命令，快捷键为 Shift+F6。羽化的作用是虚化选区的边缘，通过使选区边缘羽化形成图像边缘的朦胧效果，羽化值越大，虚化范围越宽，边缘颜色渐变也越柔和；羽化值越小，虚化范围越窄，边缘颜色渐变也越生硬。在操作的过程中，用户可以根据实际需要对羽化值进行设置。

2）调整边缘

选择“矩形选框工具”，在图像中框选出一个选区后，属性栏中会出现“选择并遮住”按钮，单击此按钮操作界面会转换为“调整边缘”界面（快捷键为 Ctrl+Alt+R），如图 2-23 所示，除选区外，其他图像都被遮住，在右侧的“属性”面板中设置参数；选择左侧的工具，对选区边缘进行调整，直到满意为止。

图 2-23 “调整边缘”界面

3. 移动、取消或反选选区

1）移动选区或图层

在图像处理过程中，用户可以通过移动选区或图层来完成图像的修饰。利用移动选区或图层的方法如下。

（1）按V键选择“移动工具”，可以移动图层或含有内容的选区；选择“移动工具”，按住Shift键并单击，可以使图层或选区沿着水平方向、垂直方向或45°角方向移动，如图2-24和图2-25所示。

图2-24　移动图层

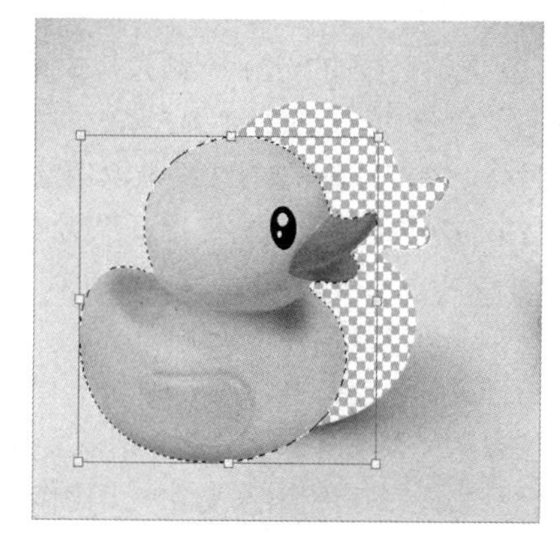

图2-25　移动选区

（2）选择“矩形选框工具”，按住Ctrl键并单击，可以随意移动图层或选区。如果在画布中需要选择多个选区，则可以按住Shift键并单击；如果想要选择多个图层，则可以按Ctrl或Shift键。

（3）选择“移动工具”，按方向键，每按一次，选区或图层可以移动一个像素；在按住Shift键的同时按方向键，每按一次，图层或选区将移动10个像素。

（4）制作选区后，按住Alt键，可以复制图层；按快捷键Shift+Alt可以对图层中的选区进行水平或垂直复制，如图2-26和图2-27所示。

图2-26　复制图层

图2-27　复制选区

（5）使用“矩形选框工具”制作选区后，单击属性栏中的“新选区”按钮，选择“建立新选区”选项，将鼠标指针放在选区的选框上，按住鼠标左键拖曳可以只移动选区，不移动选区中的内容。

【提示】

使用“矩形选框工具”直接将选区拖曳到另外一个文件的标题栏，按住鼠标左键不放，稍后自动切换到另外一个文件，拖曳选区至相应位置释放鼠标左键，完成移动选区操作。如果想要把一个选区移到另一个文件的中心位置，则可以按住 Shift 键并单击，拖曳需要移动的选区。

采用这种方法移动选区的原理是复制选区，也就是说并不是把原文件的选区拖曳到另一个文件中，而是在拖曳选区的同时对选区进行复制，并将新复制的选区拖曳到新文件中，原文件不会发生改变。

2）取消选区

（1）取消选区的方法：一是按快捷键 Ctrl+D；二是右击选区，在弹出的快捷菜单中执行“取消选区”命令；三是执行“选择”→“取消选区”命令；四是在选择选区后，在非选区区域单击。另外，按快捷键 Ctrl+H 不能取消选区，但可以暂时隐藏选区。

（2）“历史记录”面板：打开“历史记录”面板，在默认状态下，“历史记录”面板可以记录 20 步操作，直接选择历史记录选项，可以查看相应的状态。使用“历史记录”面板，既可以恢复操作也可以撤销操作。

（3）文件恢复：执行“文件”→“恢复”命令或按 F12 键，可以将文件恢复到最后一次保存的状态；如果没有保存文件，则恢复到刚打开时的状态。

（4）快捷键：还原/重做上一步操作，即撤销操作，快捷键为 Ctrl+Z。

3）反选选区

（1）在选区内右击，从出现的快捷菜单中执行“选择反向”命令。

（2）执行“选择”→“反向”命令。

（3）按快捷键 Shift+Ctrl+I 可以快速实现反向选择。

【课堂训练 2-5】

练习复制、移动选区和图层。

任务实施

1. 使用“套索工具”抠取图像

打开“素材 2-1.psd”图像文件，分别使用“套索工具”“磁性套索工具”“多边形套索工具”选择选区，使用“移动工具”可以移动选区或将选区复制到其他图像文件中。如果在按住 Alt 键的同时移动选区，则可以复制选区。

2. 使用“裁剪工具”调整图像

打开“素材 2-2.psd”图像文件，选择“裁剪工具”或“透视裁剪工具”，当图像边界出现定界框时，按下鼠标左键拖曳图像边界完成裁剪。如果扩大图像定界框，则图像大小不变但画布增大；如果缩小图像定界框，则图像会被裁剪。

任务评价

填写任务评价表，如表 2-1 所示。

表 2-1　任务评价表

工作任务清单	完成情况
（1）制作规则选区	○优　○良　○中　○差
（2）制作不规则选区	○优　○良　○中　○差
（3）裁剪选区	○优　○良　○中　○差
（4）羽化、调整边缘	○优　○良　○中　○差
（5）移动、取消或反选选区	○优　○良　○中　○差

任务拓展

使用“切片工具”切割图像并保存。

2-3 切割图像.mp4

任务 2.2　学习图层的基本操作

任务情境

【任务场景】图层是 Photoshop 最基本的操作要素，很多操作都需要图层的支撑。在编辑图像过程中，我们需要对图层有明确的认识并可以灵活运用图层。

【任务布置】了解图层的概念，认识“图层”面板；掌握新建、复制、删除图层或图层组的方法；掌握选择、重命名、显示/隐藏图层或图层组的操作；能够锁定图层、设置不透明度、改变图层顺序；对图层的对齐、分布及自动对齐进行调整；掌握合并图层、拼合图层的方法。

知识准备

2.2.1　认识图层

图层是 Photoshop 图形图像处理的基础，是由各种元素（文字、图形等）组合形成的最终图像效果。建立图层，并在各个图层中分别编辑图像，将各图像元素按顺序叠放组合，最后产生既富有层次，又彼此关联的整体图像效果。

在图层中可以修改、编辑、拼接、组合图像，也可以分别在不同的图层中设计图像的不同部分，使图像组织结构清晰，修改或删除某一图层，不会影响图像的整体效果。在编辑图像过程中，用户可以根据需要合并图层、链接图层，以便捷、准确地实现最终想要的图像效果。

1. 图层的概念

1）什么是图层

图层是指在同一张图像中设置多个绘制层面。每一个图层都是由许多像素组成的，把不同的像素分别放在不同的层面上进行单独操作，对操作后的各个图层上下叠加进行组合，形成完整的图像，如图 2-28 所示。

图 2-28　图层的概念

2）图层的原理

图层类似于一张张重叠在一起的、透明或半透明的纸，有内容的部分为不透明区，没有内容的部分为透明区，通过透明区可以看到下一层的内容。图层的操作原理类似于各相关操作分别在各自所属的纸张中进行，完成操作后将纸张叠加得到效果。图层的意义在于文字、图像和形状等都可以分别在不同层面被绘制、修改和编辑，不同图层之间不受影响，在修改、编辑图像时更有针对性，可以使图像的组织结构更清晰明了，便于编辑。

3）图层的分类

Photoshop 中的图层共分为 6 类：背景图层、普通图层、形状图层、文字图层、智能对象图层、调整图层。

- 背景图层：创建图层或打开任意一个图像文件，就会产生一个背景图层。背景图层默认为被锁定状态，总是在“图层”面板底部，不能调整此图层的顺序，不能调整图层不透明度或添加图层样式，但可以使用画笔工具、渐变工具和装饰工具。
- 普通图层：创建一个新图层或复制一个已经存在的图层，并生成普通图层。如果普通图层的缩略图上没有任何标识，则可以随意调整此图层顺序并进行效果操作。
- 形状图层：由形状工具或钢笔工具创建生成的图层主要用于绘制各种规则或不规则的形状。形状图层缩略图右下角有形状标识。
- 文字图层：由文字工具创建生成的图层，文字图层缩略图上有“T”标识。文字图层用于文字的编辑，在此图层中可以对文字的大小、颜色、形状、字体样式、间距等进行相关的特效处理和设计。
- 智能对象图层：在“图层”面板选中任意一个图层并右击，在弹出的快捷菜单中执行“转换智能对象”命令，可以将图层转换为智能对象图层。智能对象图层可以被复制为多个图层，改变其中任意一个图层的属性，复制的所有图层的属性都会被改变。
- 调整图层：单击“图层”面板下方的“创建新的填充或调整图层”按钮，可以生成调整图层。此图层用于调整整个图像的亮度、色阶、色彩平衡等。

图像文件只能有一个背景图层，但其他 5 类图层可以有多个，几类图层之间是可以相互转换的。在默认状态下，Photoshop 中灰白相间的方格图层表示该图层没有像素，是透明图层。当普通图层中的某部分图像被移动或删除时，该部分就会显示为灰白相间的方格；在背景图层中移动或删除某部分时，被移动或删除的部分显示预设的背景色，如图 2-29 所示。

图 2-29　图层的种类

2. “图层”面板

对图层的操作和管理可以通过“图层”面板来完成，执行“窗口”→“图层”命令或按 F7 键，可以打开“图层”面板，如图 2-30 所示。F7 键是“图层”面板的开关键，反复按 F7 键，可以实现“图层”面板在展开与关闭两种状态之间的快速切换。

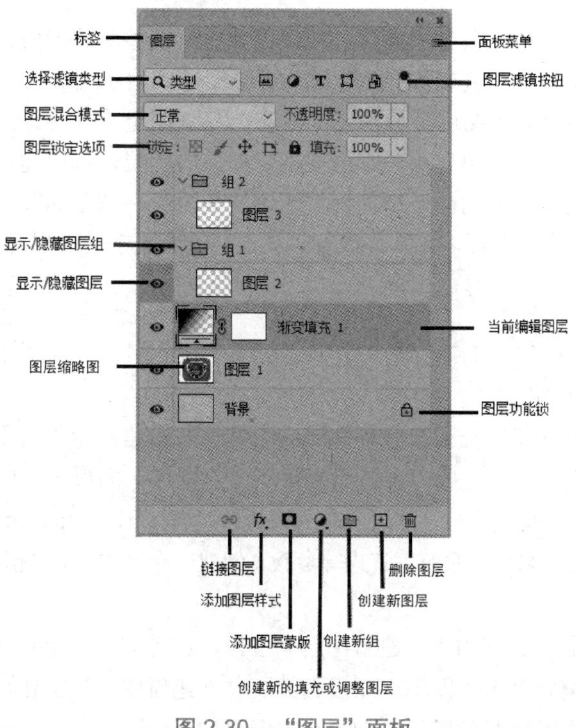

图 2-30　“图层”面板

“图层”面板可以显示并设置图层的属性、编辑状态、排列层次等；可以准确地选择或处理某一个或多个图层、图层组。单击“图层”面板按钮，打开“图层”面板下拉列表，可以选择图层编辑的相关选项。

“图层”面板可以显示图层标签，一个图层标签表示构成图像的一个层面，各图层的排列可以根据需要进行调整，直接拖动图层标签上下移动，就可以改变图层所在的层次。图层标签通常包括显示图层缩略图、图层名称、图层样式、图层链接、锁定标志，不同类型的图层会有不同的图层标签。

- 面板下拉列表：位于面板的右上角。
- 选择滤镜类型：选择不同类型来进行图层的搜索和过滤，也可以通过下拉按钮来选择过滤的条件，最后的小开关可以用来关闭或打开过滤功能。
- 图层混合模式：选择不同的混合模式。
- 锁定图层模式：有 4 种不同的锁定方式。
- 填充：是对图层像素的填充度的调节。
- 图层列表：显示出所有的图层，按照由上至下叠加的次序显示。既可以对图层或图层组进行显示或隐藏操作，又可以显示图层的缩略图、图层的功能锁及当前编辑图层。
- 图层列表下方的按钮：链接图层、添加图层样式、添加图层蒙版、创建新的填充或调整图层、创建新组、创建新图层、删除图层。

如果需要对多个图层进行统一移动、变形或删除操作，则可以在按住 Ctrl 键的同时选择图层，被选择的图层将被激活。

2.2.2 图层与图层组的基本操作

在 Photoshop 中处理较为复杂的图像，要对图像进行调整和修改时，使用图层可以对不同层面的图像分别进行调整，在调整本层图像时，不会影响其他图层。

图层是独立的，并由多个图层组合构成：图层+图层+图层+……=图层组。一张复杂图像的合成需要多个图层，对于一些内容相关、层次确定相连的图层，可以建立图层组。图层组的作用是规范或简化“图层”面板的图层结构，便于图层的组织、调整和管理。在使用图层数量比较多的时候，用户使用图层组可以更方便地管理图层。图层组中的图层可以被统一移动或变换，还可以被单独编辑。

1. 新建、复制、删除图层与图层组

1）新建图层、图层组

（1）新建图层：新建图层是指在原有图层或图像上，新建一个可用于编辑的空白图层。新建图层可以在“图层”菜单中完成，也可以直接通过“图层”面板来完成，方法如下。

- 执行“图层”→“新建”→“图层”命令或按快捷键 Ctrl+Shift+Alt+N，打开“新建图层”对话框，设置图层名称、颜色、模式等参数，创建一个新的透明图层，如图 2-31 和图 2-32 所示。
- 单击“图层”面板底部的“创建新图层”按钮，在当前图层上直接创建一个透明图层；或者按住 Alt 键并单击“图层”面板底部的“创建新图层”按钮，打开“新建图层”对话框，设置参数，完成新图层的创建，如图 2-33 所示。

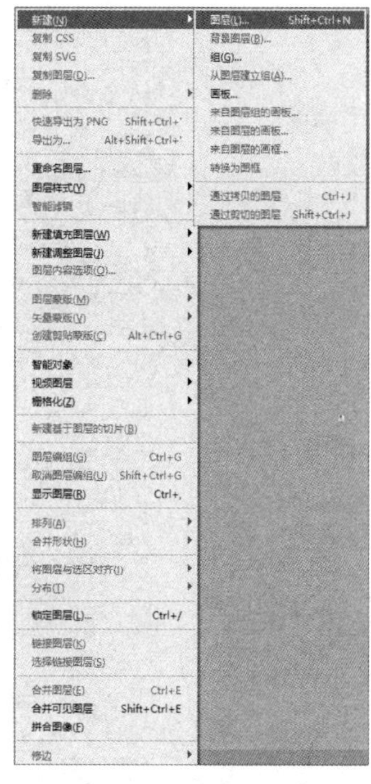

图 2-31　“图层”菜单

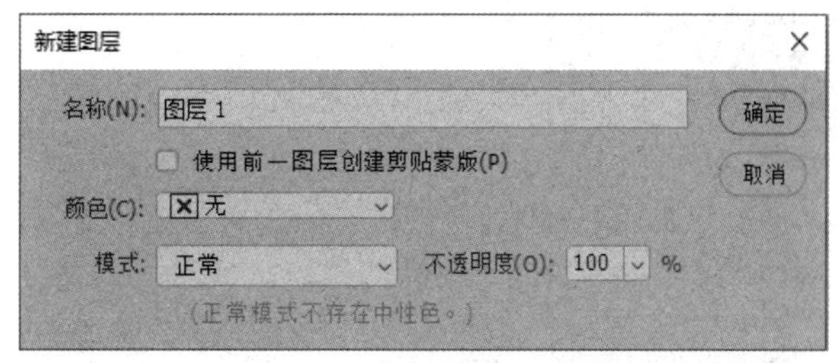

图 2-32　“新建图层”对话框

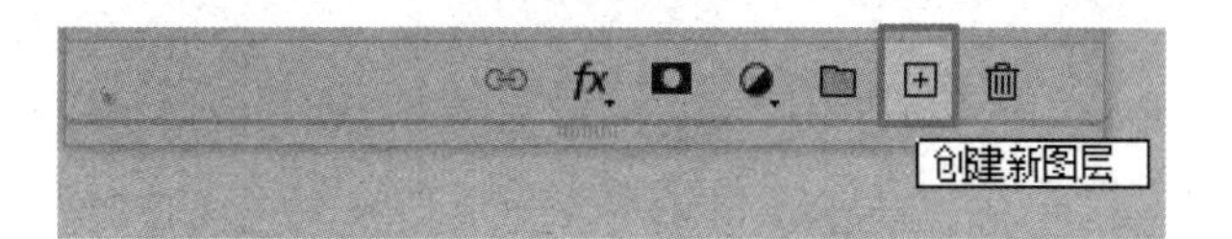

图 2-33　“创建新图层”按钮

- 单击“图层面板”按钮，在弹出的下拉列表中选择“新建图层”选项，创建新图层，如图 2-34 所示。
- 当图像中存在选区时，可以执行“图层”→“新建”→“通过拷贝的图层”命令或按快捷键 Ctrl+J，在创建新图层的同时，将当前图层的选区复制到新建图层中。

（2）新建图层组：新建图层组是指在面板中新建一个用于存放若干图层的文件夹。新建图层组可以在“图层”菜单中完成，也可以直接通过“图层”面板来完成，方法如下。

- 执行“图层”→“新建”→“组”命令，在打开的“新建组”对话框进行设置，完成图层组的新建，如图 2-35 所示。
- 在“图层”面板底部单击“创建新组”按钮，在“图层”面板中就会出现一个新图层组，如图 2-36 所示。
- 单击“图层面板”按钮，在弹出的下拉列表中选择“新建组”选项，完成新图层组的创建。
- 单击“图层”面板右上角的下拉按钮，在弹出的下拉列表中选择“从图层新建组”选项，如图 2-37 所示，在打开的“新建组”对话框中即可完成设置。

（3）图层归组：图层归组是指在“图层”面板中选择图层并移入图层组。移动图层的方法如下。

- 选中需要归组的图层，执行“图层”→“图层编组”命令，即可将所选的图层放置到同一个图层组中，快捷键为 Ctrl+G。
- 在“图层”面板中拖曳当前图层到图层组上或图层组内的图层中后释放鼠标左键，即可将图层移入当前图层组中。
- 选中需要归组的图层，先按住 Shift 键，再单击“图层”面板底部的“创建新组”按钮，即可将所选图层放在一个图层组中。

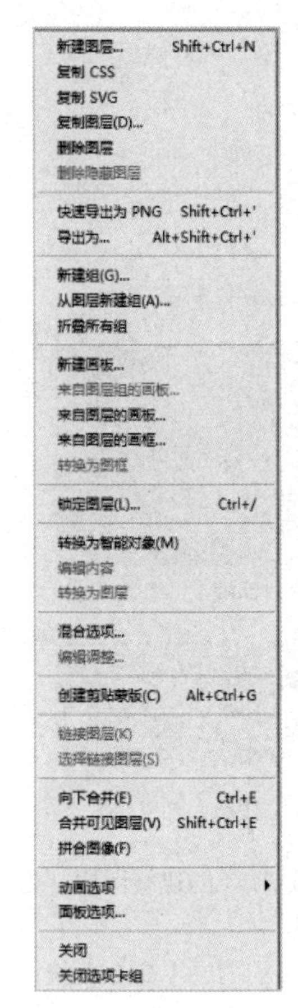

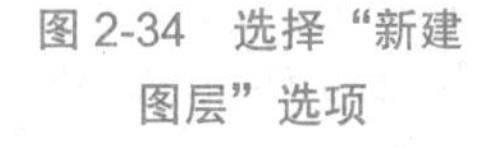
图 2-34　选择“新建图层”选项

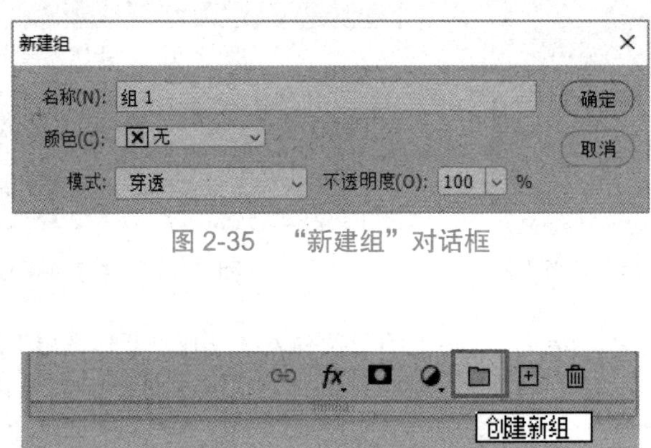

图 2-35　“新建组”对话框

图 2-36　单击“创建新组”按钮

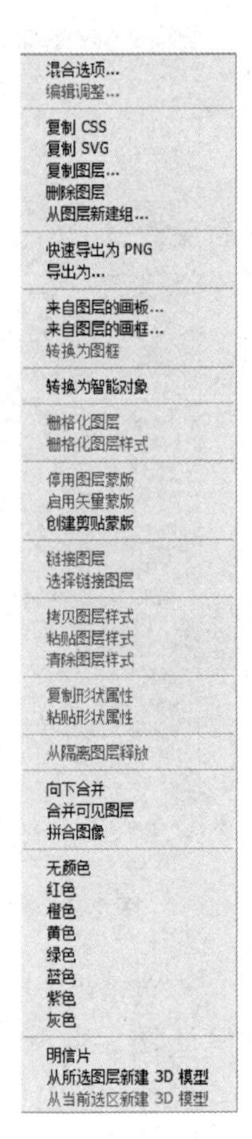

图 2-37　图层属性快捷菜单

（4）取消图层编组：取消图层编组是指将图层组中的图层都释放出来，方法是在选择图层组后，执行“图层”→“取消图层编组”命令，将当前图层组取消；或者拖曳图层组内的图层到当前图层组的上方或图层组外的图层上方后释放鼠标左键，即可将选定的图层移出图层组。

2）复制图层、图层组

复制图层或图层组可以在保留当前图层或图层组的基础上，产生一个与原图层完全一致的图层或图层组副本，当需要对已经存在的图层效果或图像进行进一步编辑，又需要保留原图层内容时，可复制图层或图层组。复制图层或图层组可以得到多个图像内容完全相同的图层或图层组，既可以在同一个图像文件中复制图层或图层组，也可以在两个图像文件之间复制图层或图层组。

- 选中需要复制的图层或图层组，执行“图层”→“复制图层”命令或“复制组”命令，在打开的“复制图层”或“复制组”对话框中进行参数设置，如图 2-38 和图 2-39 所示，单击“确定”按钮，完成复制。
- 选中需要复制的图层或图层组，按快捷键 Ctrl+J 可以快速复制。
- 右击需要复制的图层或图层组，在弹出的快捷菜单中执行“复制图层”命令或“复制组”命令后，在打开的“复制图层”对话框或“复制组”对话框中设置参数。

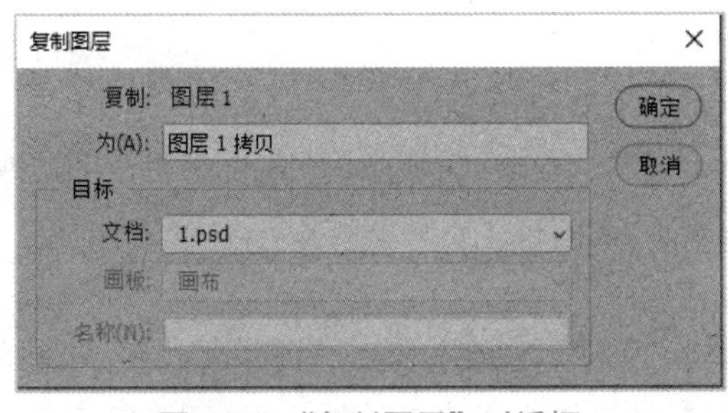

图 2-38　“复制图层”对话框

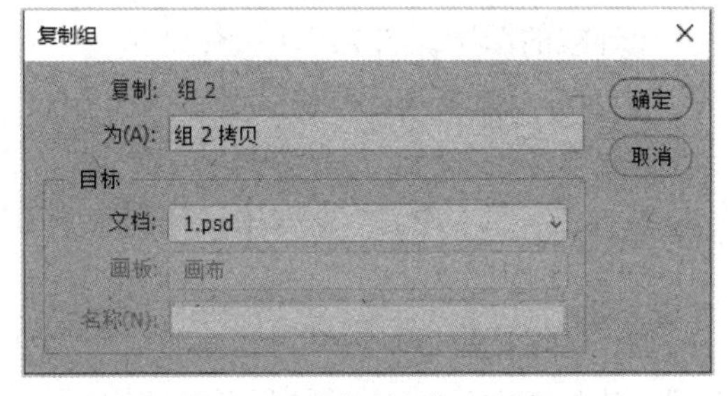

图 2-39　“复制组”对话框

- 按住鼠标左键拖曳图层到“图层”面板的“创建新图层”按钮上，释放鼠标左键，完成复制图层操作。
- 选中图层，在“图层”面板中，按住 Alt 键，按住鼠标左键拖曳图层完成复制。
- 选中需要复制的图层，使用“移动工具”，按住 Alt 键，直接在文件中拖曳图层完成复制。
- 按住鼠标左键拖曳图层组到“图层”面板的“创建新组”按钮上，释放鼠标左键，完成复制图层组操作。

【提示】

在不同图像文件之间进行图层复制时，可以采用“移动工具+鼠标左键拖曳”的方式，将图层从源图像拖曳至目标图像中，进行图层复制。

3）删除图层、图层组

删除图层或图层组是指将选中的图层或图层组从“图层”面板中删除，删除方法如下。

（1）选择图层或图层组，执行“图层”→“删除”→“图层”命令或“图层组”命令，打开对应的警告对话框，单击“是”按钮即可删除图层，如图 2-40 所示。单击“组和内容”按钮或“仅组”按钮即可删除图层组，如图 2-41 所示。

（2）选择图层或图层组后，单击图层面板底部的“删除图层”按钮，在打开的警告对话框中完成操作。

（3）将图层或图层组直接拖曳至“图层”面板底部的“删除图层”按钮上，或选择图层或图层组后，在“面板”菜单中执行“删除图层”或“删除图层组”命令。

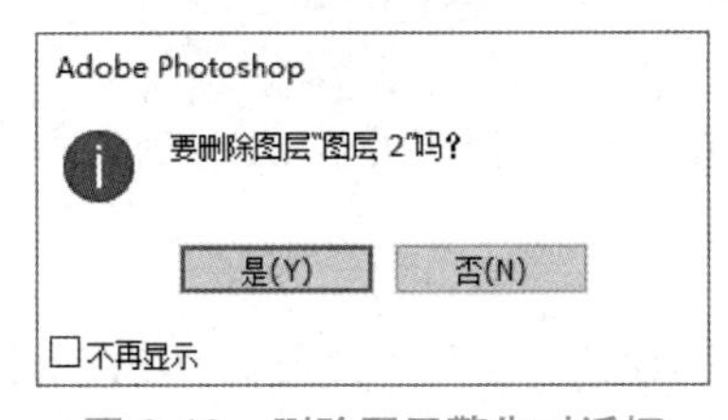

图 2-40　删除图层警告对话框

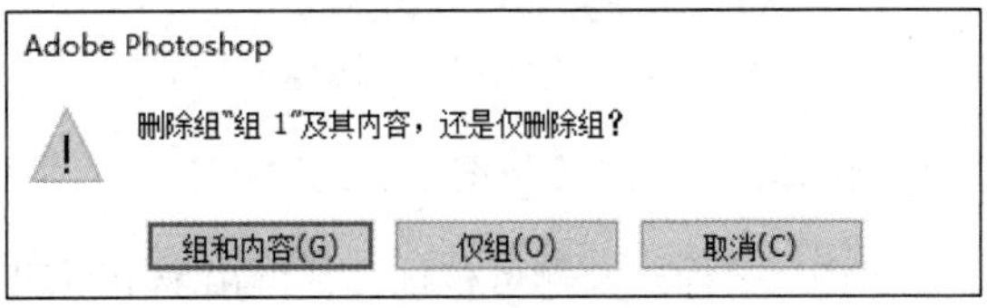

图 2-41　删除图层组警告对话框

2. 选择、重命名、链接图层

1）选择图层

单击“图层”面板中的图层或图层组，即可将其选中并转换为当前工作图层或图层组。按住 Ctrl 键的同时单击，可以选中多个不连续的图层或图层组；按住 Shift 键的同时单击，可以选中多个连续的图层或图层组。

2）重命名图层或图层组

执行“图层”→“重命名图层”命令或“重命名组”命令，返回“图层”面板更改图层或图层组名称；在“图层”面板中选择图层或图层组后双击名称，完成重命名。

3）链接图层

通过链接图层可以同时将选中的两个及两个以上的图层链接到一起，链接的图层之间保持关联，选择其中任意一个图层，都可以对所有的链接图层进行移动或图形变换，直到取消链接为止。与图层组操作或同时选中多个图层的操作不同，通过链接图层可以对图层进行统一编辑。

链接图层的方法是在“图层”面板中按住 Ctrl 键，单击需要链接的图层，单击“图层”面板底部的“链接图层”图标，此时面板中被选择的链接图层的标签中会出现“链接图层”图标，如图 2-42 所示。

链接图层的建立也可以在同时选中多个图层后，右击图层，在弹出的快捷菜单中执行“链接图层”命令完成；或者执行“图层”→“链接图层”命令实现。

在取消链接图层时，只要选择一个链接图层，单击“图层”面板底部的“链接图层”按钮就可以取消链接图层。按住 Shift 键并单击“链接图层”图标，可以暂时停止使用链接图层（图标上方会出现一个红“X”），这时暂停链接的图层可以被独立编辑，如图 2-43 所示；再次按住 Shift 键单击“链接图层”图标可重新启用链接。

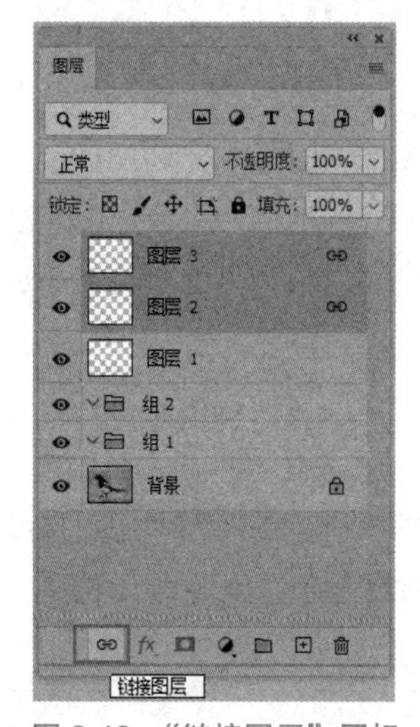

图 2-42 “链接图层”图标

图 2-43 暂时停止使用链接图层

3. 显示/隐藏图层和图层组

在“图层”面板左侧可视性标识框出现眼睛的图标表示该图层可见，否则表示该图层被隐藏。在编辑图像过程中，为了方便操作，用户可以根据需要暂时隐藏部分图层，方法如下。

（1）单击“图层”面板左侧的眼睛图标，隐藏该图层。

（2）右击眼睛图标，在弹出的快捷菜单中执行“显示本图层”命令或“隐藏本图层”命令，实现图层状态的转换，如图 2-44 和图 2-45 所示。

（3）执行“图层”→“隐藏图层”命令或“显示图层”命令，实现图层显示状态的转换。

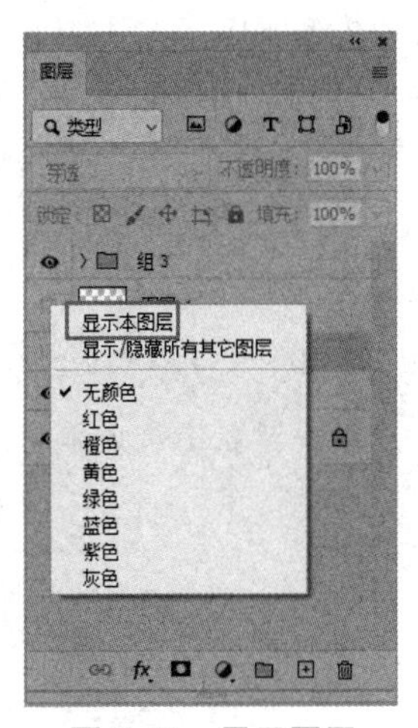

图 2-44　显示图层

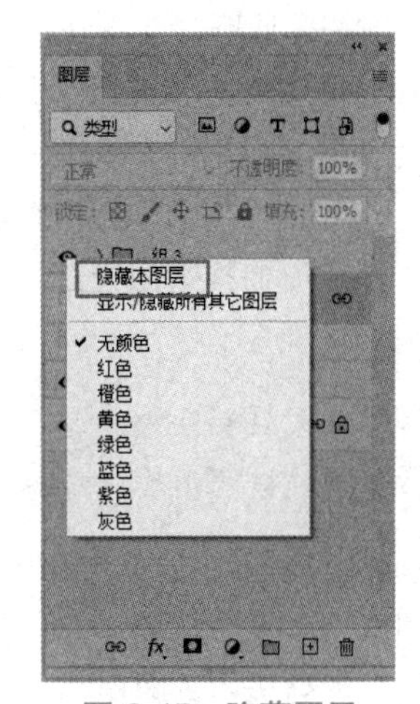

图 2-45　隐藏图层

（4）按住 Alt 键，单击“图层”面板中某个图层的眼睛图标，除被单击的图层外，其他所有图层都会被隐藏或显示出来。

4. 锁定图层、设置图层不透明度

1）锁定图层

在“图层”面板中可以实现对图层的限定操作，以保证在对某一图层进行操作时不会对其他图层产生影响。锁定图层按钮包括“锁定透明像素”“锁定图像像素”“锁定位置”“防止在画板和画框内外自动嵌套”“锁定全部”，如图 2-46 所示。如果需要锁定背景图层，则先将背景图层更改为普通图层。另外，有些锁定操作只能用于普通图层，对于一些特殊图层（如填充图层、调整图层等）是无法进行操作的。

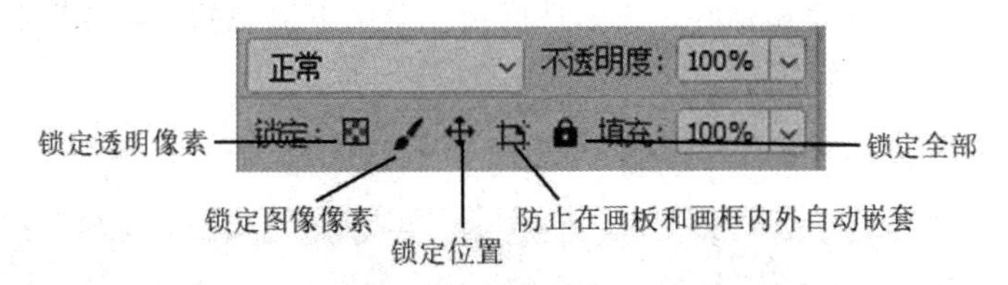

图 2-46　锁定图层按钮

2）设置图层不透明度

图层的“不透明度”是指当前图层中图像的透明程度，表明图层或图层组的可视程度和穿透效果。“不透明度”确定它遮蔽或显示其下方图层的程度。用户可以直接在文本框中输入 0%～100%的数值来调整不透明度，也可以单击文本框右侧的下拉按钮，在弹出的滑尺上拖动“滑块”调整图层的“不透明度”，数值越小图像越透明。“不透明度”为 1%的图层看起来几乎是透明的，而“不透明度”为 100%的图层显示完全不透明。

“图层”面板中“填充”选项同样影响图层中图像的像素和图层的透明程度。

5. 改变图层顺序、选择图层的非透明区

1）改变图层顺序

图层的排列顺序决定了图像的编辑效果，所以在处理图像过程中，要充分考虑图层排列产

生的影响。改变图层顺序是指在“图层”面板中更改图层的排列顺序，方法如下。

- 执行“图层”→“排列”命令，在打开的子菜单中执行相应命令完成图层顺序的调整：置为顶层（快捷键为 Shift+Ctrl+“]”）、前移一层（快捷键为 Ctrl+“]”）、后移一层（快捷键为 Ctrl+“[”）、置为底层（快捷键为 Shift+Ctrl+“[”）、反向。
- 在“图层”面板中拖曳图层标签上下移动，即可更改图层顺序。

【提示】

要先将背景图层转换为普通图层，才能调整图层顺序。双击背景图层或单击背景图层的锁定图标，背景图层被解锁后，可将其转换为普通图层。

2）快速选择图层中的非透明区

在“图层”面板中，按住 Ctrl 键，此时会出现一个带虚线小框的小手，单击要选取图层的图层缩略图，就会选中该图层的所有非透明区域。

2.2.3 对齐与分布

在对一个由多个图层组成的图像文件进行编辑时，不同图层所含内容的相对位置会影响图像的综合效果，因此通过调整各图层内容的分布，可以产生相对良好的编辑效果。需要注意的是，因为背景图层通常是被锁定的，不能调整对齐与分布位置，所以在调整图层的对齐与分布状态时，不能链接背景图层。

图层的对齐是将不同图层的图像按照基准线对齐排列；图层的分布是指选定的图层按照设计要求分布。对齐与分布设置方法有两种：一种是在选择“移动工具”后，在工具的属性栏上方出现相应的对齐按钮或分布按钮，单击按钮进行设置，如图 2-47 所示；另一种方法是执行“图层”→“对齐”命令或“分布”命令，如图 2-48 所示，在打开的子菜单中选择图层排列方式，完成操作。在执行“图层”菜单命令，设定选区后，菜单下原来的“对齐”命令显示为“将图层与选区对齐”，子菜单内容不变。

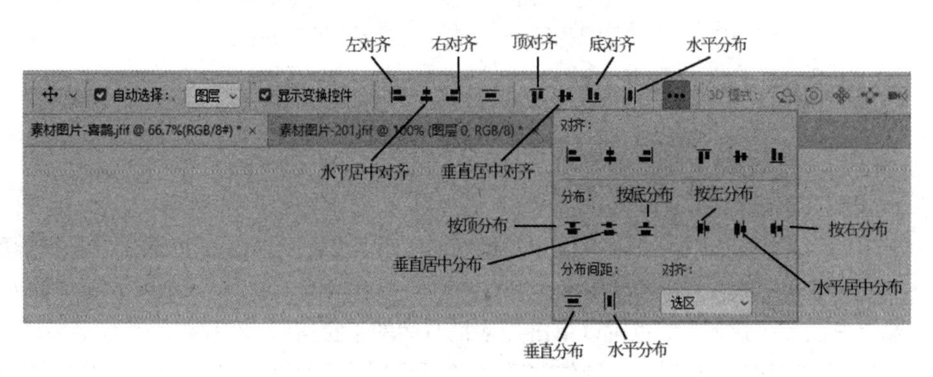

图 2-47　图层的对齐按钮与分布按钮

1. 对齐

- 顶边：所选图层中的对象顶端对齐。
- 垂直居中：所选图层中的对象垂直方向居中对齐。
- 底边：所选图层中的对象底部对齐。

- 左边：所选图层中的对象左侧对齐。
- 水平居中：所选图层中的对象水平方向居中对齐。
- 右边：所选图层中的对象右侧对齐。

图 2-48　“图层”菜单中的“对齐”命令

2. 分布

- 顶边：以所选图层中对象的顶端作为参考，在垂直方向上均匀分布。
- 垂直居中：以所选图层中对象的中心作为参考，在垂直方向上均匀分布。
- 底边：以所选图层中对象的底边作为参考，在垂直方向上均匀分布。
- 左边：以所选图层中对象的左边作为参考，在水平方向上均匀分布。
- 水平居中：以所选图层中对象的中心作为参考，在水平方向上均匀分布。
- 右边：以所选图层中对象的右边作为参考，在水平方向上均匀分布。

3. 自动对齐图层

“自动对齐图层”命令是根据不同图层中的相似内容（如角和边）自动对齐图层。用户可以指定参考图层，也可以自动选择参考图层。其他图层将与参考图层对齐，使内容自行叠加。执行“编辑”→“自动对齐图层”命令，在打开的“自动对齐图层”对话框中完成设置，如图 2-49 所示。

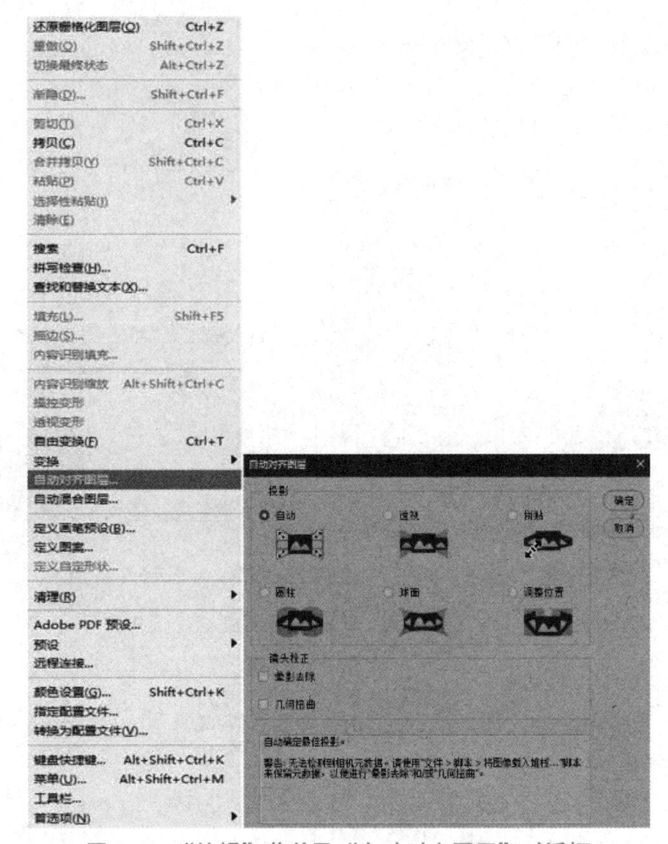

图 2-49 “编辑”菜单及“自动对齐图层”对话框

参与设置“自动对齐图层”的图像素材必须有 40%的画面像素是重合的，所以这种对齐方式经常用于修整或拼接同一地点拍摄的类似画面。调整图层、矢量图层不包含对齐图层所需的信息，所以它们不能进行“自动对齐图层”的设置。

2.2.4 合并图层

在使用 Photoshop 进行图像编辑过程中，图层信息的相对位置非常重要。将不同的图层合并后进行进一步的编辑，也是实现图像合成的重要手段。合并图层可以将当前图像在磁盘中占用的空间减少，不仅便于管理图层，而且更有利于节省系统资源。在确定了图层的内容及编辑效果后，合并图层可以简化图像结构、“图层”面板的结构，减小图像文件大小。

在合并图层后，顶部图层的数据替换底部图层的数据，透明区域的交迭部分保持透明，所有图层合并成为一个图层。

1. 合并选中图层

“合并选中图层”是指同时选中多个需要合并的图层，右击所选图层，在打开的快捷菜单中执行“合并图层”命令（见图 2-50）或按快捷键 Ctrl+E，即可将所有被选中的图层合并为一个图层。需要注意的是，如果被选中的图层中包含隐藏图层，则隐藏的图层将被保留，不参与合并操作。另外，通过“图层”面板下拉列表或执行“图层”→“合并图层”命令，也可以完成图层合并操作，如图 2-51 和图 2-52 所示。

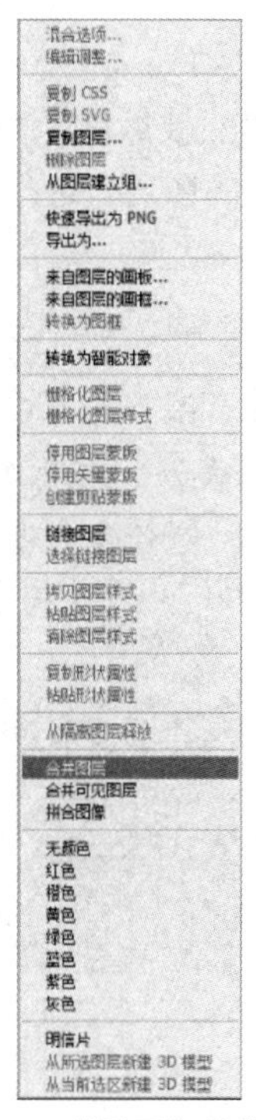

图 2-50　“图层”快捷菜单

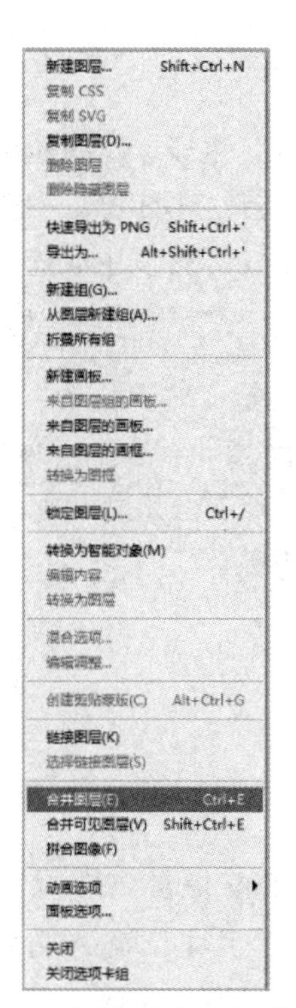

图 2-51　“图层”面板下拉列表

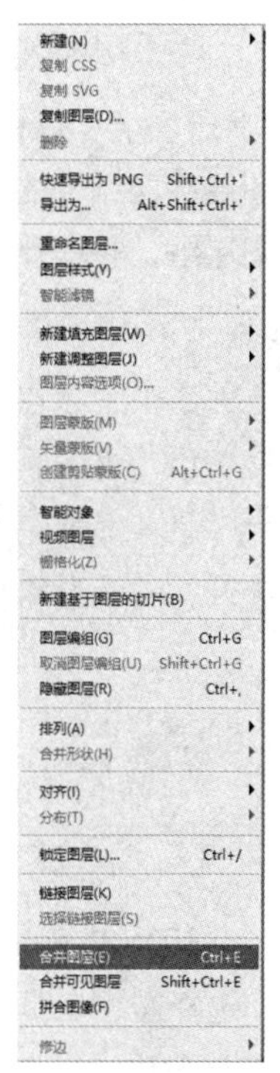

图 2-52　“图层”菜单

2. 合并可见图层

“合并可见图层”是对可见图层的操作，它的作用是把所有显示状态的图层合并，隐藏状态的图层则不做变动。右击任意一个可见图层或打开“图层”面板下拉列表或执行“图层”→“合并可见图层”命令，所有可见图层都被合并成为一个图层，隐藏的图层被保留。

3. 拼合图像

“拼合图像”可以合并多图层图像的所有可见图层，并删除隐藏图层。拼合图像操作可以减小图像文件大小，将所有可见图层合并到背景图层中。执行“图层”→“拼合图像”命令，将所有的处于显示状态的图层合并到背景图层中，如果“图层”面板中有隐藏图层，则拼合时会出现拼合图像警告对话框，单击“确定”按钮，隐藏的图层将被丢弃，如图 2-53 所示。此操作也可以通过右击任意一个图层，在弹出的快捷菜单中执行“拼合图像”命令，或者在打开的“图层”面板下拉列表中选择“拼合图像”选项来完成。

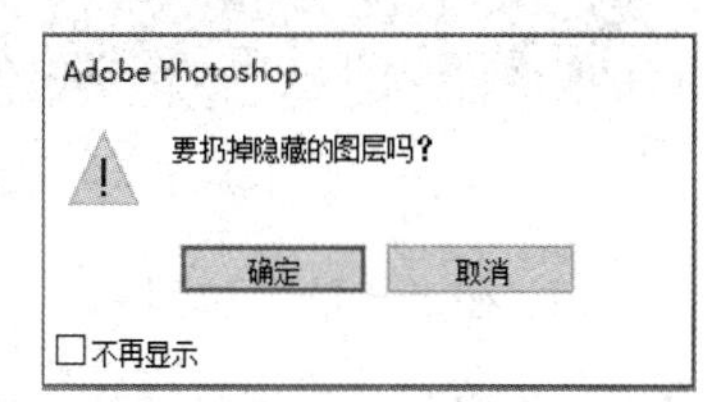

图 2-53　拼合图像警告对话框

4. 向下合并

“向下合并”命令可以合并相邻的两个图层，将当前图层与下一个图层合并，如果当前图层与其他图层之间存在链接关系，则自动取消链接。选中图层，执行“图层”→“向下合并”命令或按快捷键 Ctrl+E，即可完成当前图层与下一图层的合并。此操作也可以通过右击选中的图层，在弹出的快捷菜单中执行“向下合并”命令，或者在打开的“图层”面板下拉列表中选择“向下合并”选项来完成。

5. 盖印图层

“盖印图层”是利用所有可见图层，生成一个新图层，而原有的图层仍然被保留。盖印图层是多图层共同结合的效果，在盖印图层上对图像进行编辑，不会影响原有的图层。选择多个图层或图层组，按快捷键 Ctrl+Shift+Alt+E，可以生成盖印图层。

【提示】

合并图层的缺点是文件被保存并关闭后，合并后的图层将不能被拆分，图层不能恢复。如果没有关闭文件，则可以撤销合并图层操作，执行“编辑”→“后退一步”命令；或者执行“窗口”→“历史记录”→“合并图层”命令；又或者通过“历史记录”面板，删除合并图层，恢复到没有合并图层的状态，如图 2-54 所示。

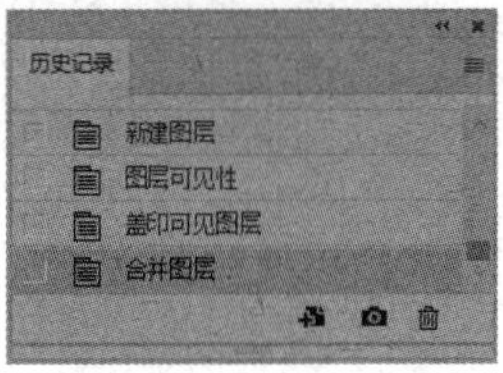

历史记录
新建图层
图层可见性
盖印可见图层
合并图层

图 2-54 “历史记录”面板

任务实施

制作发光特效字

（1）打开 Photoshop，新建一个 500 像素×531 像素的黑色背景图层；选择左侧工具箱中的“横排文字工具”，输入文字“少年强”，设置文字为华文行楷、150 点、RGB(23,191,193)，如图 2-55 所示。

（2）在“图层”面板底部单击“添加图层样式”按钮，如图 2-56 所示。

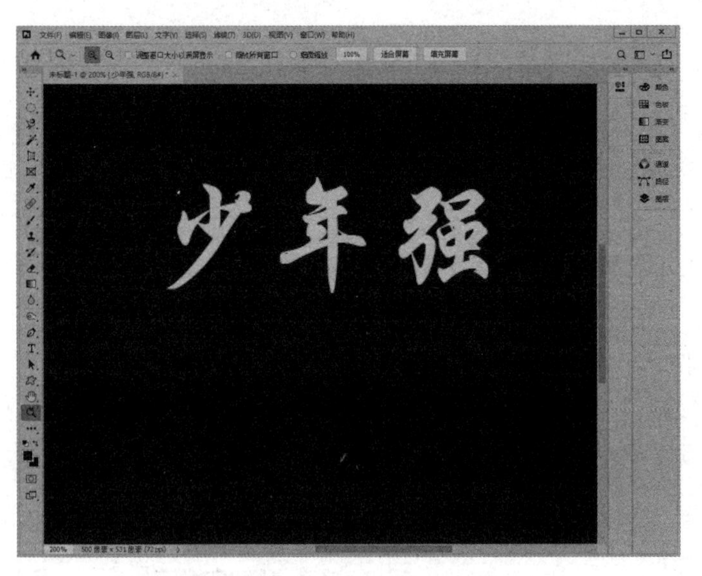

图 2-55 新建黑色背景图层并编辑文字

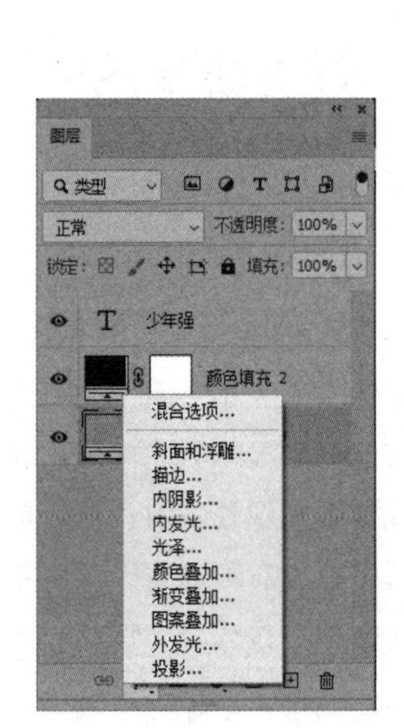

图 2-56 单击“添加图层样式”按钮

（3）在弹出的下拉列表中，选择“内发光”选项，在弹出的“图层样式”对话框中设置“内发光”参数，将“混合模式”设置为“溶解”，其他参数设置根据自己的需要调整，如图 2-57 所示。

（4）分别设置“外发光”和“描边”的参数。将“外发光”的“混合模式”设置为“滤色”，“描边”的“混合模式”设置为“正常”，其他参数的设置如图 2-58 和图 2-59 所示。

（5）最后设置“斜面和浮雕”的参数。将“样式”设置为“浮雕效果”，其他参数可根据需要自行设置，如图 2-60 所示。

（6）设置完成后保存图像，发光特效字效果如图 2-61 所示。

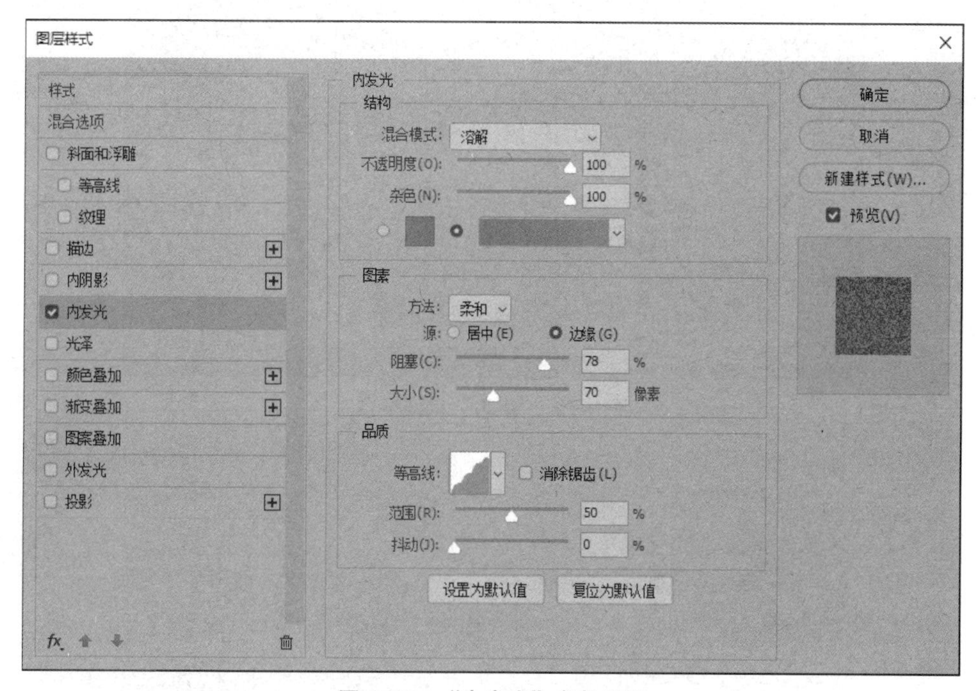

图 2-57　“内发光”参数设置

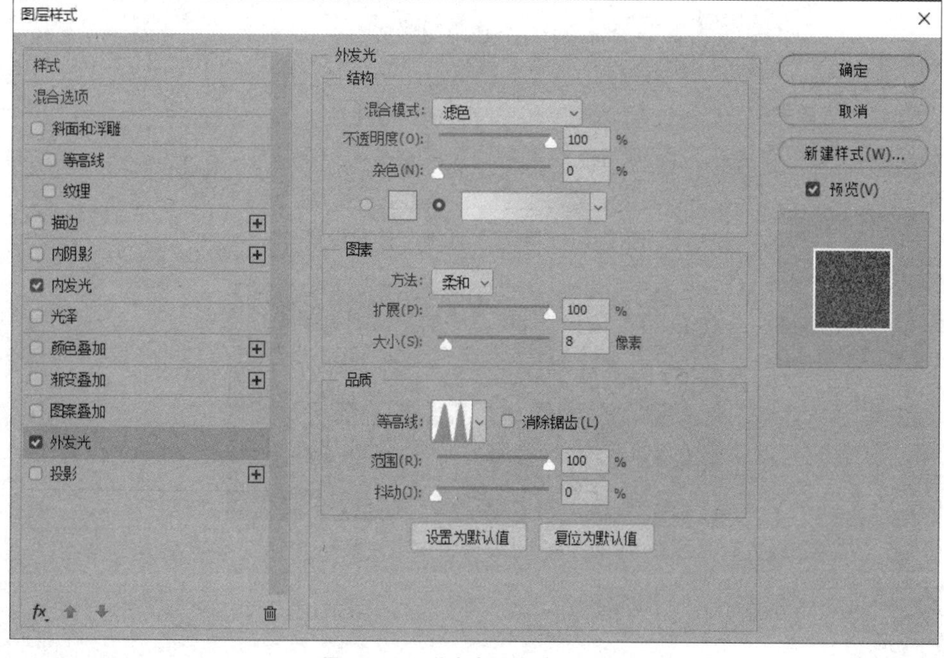

图 2-58　“外发光”参数设置

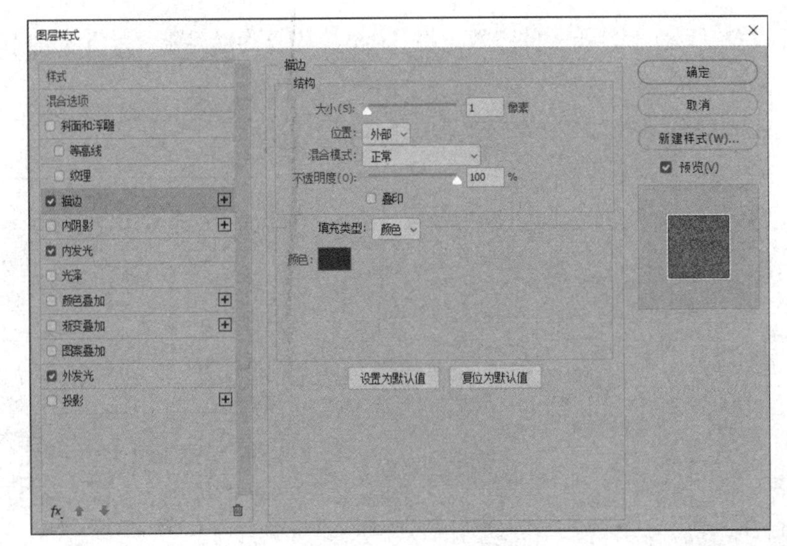

图 2-59 “描边”参数设置

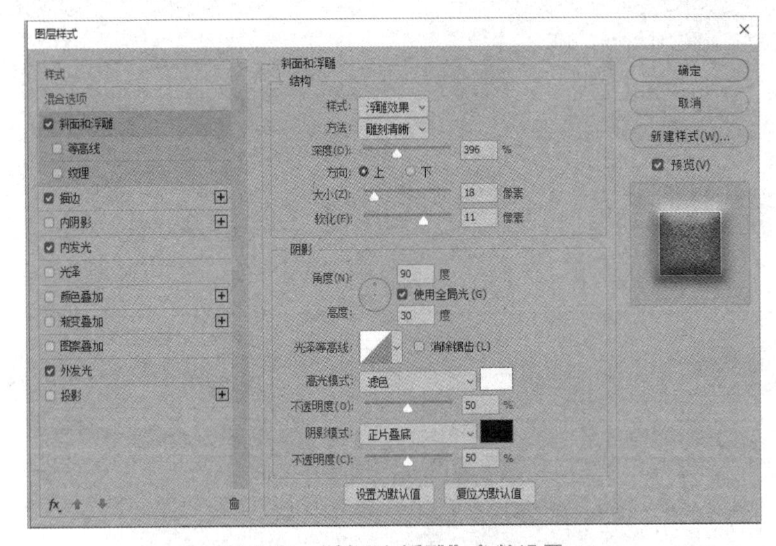

图 2-60 “斜面和浮雕”参数设置

图 2-61 发光特效字效果

任务评价

填写任务评价表，如表 2-2 所示。

表 2-2　任务评价表

工作任务清单	完成情况
（1）新建、复制、删除图层或图层组	○优　○良　○中　○差
（2）选择、重命名、显示/隐藏图层或图层组	○优　○良　○中　○差
（3）锁定图层、设置图层不透明度、改变图层顺序	○优　○良　○中　○差
（4）图层的对齐、分布及自动对齐	○优　○良　○中　○差
（5）合并图层、拼合图像	○优　○良　○中　○差

任务拓展

2-4 认识“图层”面板.pdf

认识“图层”面板。

任务 2.3　修饰图像

任务情境

【任务场景】使用 Photoshop 编辑图像是图像处理的基础，使用 Photoshop 可以对图像做各种变换，如剪切、旋转、倾斜等，也可以对图像进行复制、去除斑点、修补、修饰残损等操作。使用 Photoshop 去除图像中不完美的部分，对图像进行美化加工，能达到让人满意的效果。

【任务布置】认识“画笔”面板和“画笔设置”面板，新建、删除画笔；掌握调整图像色彩和色调的方法；掌握使用“图像变换”“模糊/锐化工具”“减淡/加深工具”“填充及描边工具”修饰图像的方法；掌握使用“图章工具”“修复画笔工具”“橡皮擦工具”修复图像的方法。

知识准备

2.3.1　画笔工具组与“画笔设置”面板

1. 画笔工具组

画笔工具组包括“画笔工具”“铅笔工具”“颜色替换工具”“混合器画笔工具”，如图 2-62 所示。按快捷键 Shift+B 可以实现 4 个工具之间的切换。

图 2-62　画笔工具组

1）画笔工具

“画笔工具”是在 Photoshop 中经常使用的绘图工具，它是使用前景色进行绘制线条的，通过拖曳鼠标，像绘图笔一样在编辑区绘制带有艺术效果的笔触或线条。“画笔工具”可以使用系统预设的多种画笔笔尖，不仅能勾绘特殊的轮廓效果、绘制图画，还可以修改通道和蒙版。画笔笔尖也可以用作相应的填充图样效果。在选择“画笔工具”后，“画笔工具”的属性栏会展示相关选项，通过设置各选项参数，进行绘图操作，如图 2-63 所示。

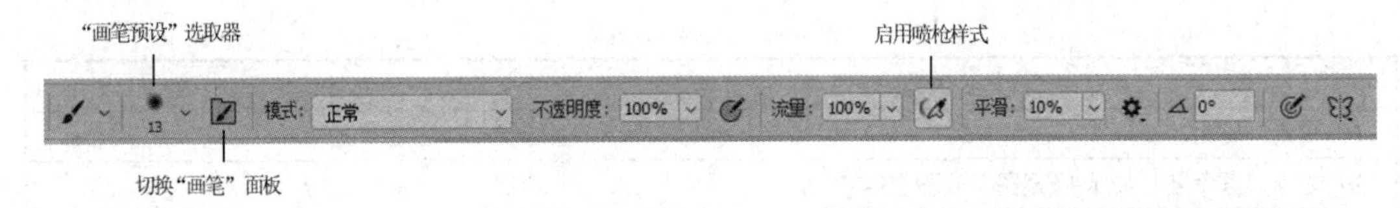

图 2-63 "画笔工具"的属性栏

- "画笔预设"选取器：单击该按钮可以打开"画笔预设"面板，在该面板中可以选择预设的各种不同笔触形态的画笔笔尖，可以设置画笔的硬度和大小。"大小"滑块用来改变画笔笔触的大小，而"硬度"滑块用来调整画笔边缘的柔和程度，如图 2-64 所示。
- 切换"画笔"面板：单击该按钮可以打开"画笔"面板和"画笔预设"面板，并在其中设置各种画笔属性和效果。
- 模式：设置绘图的图层颜色混合模式，单击右侧的下拉按钮，在弹出的下拉列表中可以选择画笔笔尖颜色及像素的混合模式。
- 不透明度：用来设置画笔的不透明度。不透明度值越低，线条的透明度越高。
- 流量：用来设置当光标移动到某个区域上方时，应用颜色的速率，即画笔绘制的色彩浓度。流量值越大，应用颜色的速率越高。
- 平滑：设置描边的平滑度，可以有效防止描边抖动。单击"平滑"下拉按钮可以打开"平滑"下拉列表，如图 2-65 所示。
- 启用喷枪样式：单击该按钮即可启用喷枪模式，使用户可以根据单击程度来确定画笔线条。

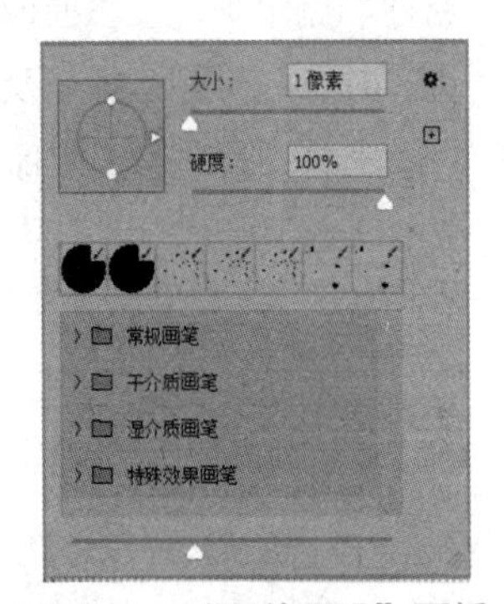

图 2-64 "画笔预设"面板

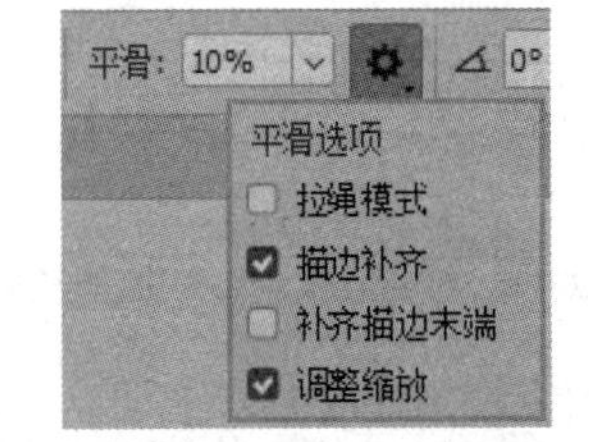

图 2-65 "平滑"下拉列表

2）铅笔工具

"铅笔工具"是画笔工具组中的重要一员，也是使用前景色来绘制线条的。"铅笔工具"与"画笔工具"最大的区别是，它只能用来绘制硬边线条。"铅笔工具"属性栏中的参数除"自动涂抹"选项外，其余选项与"画笔工具"相似。

自动涂抹：当开始拖曳鼠标指针时，如果光标的中心在包含前景色的区域上，则可以将该区域涂抹成背景色；如果光标的中心在不包含前景色的区域上，则可以将该区域涂抹成前景色。使用"自动涂抹"功能可以绘制有规律的间隔色。

3）颜色替换工具

"颜色替换工具"可以将图像中的颜色进行替换，替换完成之后，只是图像的颜色发生了改变，不会影响图像的形态。因为黑色和白色会影响图像的明度，所以图像中原有的黑白颜色不能被替换。“颜色替换工具”的属性栏如图 2-66 所示。“颜色替换工具”操作效果如图 2-67 所示。

图 2-66　“颜色替换工具”的属性栏

图 2-67　“颜色替换工具”操作效果

- 模式：单击“模式”右侧下拉按钮，在下拉列表中可以对替换颜色的属性进行选择，包括“色相”“饱和度”“颜色”“明度”4 个选项，其中默认模式为“色相”。
- 取样：对颜色的取样方式进行设置，取样方式包括“连续”“一次”“背景色板”。
- 限制：用于确定替换颜色的范围，包括“不连续”“连续”“查找边缘”。“不连续”是指在替换时仅替换样本的颜色；“连续”是指替换光标范围内及周围相近的颜色；“查找边缘”是指在替换时保留形状边缘的锐化程度。
- 容差：容差值越高，可以替换的范围越广。
- 消除锯齿：可以有效地消除边缘的锯齿。

4）混合器画笔工具

“混合器画笔工具”可以用于绘制逼真的手绘效果。它是较为专业的绘画工具。用户通过在属性栏中设置笔触的颜色、潮湿度、混合颜色等参数，可以绘制出更为细腻的效果图，如图 2-68 和图 2-69 所示。

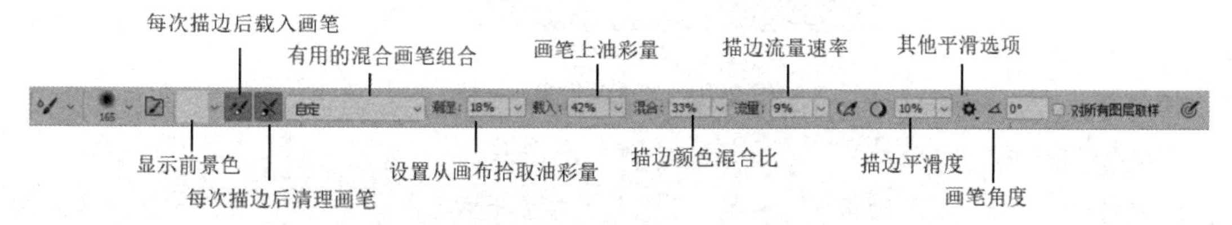

图 2-68　“混合器画笔工具”的属性栏

图 2-69　“混合器画笔工具”操作效果

- 显示前景色：包括“载入画笔”“清理画笔”“只载入纯色”3 个选项。
- 每次描边后载入画笔、每次描边后清理画笔：控制每次涂抹结束后是否更新和清理画笔。
- 有用的混合画笔组合：内设多种画笔组合类型，包括干燥、湿润、潮湿和非常潮湿等。

2. “画笔设置”面板

“画笔设置”面板是 Photoshop 中重要的面板之一，可以设置各种画笔属性和效果，包括绘画工具和修饰工具的笔刷种类、画笔大小、硬度等属性。打开“画笔设置”面板的方法如下。

（1）选择“画笔工具”后，在属性栏中单击“切换画笔设置面板”按钮，在打开的“画笔设置”面板中设置相应参数，如图 2-70 所示。

（2）在选择“画笔工具”后，按 F5 键可以快速打开或关闭“画笔设置”面板。

（3）执行“窗口”→“画笔设置”命令或“画笔”命令，即可打开“画笔设置”面板或“画笔”面板。

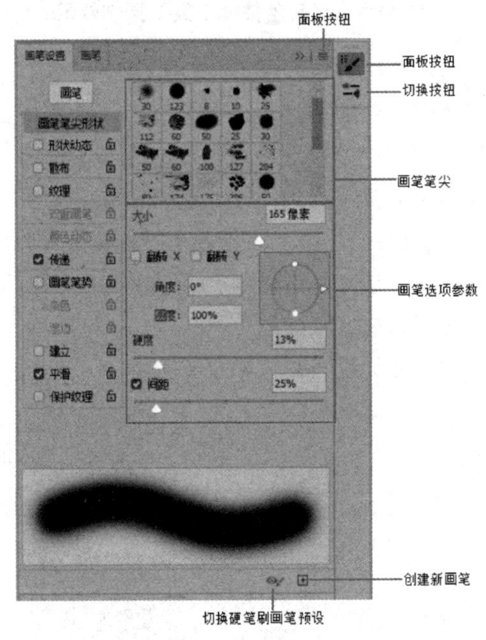

图 2-70　“画笔设置”面板

【提示】

在打开“画板设置”面板或“画笔”面板后，在面板右上角会出现“关闭”按钮，单击该按钮可以关闭面板。

3. 新建、删除画笔

在编辑图像过程中，为了满足绘图需要，用户可以新建或删除画笔。

新建画笔有很多方法，常用的有：执行“编辑”→“定义画笔预设”命令，打开“画笔名称”对话框，设置画笔名称，单击“确定”按钮新建画笔，如图 2-71 所示；也可以在“画笔”面板或“画笔设置”面板中单击“创建新画笔”按钮，如图 2-72 所示，打开“新建画笔”对话框，在该对话框中命名新画笔，完成创建，如图 2-73 所示。

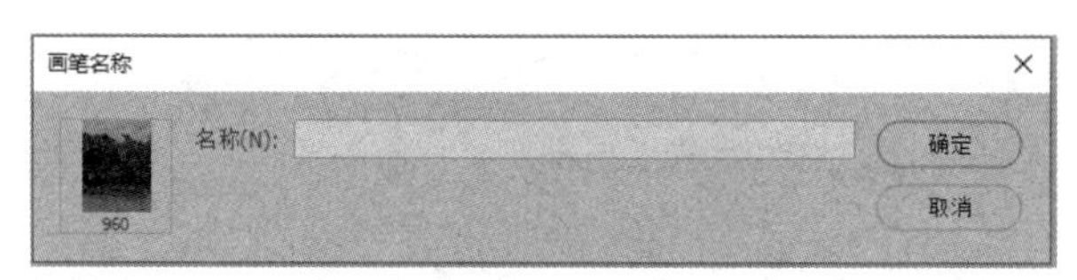

图 2-71　“画笔名称”对话框

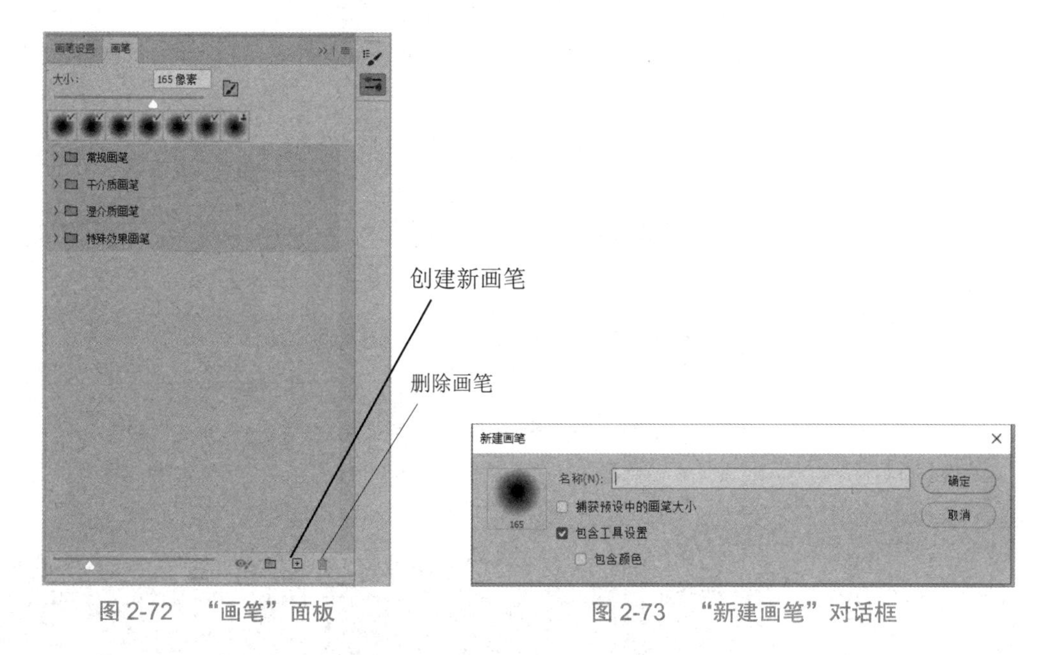

图 2-72　“画笔”面板　　　　图 2-73　“新建画笔”对话框

在“画笔”面板中单击“删除画笔”按钮能删除自定义的画笔。

【课堂训练 2-6】

练习使用“颜色替换工具”和“画笔工具”。

2.3.2　色彩与色调调整

图像的效果是通过色彩表现的，对图像进行色彩及色调调整非常重要。Photoshop 提供了较为完善的色彩和色调的调整功能，执行“图像”→“调整”命令，可以快速有效地对图像的亮度、对比度、饱和度和色相进行调整，如图 2-74 所示。

色调是指作品整体的主要颜色特征，即整体是什么主色系；色彩指整幅作品中出现的颜色。

1. 色彩调整

1）色阶

“色阶”是常用的调整命令，可以改变图像的明暗及反差效果。使用“色阶”命令可以调整图像的暗调、中间调和高光的强度级别，也可以调整图像的色彩范围和色彩平衡。

执行“图像”→“调整”→“色阶”命令或按快捷键 Ctrl+L，打开“色阶”对话框，如图 2-75 所示。在该对话框中拖动黑色滑块、灰色滑块、白色滑块或输入数字更改数值，可以调整图像的明暗程度。灰色滑块代表图像的中间色调，白色滑块代表图像的亮部，黑色滑块代表图像的暗部。使用“色阶”命令调整效果如图 2-76 所示。

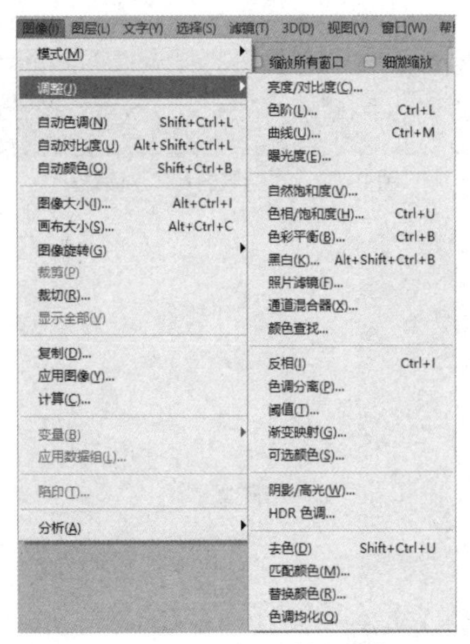

图 2-74　执行“调整”命令

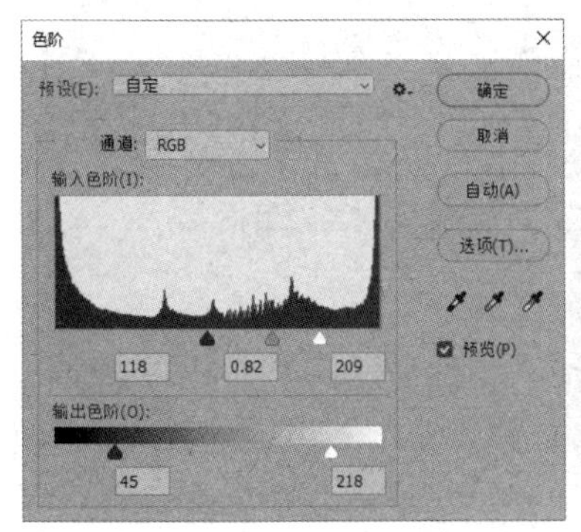

图 2-75　“色阶”对话框

图 2-76　使用“色阶”命令调整效果

- 通道：在下拉列表中可以选择一个颜色通道进行调整。
- 输入色阶：可以调整图像的阴影，提高图像的对比度。
- 输出色阶：可以限制图像的亮度范围、降低对比度。

在操作过程中按住 Alt 键，对话框中的“取消”按钮将变为“复位”按钮；按住 Alt 键的同时单击“复位”按钮，可以将设置恢复到默认状态。

2）曲线

“曲线”命令可以综合调整图像的亮度、对比度和色彩等，与“色阶”命令的功能相似。因为曲线中的任意点都可以被调节，所以“曲线”命令的调整效果更加精细。执行“图像”→“调整”→“曲线”命令或按快捷键 Ctrl+M，打开“曲线”对话框，如图 2-77 所示。在“曲线”对话框中单击曲线添加控制点，拖曳控制点调节曲线的形状可以改变图像效果。在 RGB 颜色模式下，如果曲线向左上角弯曲，则图像色调变亮；如果曲线向右下角弯曲，则图像色调变暗。控制点的数值显示在下方的数值框中，可以直接输入数值改变曲线的形状。使用“曲线”命令调整效果如图 2-78 所示。

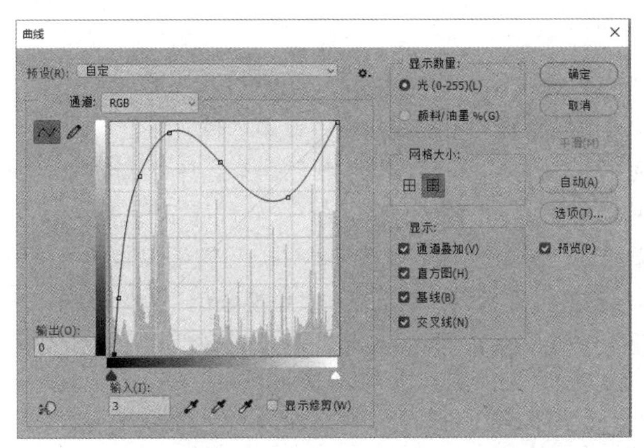

图 2-77　“曲线”对话框

图 2-78　使用“曲线”命令调整效果

按住 Shift 键的同时单击曲线，可以添加多个控制点，快速调整曲线形状；按快捷键 Ctrl+D，可以取消选取的控制点；在选中控制点后，除使用鼠标单击外，还可以使用键盘的方向键调整控制点；在选中控制点后，将控制点拖曳至坐标区域外或按住 Ctrl 键并单击可以删除控制点。

3）色彩平衡

“色彩平衡”命令是对图像进行色彩校正的一个重要工具，它可以调整色彩的色阶、添加过渡色，改变图像中的颜色组成，校正图像中的偏色现象，使图像色彩平衡，达到最佳色彩效果。执行“图像”→“调整”→“色彩平衡”命令或按快捷键 Ctrl+B，打开“色彩平衡”对话框，如图 2-79 所示。在“色阶”数值框中输入数值或拖动滑块，可以更改图像“阴影”“中间调”“高光”的值，调整图像的色彩。勾选“保持明度”复选框，可以在调整色彩平衡的过程中保持图像整体亮度不变。使用“色彩平衡”命令调整效果如图 2-80 所示。

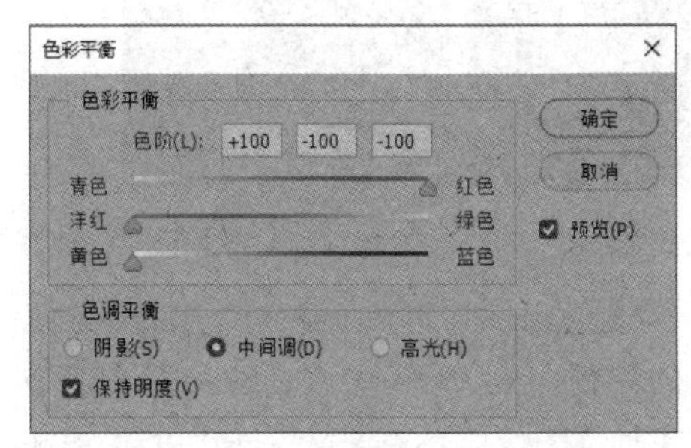

图 2-79　“色彩平衡”对话框

图 2-80　使用“色彩平衡”命令调整效果

4）替换颜色

“替换颜色”命令可以通过设置颜色的色相、饱和度和明度，将图像中的指定颜色替换为新颜色，调整图像中一种或几种特定范围的颜色。使用“替换颜色”命令可以创建临时蒙版，选择图像中的特定颜色并完成替换；也可以使用拾色器来选择替换颜色。

执行“图像”→“调整”→“替换颜色”命令，可以打开“替换颜色”对话框，如图 2-81 所示。在该对话框中使用“吸管工具”单击缩略图，设置需要替换的颜色区域，更改“色相”“饱和度”“明度”确定替换结果颜色；也可以在“替换颜色”对话框中，双击色块图标打开“拾色器”对话框进行颜色替换。使用“替换颜色”命令调整效果如图 2-82 所示。

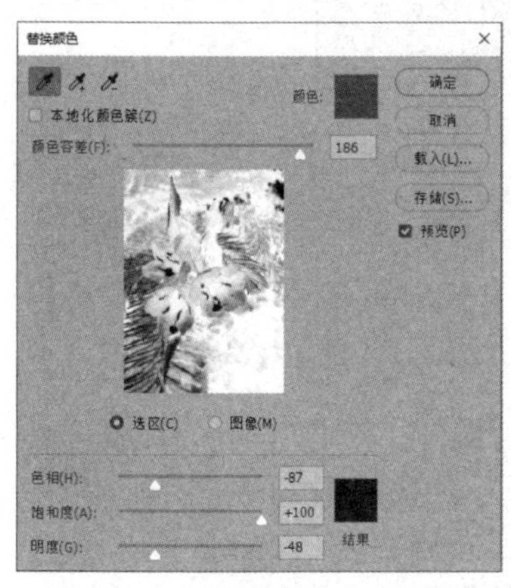

图 2-81 “替换颜色”对话框

图 2-82 使用“替换颜色”命令调整效果

2. 色调调整

1）亮度/对比度

“亮度/对比度”命令是调整图像亮度和明暗对比度一个快速、简单的命令。该命令可以对图像进行整体调整，但只能一次性调整图像中的所有像素，不能调整单一通道，所以在调整过程中会损失一些颜色细节。执行“图像”→“调整”→“亮度/对比度”命令，打开“亮度/对比度”对话框，如图 2-83 所示。在该对话框中，移动“亮度”“对比度”滑块可以扩展或收缩图像中某一色调值的总体面积。使用“亮度/对比度”命令调整效果如图 2-84 所示。

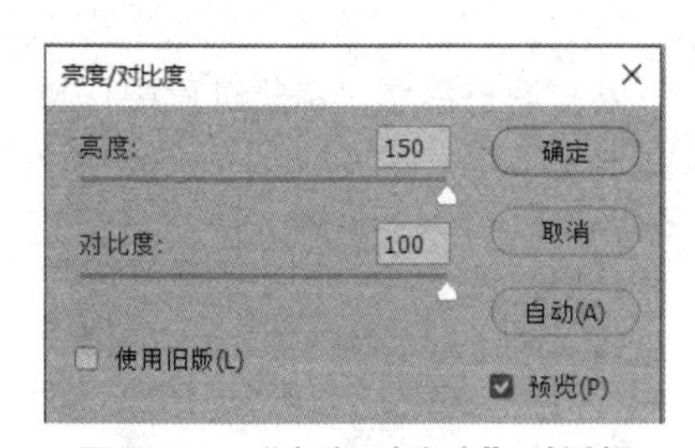

图 2-83 “亮度/对比度”对话框

图 2-84 使用“亮度/对比度”命令调整效果

2）色相/饱和度

“色相/饱和度”命令可以调整图像中指定通道颜色的色相、饱和度和亮度，也可对图像中所有的颜色进行调整，使图像的色彩更加丰富、生动。执行“图像”→“调整”→“色相/饱和度”命令或按快捷键 Ctrl+U，打开“色相/饱和度”对话框，如图 2-85 所示。该对话框中有“色相”“饱和度”“明度”“着色”等调整选项。使用“色相/饱和度”命令调整效果如图 2-86 所示。

- 全图：在下拉列表中可以设置调整范围，针对不同颜色的区域进行调节。
- 色相：指色彩的相貌，是色与色之间的差别。
- 饱和度：指色彩的鲜艳程度。
- 明度：指色彩的明暗程度。
- 着色：勾选该复选框，可以使彩色图像变为单一颜色的图像。

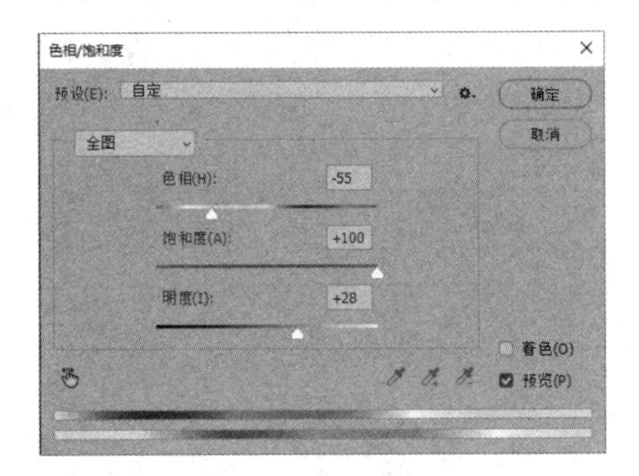

图 2-85　“色相/饱和度”对话框

图 2-86　使用“色相/饱和度”命令调整效果

3）反相

使用“反相”命令可以反转图像的颜色和色调，得到原来颜色的补色，通道中每个像素的亮度值都会转换为与 256 级颜色刻度值上相反的值，使图像产生类似照片底片的效果。执行“图像”→“调整”→“反相”命令或按快捷键 Ctrl+I，可以完成图像的“反相”操作。使用“反相”命令调整效果如图 2-87 所示。

4）去色、黑白

使用“去色”和“黑白”命令可以在不改变图像颜色模式的情况下，去除图像中的色彩，将彩色图像转换为灰度颜色模式图像，使图像变为黑白效果。如果被操作的图像包含多个图层，则“去色”命令与“黑白”命令只作用于被选择的图层；如果图层中含有选区，则“去色”命令与“黑白”命令直接作用于选区。“黑白”命令不仅可以调整图像灰度，还可以对图像进行单色着色。

图 2-87　使用“反相”命令调整效果

执行“图像”→“调整”→“去色”命令或按快捷键 Shift+Ctrl+U，可以将彩色图像直接转换为灰度颜色模式图像，如图 2-88 所示。

图 2-88　使用“去色”命令调整效果

执行“图像”→“调整”→“黑白”命令或按快捷键 Shift+Ctrl+B，打开“黑白”对话框，如图 2-89 所示。“黑白”对话框中有单色着色和灰度调整两项主要调整内容。单色着色是指拖曳单个颜色滑块，调整某一种颜色；灰度调整是在预设中选择其他选项，调整整体图像的灰度。调整灰度调整区内的颜色可以改变图像中对应颜色区灰度的深浅；勾选“色调”复选框可以为图像重新着色。使用“黑白”命令调整效果如图 2-90 所示。

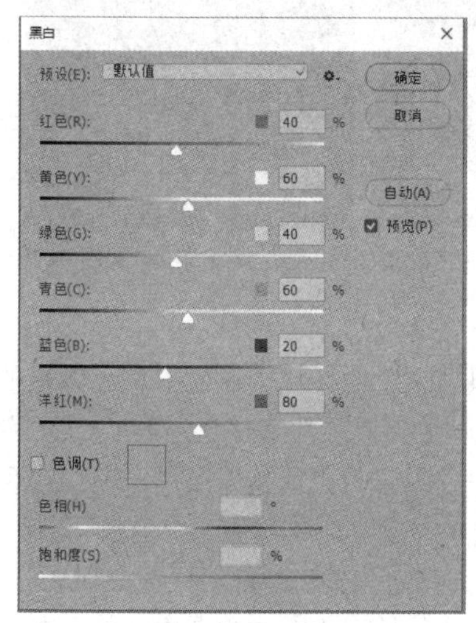

图 2-89　“黑白”对话框

图 2-90　使用“黑白”命令调整效果

【课堂训练 2-7】

练习使用“图像”→“调整”命令对图像的色彩、色调进行调整。

2.3.3　修饰图像

1. 图像变换

在使用 Photoshop 编辑图像时，对部分图像进行缩放、翻转等处理，可以获得更加理想的调整效果。“变换”命令就是对图像进行缩放、翻转操作的有效手段。选定图像后，按快捷键 Ctrl+T，图像周围出现一个具有 9 个控制点的边框，这个边框被称为“定界框”。出现定界框后，右击图像，在弹出的快捷菜单中执行“自由变换”“缩放”“旋转”等命令，可以很方便地对图像进行拆分、缩放和翻转等操作，如图 2-91 所示。执行“编辑”→“变换”命令可以对图像进行调整，图像的像素不会发生改变。另外，在选择选框工具后，在图像上右击，在弹出的快捷菜单中执行“自由变换”命令，或者执行“编辑”→“变换”→“变形”命令，可以完成变形操作，如图 2-92 所示。

1）变换

执行“编辑”→“变换”→“斜切”“扭曲”或“透视”等命令，拖曳定界框的控制点，完成图像编辑，如图 2-93～图 2-96 所示。执行“编辑”→“自由变换”命令也可以完成对图像的变换操作，与快捷键 Ctrl+T 的操作方法相同。

自由变换
缩放
旋转
斜切
扭曲
透视
变形
水平拆分变形
垂直拆分变形
交叉拆分变形
移去变形拆分
内容识别缩放
操控变形
旋转 180 度
顺时针旋转 90 度
逆时针旋转 90 度
水平翻转
垂直翻转

图 2-91　“自由变换”快捷菜单

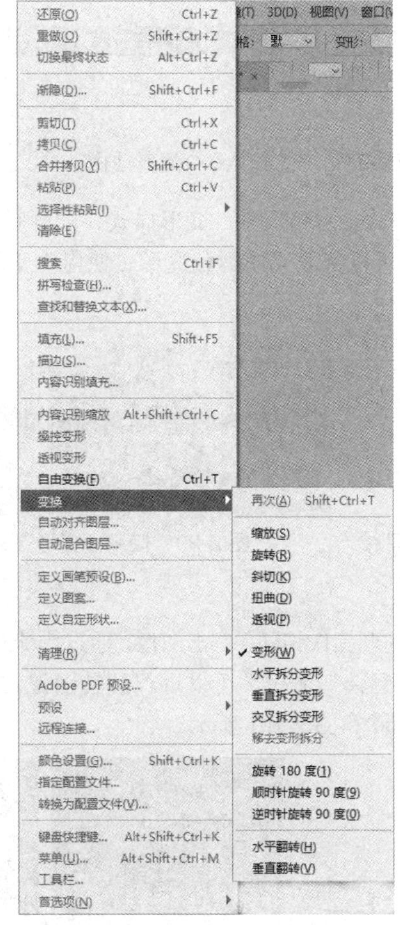

图 2-92　“变形”命令

图 2-93　使用“变换”命令操作原始图像

图 2-94　使用“斜切”命令操作效果

图 2-95　使用“扭曲”命令操作效果

图 2-96　使用“透视”命令操作效果

2）变形

选择图像后按快捷键 Ctrl+T；或者右击图像，在弹出的快捷菜单中执行“变形”命令，在操作窗口上方的属性栏中出现拆分方式按钮：交叉拆分变形、垂直拆分变形、水平拆分变形，如图 2-97 所示。分别单击这 3 个按钮，按住鼠标左键拖入图像，图像中将显示相应的拆分网格线，首先单击确定网格线的位置，然后拖曳画布、网格线、网格线中显示的锚点来改变图像的状态。在图像上右击，在弹出的快捷菜单中选择拆分方式，或者执行“编辑”→“变换”命令，在其子菜单中选择拆分方式，也可以完成拆分操作。

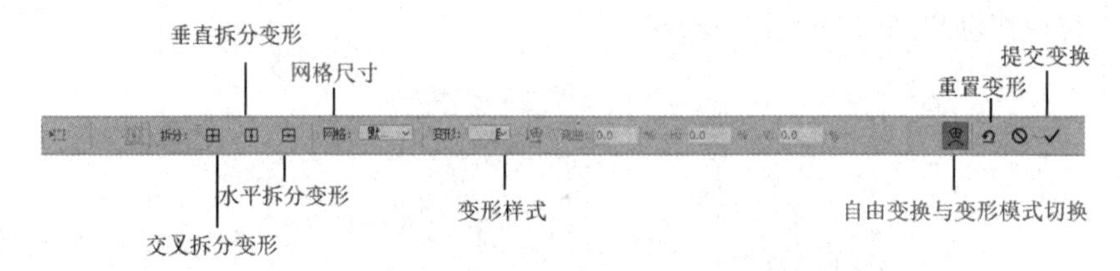

图 2-97 “变形”命令的属性栏

“变形”命令属性栏包括拆分方式、网格尺寸、变形样式、重置变形、提交变换、自由变换与变形模式切换，选择变形样式，可以快速完成拆分变形。使用“变形”命令操作前后效果如图 2-98 和图 2-99 所示。

图 2-98 使用“变形”命令操作原始图片

图 2-99 使用“变形”命令操作前后效果

3）翻转

翻转操作与前面提到的变换、变形操作相同。右击图像，通过快捷菜单或执行“编辑”→“变换”→“水平翻转”命令或“垂直翻转”命令，可以进行翻转图像。使用“水平翻转”命令、“垂直翻转”命令操作效果如图 2-100 和图 2-101 所示。

图 2-100 使用“翻转”命令操作原始图片

（a）水平翻转效果

（b）垂直翻转效果

图 2-101 使用“水平翻转”命令、“垂直翻转”命令操作效果

2. 模糊/锐化工具组

模糊/锐化工具组主要用于图像修复后，对图像边缘、表面效果的细节进行修饰，包括“模糊工具”“锐化工具”“涂抹工具”，如图 2-102 所示。

模糊工具
锐化工具
涂抹工具

图 2-102 模糊/锐化工具组

1）模糊工具

“模糊工具”可以对图像的部分区域进行模糊处理，降低相邻像素的对比度，柔化边缘或减少图像中的细节，产生模糊的效果，使主体更加突出。选择“模糊工具”，按住鼠标左键在区域上方反复涂抹，即可对图层对象进行模糊处理，操作次数越多，效果就越模糊。选择“模糊工具”后，可以在其属性栏中设置笔触形状、大小、绘画模式（调整色相、明度、饱和度等）、描边强度

（调整模糊的程度）和画笔角度。

2）锐化工具

“锐化工具”的作用与“模糊工具”的作用相反，它可以使模糊的区域锐化，强化色彩边缘。锐化的原理是提高像素的对比度，使图像更自然，绘制的次数越多，锐化效果就越明显，相对图像边缘就更清晰，该工具一般用于图像的边缘。“锐化工具”属性栏的参数与“模糊工具”属性栏的参数相同。

3）涂抹工具

“涂抹工具”模拟在湿颜料中拖移手指时所看到的效果，该工具可拾取开始涂抹位置的颜色，并沿拖移的方向展开取样颜色。“涂抹工具”可以使图片上缺失颜色的区域重新着色；也可以用于多种颜色相交处，处理边界生硬或颜色衔接不自然的图像问题。“涂抹工具”属性栏的“手指绘画”复选框可以设定涂抹痕迹的色彩，其余参数设置与“模糊工具”属性栏中的参数设置相同。

3. 减淡/加深工具组

减淡/加深工具组用于调整图像色泽细节，可使图像局部变淡、变浓或改变色彩明暗程度和饱和度，包括“减淡工具”“加深工具”“海绵工具”，如图 2-103 所示。

图 2-103　减淡/加深工具组

1）减淡工具

“减淡工具”可以使图像中需要变亮或增强质感的部分亮度增强，促使图像变亮，颜色减淡。“减淡工具”的效果与“色阶”命令的效果相似，都可以增强画面的明亮程度，在画面曝光不足的情况下使用非常有效。

“减淡工具”属性栏中“范围”选项设定作用的色阶区域，包括“中间调”“阴影”“高光”；“喷枪”按钮可以设置喷涂的描绘方式；“保护色调”复选框可以保持图像的色调不变，只对明暗度进行调整。

2）加深工具

“加深工具”的作用与“减淡工具”的作用相反，它的作用是减弱图像的亮度，促使图像变暗，颜色加深。“加深工具”属性栏的参数与“减淡工具”属性栏的参数相同。

3）海绵工具

“海绵工具”可以通过涂抹的方式调整图像部分区域的饱和度。“海绵工具”属性栏的“模式”包括“去色”选项或“加色”选项，分别表示降低饱和度、增加饱和度；如果勾选“自然饱和度”复选框，则图像的饱和度能在一定范围内自然变化，在加色时可以防止颜色过度饱和。

4. 填充、描边

1）填充

“填充”命令可以用来填充前景色、背景色及图案等。执行“编辑”→“填充”命令或按快捷键 Shift+F5，打开“填充”对话框，在该对话框中设置参数完成编辑，如图 2-104 所示。

2）描边

“描边”命令是模拟使用不同的画笔和油墨进行描边以便实现不同的绘画效果。使用颜色、渐变或图案勾勒出图形的轮廓，在图形的边缘出现描边，达到设计效果。执行“编辑”→“描边”命令；或者直接在图形上右击，在弹出的快捷菜单中执行“描边”命令，都能打开“描边”对话框，如图 2-105 所示。

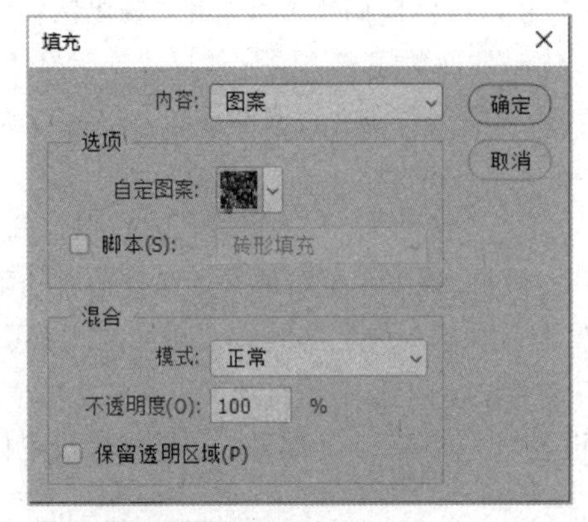

图 2-104　“填充”对话框

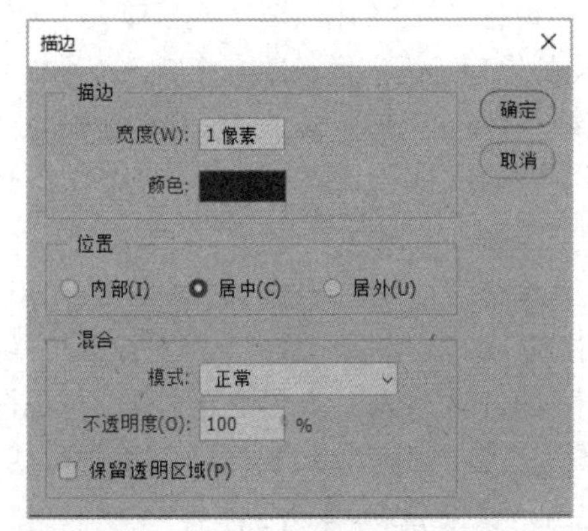

图 2-105　“描边”对话框

【课堂训练 2-8】

先调整图像的模糊、锐化效果，再对图像进行翻转、斜切操作。

2.3.4　修复图像

使用修复工具可以对图像进行处理，弥补图像的缺陷。

1. 图章工具组

Photoshop 中的图章工具组具有复制功能，可以将图像中的某一部分覆盖。图章工具组有两个工具，分别是“仿制图章工具”和“图案图章工具”，如图 2-106 所示。按快捷键 Shift+S 可以实现这两个工具之间的切换。

1）仿制图章工具

“仿制图章工具”是用于复制图像的工具，可以对图像的部分或全部图像准确复制。用户首先使用“仿制图章工具”可以从任何一张打开的图像上取样，然后将取到的样本复制到现有图像中，不会对原图像产生影响；还可以在其属性栏中对“仿制图章工具”的各项参数进行设置，如图 2-107 所示。

图 2-106　图章工具组　　图 2-107　“仿制图章工具”的属性栏

- 画笔：用于设置画笔的大小及形状等。
- 模式：用于设置“仿制图章工具”的模式。
- 不透明度：用于设置“仿制图章工具”在仿制图像时的不透明度。
- 对齐：用于设置在复制图像时是否使用对齐功能。
- 样本：用于设置仿制的样本，分别为“当前图层”“当前和下方图层”“所有图层”。

在使用“仿制图章工具”时，首先选择“仿制图章工具”，然后按住 Alt 键的同时单击取样位置，释放鼠标左键，在画面中需要修改的位置单击或按住鼠标左键涂抹。使用“仿制图章工具”操作前后效果如图 2-108 和图 2-109 所示。

图 2-108　使用“仿制图章工具”操作原图

图 2-109　使用“仿制图章工具”操作效果

2）图案图章工具

“图案图章工具”可以将系统内置的图案或预先定义的图案复制到图像中。选择“图案图章工具”后，单击属性栏中“图案”选项的下拉按钮，在弹出的“图案”下拉列表中选取图案，在画面中合适的位置按住鼠标左键拖曳涂抹，即可将图案复制到图像中。“图案图章工具”的属性栏如图 2-110 所示，其操作前后效果如图 2-111 和图 2-112 所示。

图 2-110　“图案图章工具”的属性栏

图 2-111　使用“图案图章工具”操作原图

图 2-112　使用“图案图章工具”操作效果

【提示】

图像是可以被定义为图案的，方法如下。

打开素材图像，在图像上绘制选区，选择要被定义为图案的区域，执行“编辑”→“定义图案”命令，在打开的“图案名称”对话框中输入图案名称并单击“确定”按钮，选区中的内容将作为图案被保存到图案库中，使用户可以根据需要取用。

2. 修复画笔工具组

修复画笔工具组的主要作用是在保持原图像明暗效果不变的情况下，消除图像中的杂色、斑点等，对画面的缺陷进行修复。修复画笔工具组包括“污点修复画笔工具”“修复画笔工具”“修补工具”“内容感知移动工具”“红眼工具”，如图 2-113 所示。

1）污点修复画笔工具

“污点”是指包含在大片相似或相同颜色区域中的其他颜色，包括在两种颜色过渡处出现的杂色。“污点修复画笔工具”可以快速去除图像中的杂斑、污点和其他不理想部分，被修复的部分会自动与背景色相融合。

“污点修复画笔工具”属性栏中的“画笔”按钮可以调整画笔的大小和硬度。如果选择“近似匹配”选项，将使用选区边缘周围的像素对图像的选定区域进行修补；如果选择“创建纹理”选项，将在修补区域叠加纹理。“污点修复工具”的属性栏如图 2-114 所示。

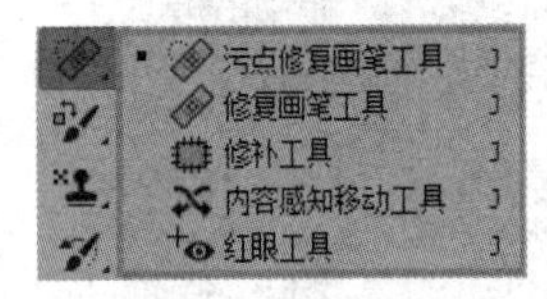

图 2-113 修复画笔工具组

图 2-114 “污点修复工具”的属性栏

“污点修复画笔工具”不要求指定样本点，直接使用图像或图案中的样本像素就可以进行绘制，自动匹配样本与被修复区域的像素，融合样本与被修复区域像素的纹理、光照、透明度和阴影等。“污点修复画笔工具”的功能是自动从被修饰区域的周围取样来对被修饰区域进行修饰。在操作过程中，如果没有创建选区，样本自动选取污点外周的像素；如果创建了选区，采用的样本是选区外围的像素。确定需要修复的位置后，按住鼠标左键拖曳涂抹即可完成图像修复。在修复图像前可以在其属性栏中设置相应的参数。使用“污点修复画笔工具”操作前后效果如图 2-115 和图 2-116 所示。

图 2-115 使用“污点修复工具”操作原图

图 2-116 使用“污点修复工具”操作效果

2）修复画笔工具

“修复画笔工具”的作用是校正瑕疵，修复图像。该工具通过从图像中取样，达到修复图像的目的。在使用“修复画笔工具”时，首先按住 Alt 键并单击设置取样点，然后在需要修复的位置按住鼠标左键拖曳涂抹即可完成图像修复。在修复图像之前可以在属性栏中设置相应的参数。“修复画笔工具”的属性栏如图 2-117 所示，其操作前后效果如图 2-118 和图 2-119 所示。

图 2-117 “修复画笔工具”的属性栏

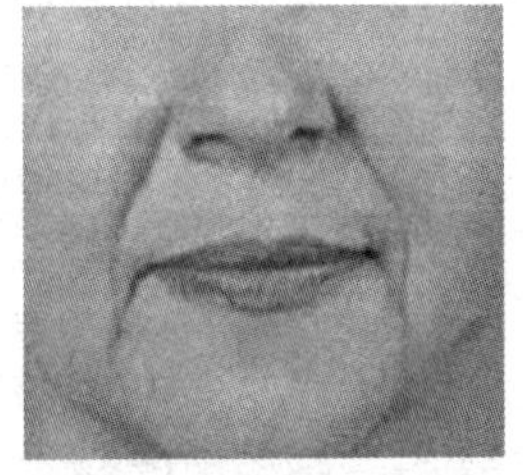

图 2-118 使用“修复画笔工具”操作原图

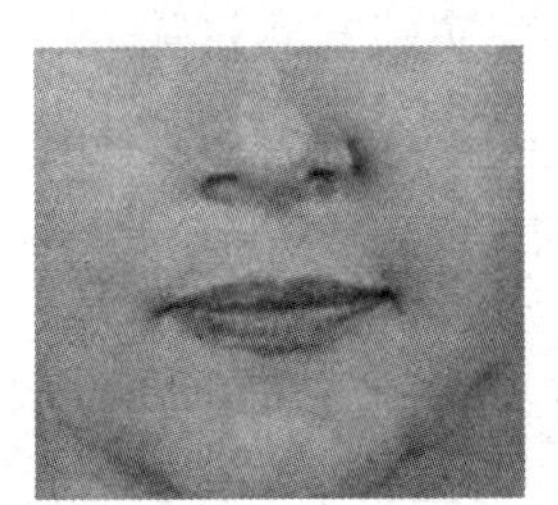

图 2-119 使用“修复画笔工具”操作效果

【提示】

在修复图像时，如果在其属性栏中未勾选“对齐”复选框，则取样点一直固定不变；如果勾选“对齐”复选框，则取样点会随着拖曳范围的改变而相对改变。如果将取样应用于另外一张图像，则两张图像的颜色模式应当相同，或者其中一张图像处于灰度颜色模式。

3）修补工具

“修补工具”可以用其他区域或图案中的像素来修复被选中区域，并将修补区域像素的纹理、光照和阴影与源像素进行匹配。“修补工具”一般用于大块区域的图像修补，并且需要用选区来定位修补范围。在进行图像修补之前，可以在“修补工具”属性栏中设置相应的参数。“修补工具”的属性栏如图 2-120 所示。

图 2-120　“修补工具”的属性栏

在编辑图像时，使用选区工具选中区域后，如果要去除选区，则可以使用“修补工具”将被选中区域移动到构成选区的虚线外；如果要添加选区，则可以使用“修补工具”将被选中区域移动到预定位置。完成操作后，按快捷键 Ctrl+D 取消选区。使用“修补工具”操作前后效果如图 2-121 和图 2-122 所示。

图 2-121　使用“修补工具”操作原图

图 2-122　使用“修补工具”操作效果

4）内容感知移动工具

“内容感知移动工具”可以将图像中被选取的选区移动到图片中的任意区域，并智能填充原选区所处位置。首先使用“内容感知移动工具”在图像需要被移动的区域上创建选区，然后将光标放在选区内，按住鼠标左键并向画面右侧拖曳鼠标指针，释放鼠标左键后，选区内的图像将被移动到新的位置。完成操作后，按快捷键 Ctrl+D 取消选区。“内容感知移动工具”的属性栏如图 2-123 所示，其操作前后效果如图 2-124 和图 2-125 所示。

5）红眼工具

“红眼工具”适用于眼部处理，去除图像中的红眼。“红眼”是闪光摄影中常见的一种现象，图像中人物的眼睛是红色的。对于有“红眼”的图像，可以使用“红眼工具”进行简单的处理。“红眼工具”可去除图像中人或动物的红眼，也可以去除用闪光灯拍摄的动物照片中的白色或绿色反光。在“红眼工具”的属性栏中可以调节瞳孔大小和变暗量。

图 2-123 “内容感知移动工具”的属性栏

图 2-124 使用“内容感知移动工具”操作原图

图 2-125 使用“内容感知移动工具”操作效果

3. 橡皮擦工具组

Photoshop 中的橡皮擦工具组包括 3 个工具，分别是“橡皮擦工具”“背景橡皮擦工具”“魔术橡皮擦工具”，如图 2-126 所示。按快捷键 Shift+E 可以在这 3 个工具之间进行切换。

橡皮擦工具组主要用于擦除图像中不需要的区域。在背景图层或锁定透明度的图层中使用“橡皮擦工具”，擦过的位置显示为背景色。如果不是背景图层或锁定透明度的图层，那么擦过的位置将变为透明。“橡皮擦工具”属性栏中包括“模式”“不透明度”“流量”“样本”等参数，如图 2-127 所示。

图 2-126 橡皮擦工具组

图 2-127 “橡皮擦工具”的属性栏

选择“橡皮擦工具”后，在属性栏中设置“画笔”“不透明度”“流量”等参数，在图像中需要修改的地方按住鼠标左键拖曳擦除即可完成操作。使用“橡皮擦工具”操作前后效果如图 2-128 和图 2-129 所示。

“背景橡皮擦工具”、“魔术橡皮擦工具”的作用与“橡皮擦工具”的作用相似，其使用方法基本相同，都是在抠图过程中擦除背景色，使背景透明，图像更加清晰。

图 2-128 使用“橡皮擦工具”操作原图

图 2-129 使用“橡皮擦工具”操作效果

【提示】

当使用“背景橡皮擦工具”处理图像时，画笔中心会出现一个“十”字形状。在操作过程中只要“十”字形状不覆盖需要被保留的图像部分，就可以只删除背景，不会影响图像。

任务实施

1. 使用“替换颜色”命令和“颜色替换工具”更改图像颜色

1）执行“替换颜色”命令

打开“素材 2-3.psd”图像文件，执行“图像”→“调整”→“替换颜色”命令，在“替换颜色”对话框中设置“色相”“饱和度”“明度”参数；或者在“拾色器”对话框中设置颜色。确定替换颜色后，按住鼠标左键并拖曳鼠标指针，在图像中涂抹，完成替换。

2）使用“颜色替换工具”

打开“素材 2-3.psd”图像文件，在画笔工具组中选择“颜色替换工具”，在属性栏中设置相应“颜色”“笔尖”等参数，设置完成后按住鼠标左键并拖曳鼠标指针，在图像中涂抹，完成替换。

2. 对图像进行变换、变形操作

打开“素材 2-4.psd”图像文件，执行“编辑”→“变换”→“斜切”命令、“扭曲”命令或“透视”命令，拖曳定界框的控制点，完成图像编辑。

任务评价

填写任务评价表，如表 2-3 所示。

表 2-3　任务评价表

工作任务清单	完成情况
（1）了解“画笔工具”、“画笔设置”面板；掌握新建、删除画笔的方法	○优　○良　○中　○差
（2）调整色彩、色调	○优　○良　○中　○差
（3）图像变换、填充与描边	○优　○良　○中　○差
（4）使用模糊/锐化工具组、减淡/加深工具组中的工具	○优　○良　○中　○差
（5）使用图章工具组、橡皮擦工具组中的工具	○优　○良　○中　○差
（6）使用修复工具组中的工具	○优　○良　○中　○差

任务拓展

1．使用修复工具在图像中去除、增加或移动物体。

2．使用素材图像制作水中倒影。

2-5 修复图像.pdf

2-6 制作水中倒影.mp4

项目总结

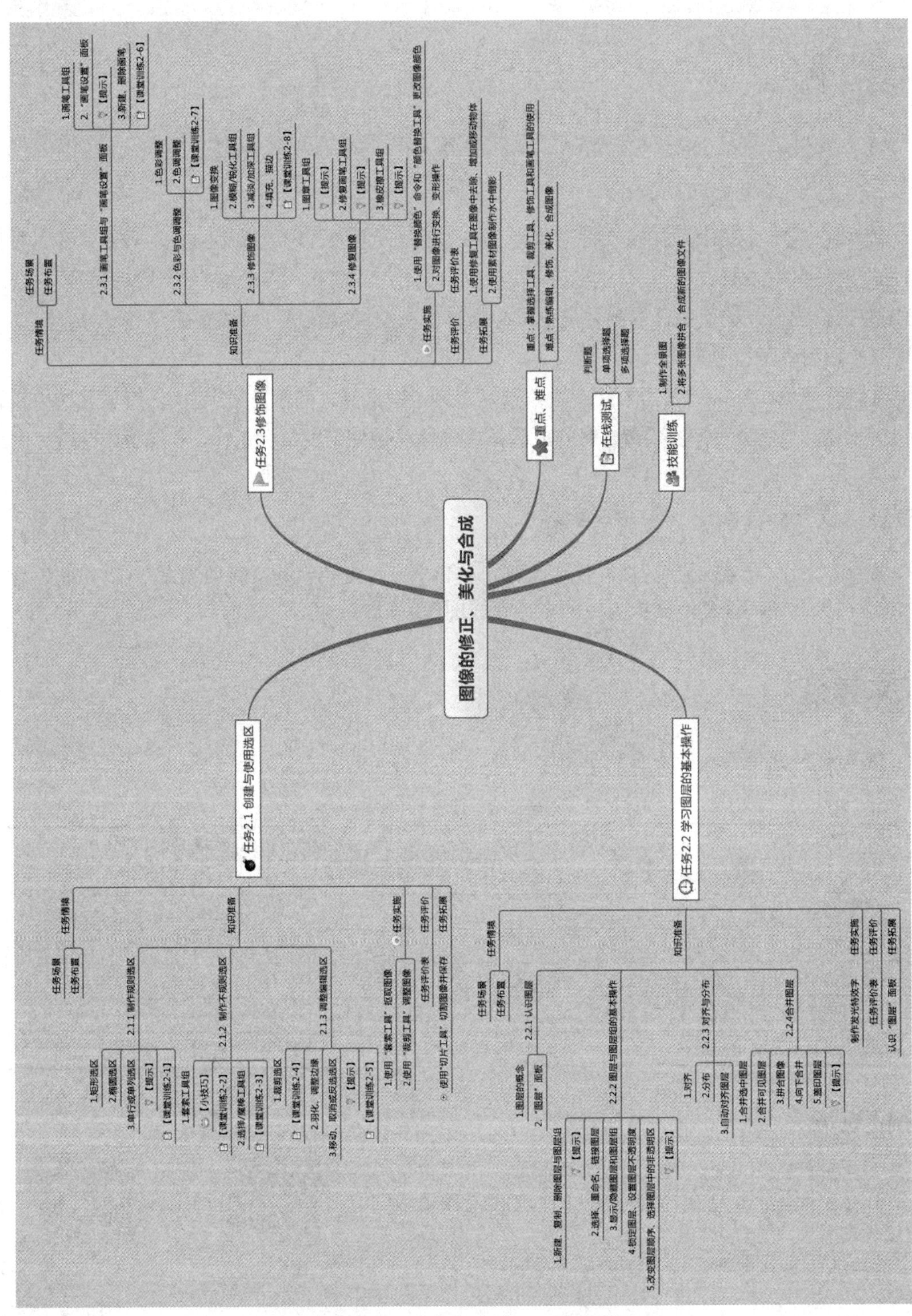

图像的修正、美化与合成——思维导图

在线测试

图像的修正、美化与合成——在线测试

技能训练

1. 制作全景图。
2. 将多张图像拼合，合成新的图像文件。

教学单元设计

图像的修正、美化与合成——教学单元设计

项目 3 标志设计

学习目标

1．知识目标

•掌握标志的特点、标志设计的原则。
•熟练绘制标志设计的流程图。
•掌握“抓手工具”“缩放工具”“椭圆工具”“钢笔工具”“文字路径工具”的使用方法。

2．技能目标

•培养学生灵活使用“抓手工具”“缩放工具”“椭圆工具”“钢笔工具”“文字路径工具”及菜单命令，能独立完成标志设计和制作。

3．能力目标

•培养学生赏析意识，提升专业能力。
•培养学生创新意识，提升职业能力。

4．素质目标

•培养学生的家国情怀和中华民族文化素养。

任务 3.1　学习标志设计的基础知识

任务情境

【任务场景】标志（Logo）设计要给人以惊喜惊艳感，设计出来的效果要超出想象。简单的色调、巧妙的设计便能诠释出企业的理念及内涵，富有立体感的表现能给人以视觉冲击力。在设计标志前要了解标志设计的定义、类型、原则、色彩搭配。

【任务布置】了解标志的定义；掌握标志设计的表现形式。

知识准备

3-1 标志设计简介.mp4

3.1.1　标志设计简介

1．标志设计的定义

标志是品牌形象的核心部分，是表明事物特征的识别符号，是能直观反映企业形象、品牌和文化特质的载体。它以单纯、显著、易识别的形象、图形或文字符号为直观语言，除了具有表示什么、代替什么含义，还具有表达意义、情感和指令行动等作用。

标志是现代经济的产物。不同于古代的印记，标志承载着企业的无形资产，是企业综合信息传递的媒介。标志作为企业 CIS 战略的最主要组成部分，在企业形象传递过程中，是应用最广泛、出现频率最高及最关键的元素。企业强大的整体实力、完善的管理机制、优质的产品和服务都被内涵于标志中，独特的标志设计可以使企业形象深深地留在受众心中。

2. 常用标志的表现形式

（1）字体标志：是基于企业名称演变的标志。MTY 标志如图 3-1 所示，联星标志如图 3-2 所示。

图 3-1　MTY 标志

图 3-2　联星标志

（2）抽象标志：图形与公司类型并无明显联系，可能更多地基于一种感觉或情绪。华秀园集团标志如图 3-3 所示，绿色蔬菜发展有限公司标志如图 3-4 所示。

图 3-3　华秀园集团标志

图 3-4　绿色蔬菜发展有限公司标志

（3）具象标志：直接使用与公司业务类型相关的图形，如图 3-5 和图 3-6 所示。

图 3-5　好运家地产标志

图 3-6　小鸭投资标志

【课堂训练 3-1】

自主学习字体标志、抽象标志、具象标志的定义，并以 PPT 形式展示。

3.1.2　标志设计的原则

（1）目的性原则：标志设计应该明确设计对象的使用目的。

（2）可行性原则：标志设计必须充分考虑其实现的可行性，根据设计材料和制作条件采取相应的设计手段。

（3）直观性原则：标志设计要符合受众的直观接受能力。

（4）醒目性原则：标志设计构思必须慎重，力求深刻、巧妙、新颖独特、表意准确，能经受住时间的考验。

【提示】

牢记标志设计的原则，因为它是开启标志设计过程的第一步，也是标志设计的关键。

3.1.3 标志设计的色彩搭配

在设计标志过程中，色彩的地位是十分重要的。作为非语言形式的标志语，标志要传达的信息十分有限，而色彩以其明快、醒目的视觉传达特征与象征性力量发挥着巨大的作用。要设计一个好的标志，平面设计师选取的色彩必须搭配合理，这样才能给人美的感受。

标志设计的色彩配置有以下 4 种基本方法。

1. 单色类标志

单色类标志的表达形象单纯有力、强烈、鲜艳夺目，能给受众留下深刻的印象，艺术效果和传播效果显著，是标志设计中常用的类型。单色类标志的用色应鲜艳、厚重、有力，明度不能太高，因为大量的标志要印刷在白底上。单色类剪纸工艺标志如图 3-7 所示，单色类长红相机标志如图 3-8 所示。

图 3-7　单色类剪纸工艺标志

图 3-8　单色类长红相机标志

2. 双色类标志

不少企业的标志采用两种色彩，以追求色彩组合所形成的和谐与对比效果，增加色彩律动感，能完整说明企业和团体的特殊品质。

（1）同类色组合：先选择一种颜色，再通过色彩明亮度变化选择另一种颜色，如用橘红、橘黄、中黄、浅黄进行搭配，形成由浅入深的过渡色视觉效果，表达出动态感。如果两种颜色明度太接近，在视觉上容易产生空间混合效果而导致标志形象模糊。处理方法有两种，一是拉开两种颜色的明度，二是用白色线条或图形作为过渡。同类色红舞鞋标志如图 3-9 所示，同类色小跑画廊标志如图 3-10 所示。同类色的组合特点是色彩和谐统一。

图 3-9　同类色红舞鞋标志

图 3-10　同类色小跑画廊标志

（2）对比色组合：指标志的颜色由不同色相的两种颜色组成。对比色的特点是色彩鲜明、强烈、刺激。如果处理不当，就容易造成杂乱、炫目、俗气的效果。处理方法有很多，如改变一方的明度或饱和度、缩小一方的色彩面积、两种颜色互相混有对方色彩或另一色彩、用白色间隔或勾边等。红与黑对比色组合标志如图 3-11 所示，黄与蓝对比色组合标志如图 3-12 所示，黑与绿对比色组合标志如图 3-13 所示。

图 3-11　红与黑对比色组合标志

图 3-12　黄与蓝对比色组合标志

图 3-13　黑与绿对比色组合标志

3. 多色类标志

3 种及 3 种以上色彩的组合称为“多色组合”。这种色彩配置对比鲜明，图形格外醒目鲜艳，能给人以很强的视觉冲击效果。但设计难度较大，处理不当同样会造成杂乱无章的感觉。在设计多色类标志时，除了要注意色彩的面积、饱和度、明度、色调的配合，用黑色或白色去协调也是一个很好的方法。多色类组合标志如图 3-14 和图 3-15 所示。

图 3-14　儿童乐园多色类组合标志

图 3-15　明智科技多色类组合标志

4. 黑色与其他色彩组合标志

黑色属于无彩色，因而能与任何一种色彩组合来产生调和。黑色在所有色彩中明度最低，因而又能与大部分色彩产生明度上的对比效果。由于黑色与其他色彩的组合能产生和谐、醒目、稳重的效果，因此被广告设计公司广泛运用到标志设计的色彩搭配中。

任务实施

1. 创意标志设计赏析之华为新标志

（1）设计的特点：如图 3-16 所示，华为新标志为抽象标志，图形与公司类型没有明显联系，是基于一种抽象思维的设计。华为新标志由 8 片花瓣构成，像一朵菊花，又像太阳的光芒，稳重又和谐，慢慢散开的花瓣有一种奔放、活泼的感觉，体现出开拓创新的新理念。

图 3-16　华为新标志

（2）颜色搭配：华为新标志采用了红色渐变方式，接近文字位置的花瓣颜色为深红色渐变，配上黑色的字体，使该标志显得稳重、大气。

（3）版面构成：华为新标志是由图形和 HUAWEI 文字构成的，属于上下版面结构。与华为旧标志相比，华为新标志下方的字体也有所变化，由圆润变成了方正，其中的“E”尤为明显，更加简约，棱角分明，便于识别。

2. 创意标志设计赏析之链家新标志

链家房地产公司业务覆盖租赁、新房、二手房、资产管理、海外房产、互联网平台、金融、理财、房产市场等领域，是国内大型的综合性房地产服务公司。

LIANJIA.链家

图 3-17　链家新标志

如图 3-17 所示，链家新标志是无图形、中英文字为主的设计，体现公司充分利用互联网进行平台化发展的战略方向。LIANJIA 与“链家”之间的圆点象征连接，表示将线上平台业务与线下平台业务更好地整合，圆点也代表变化。

链家新标志符合目的性原则，而整个标志都由文字构成，易于实现在各种材料上，并且直观，一目了然。在色彩上也只有统一的绿色，符合标志设计的可行性、直观性、醒目性原则。

任务评价

填写任务评价表，如表 3-1 所示。

表 3-1　任务评价表

工作任务清单	完成情况
（1）列举互联网上的字体标志，并分析其特点、色彩搭配、版面构成	○优　○良　○中　○差
（2）列举生活中所见的抽象标志，并分析其设计原则	○优　○良　○中　○差
（3）创意手绘具象标志，并说明其含义	○优　○良　○中　○差

任务拓展

制作连体特效文字——变形连合

本任务为企业设计一个标志并说明其创意。东北饺子是一家主要经营传统东北风味饺子的百年老字号，其招牌设计以传统的饺子形状作为装饰，勾起人们对传统美食文化的美好回忆。

（1）设置背景色为纯白色 RGB(255,255,255)，按快捷键 Ctrl+N 打开“新建文档”对话框，在该对话框右侧的“预设详细信息”选项区中设置参数，如图 3-18 所示。单击“创建”按钮，创建一个新的空白文件。

（2）选择工具箱中的“横排文字工具”，输入文字“财”，设置文字为方正小篆体、1000 点、RGB(156,30,57)。在新的文字图层中输入文字“召”，设置文字为方正小篆体、1000 点、RGB(23,72,157)。使用“移动工具”调整“财”和“召”两个文字的位置，如图 3-19 所示，巧妙地使文字“财”的右边结构与文字“招”的左边结构相结合。

（3）以同样的方式，选择“横排文字工具”，分别在各自的图层中输入文字“子”“馆”，设置文字为方正小篆体、450 点、RGB(156,30,57)，如图 3-20 所示。

（4）导入“饺子”素材文件，在“图层”面板中为“饺子”图层添加“图层蒙版”，选择工具箱中的“画笔工具”，设置“柔边圆”笔触，按快捷键 Ctrl+“+”放大画布，在盘子边缘涂抹，使其边缘与画布更好地融合，如图 3-21 所示。添加图层蒙版后的效果如图 3-22 所示。

（5）再次选择工具箱中的“横排文字工具”，输入文字“东北老字号”，设置文字为方正中楷繁体、150 点、RGB(156,30,57)，将文字调整至画布左上角合适位置，得到最终效果如图 3-23 所示。

图 3-18　“预设详细信息”对话框

图 3-19　连体文字

图 3-20　文字组合

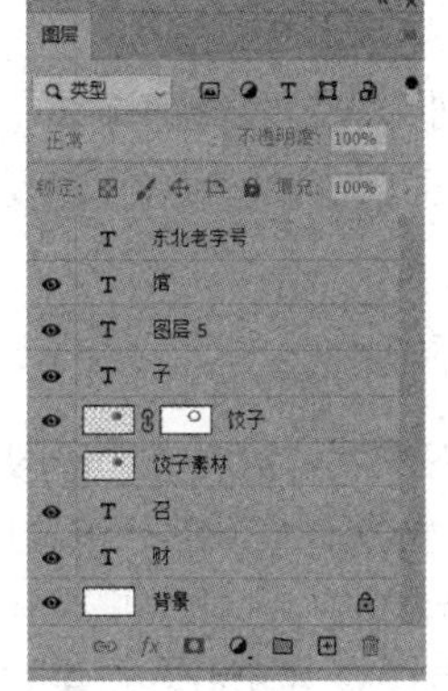

图 3-21　“图层”面板

图 3-22　添加“图层蒙版”

图 3-23　“招财饺子馆”最终效果

任务 3.2　学习标志设计的步骤与流程

任务情境

【任务场景】在掌握了标志设计的定义、类型、原则、色彩搭配等的基础上，来学习标志设计流程，以便更好地按流程进行标志设计，满足客户需求。

【任务布置】了解标志设计步骤；将理论知识作为实操的指导，学习绘制标志设计流程图。

知识准备

3-2 标志设计流程.mp4

3.2.1　标志设计的步骤

1. 客户沟通、需求分析

与客户交谈，了解客户需求，了解企业背景、企业文化及未来企业的发展目标、行业风格、定位，设计费用等。与客户沟通是非常重要的，一方面要在这个阶段建立客户对自己的信任，另一方面也要了解客户的品位与喜好。如果客户只想要一个标志，那么相对比较简单；如果客户想要企业 VI 的整体设计，那么设计师还要考虑标志后面一系列的应用领域，如应用于互联网还是实体，应用于网页、印刷品还是门店。有些标志只有图案，有些标志是图案与英文结合，有些标志是图案与中文结合，甚至有些标志是中文与英文结合。从审美角度来讲，中文与英文结合的标志设计似乎是最难的。设计标志主要根据客户的要求，但是作为专业的设计师也要对客户有一定的指导，以及把握标志设计的大方向。

2. 调查研究、品牌定位

对客户的需求有了一定了解之后，有经验的设计师已经可以在脑中形成大概的感觉，可以参照一些同行业或同类品牌的设计风格，同时从客户需求入手查阅相关的资料。比如，客户想要中国风的元素，可以搜索与中国风相关的图片、卡通和标志，给自己一点灵感。这一阶段需要确定品牌定位。

3. 配色图案、文字内容

在确定品牌定位之后，开始对标志的图案及文字进行设计和配色，可以设计不同的字体、不同的颜色（或采用单色、或采用双色、或采用多色），设计多个版本的图案与字体并进行反复的对比。

4. 创意设计、绘制草图

在绘制草图阶段，设计师要充分进行头脑风暴，将想到的元素都画下来。一般在这个阶段会想出 20 个方案，从中挑选出 3～5 个方案进行细化，并运用各种不同的变体对细节进行修改，使之更加完整、成熟。如果在这时设计师的草图质量比较好，则可以展示给客户，让客户挑选 1～3 个比较满意的草图。然后设计师根据客户挑选的草图进行修改。但草图效果和最终效果有很大差距，这一点要与客户阐述清楚。

一般可以使用 Photoshop 进行前期标志设计，后期使用 Illustrator 进行矢量图处理，设计师也可以根据个人习惯来选择其他矢量图编辑软件。由于标志可能会被用到各种位置，如用在招牌上会被放大，不能比例失真或变模糊，因此标志需要是矢量图。矢量图的优点是可以被无限放大，不会变得模糊，因为矢量图的线与线之间的关系是用数学公式定义的。设计师在绘制完草图之后把草图扫描到计算机中，根据草图描出边线，进行调整等操作。

5. 调整配色、质感、变体与细节

这一阶段需要为标志调整配色、加高光等。不同的配色方案和质感表现，也会导致不同的设计风格。这一阶段主体体现了设计师的操作能力。

6. 提案展示、释义详解

在这一阶段，设计师可以多尝试不同的风格，如鲜艳的、复古的、平面的、立体的等，以达到最适合的呈现效果。最后给出 3 个方案供客户挑选，也向客户提供 1 个方案，但给出 10 个变体。

7. 客户反馈、修改与确认

在这个阶段，客户不太可能全盘接受设计师的方案，还会要求设计师对作品做一些修改。

其实设计师每次与客户接触，都需要非常多的沟通技巧。比如，设计师如何快速明白客户想要什么（因为客户说的不一定是他想要的，他想要的也未必能说明白）；设计师如何能明确表达自己的设计意图，做到稳扎稳打，每一笔都是有理由的、可解释的，而不是随意的，要让客户赏识自己的作品；设计师如何用自己的专业水准和“人格魅力”打动客户，使其接受自己的作品。在这一阶段，设计师需要根据客户的要求做一些细节的调整，并与客户进行大量的沟通（说服），让客户心悦诚服，最终定稿。

8. 延伸其他 VI（信纸、名片、门店装潢等）

在标志设计定稿后，可以将标志应用于信纸、名片、门店装潢等，并在其应用设计中也力求风格简约、抓人眼球。

3.2.2　标志设计的流程

用户根据标志设计的步骤可以绘制出标志设计流程图（见图 3-24）。标志设计是思维发散的过程，在实际工作中，标志设计流程并不是绝对的。有的流程可能会被跳过或忽略，如调研与讨论；而有的流程则需要多次推敲，如修改和扩展。

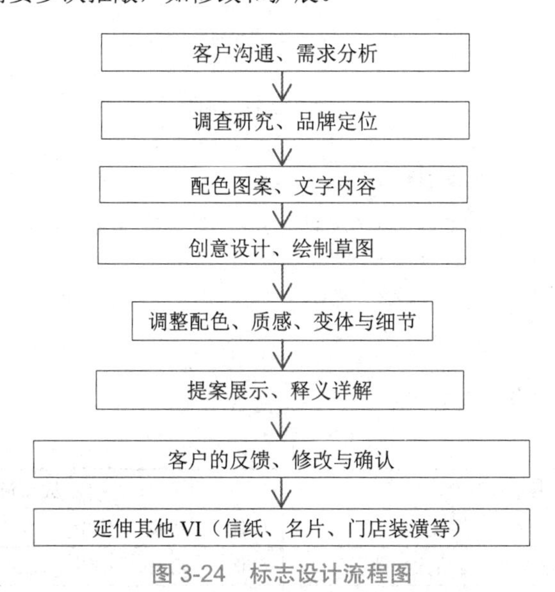

图 3-24　标志设计流程图

【课堂训练 3-2】

通过一个具体标志案例，分析标志设计流程。

任务实施

以“黑龙江职业学院”校标设计为例解析标志设计流程

图 3-25　“黑龙江职业学院”校标设计

如图 3-25 所示，“黑龙江职业学院”校标名称为“人才山”，取“山高人为峰”之意。它从不同角度寓意了学校的办学理念、功能定位和学校文化。其中，以“人”字为基础元素，体现出“以人为本”和“为民众服务”的理念，还寓意为“三人行必有我师”；取像“龙”形，为“龙职”的形象代表，寓意学校“争上游、创一流、站排头”，即建设名校、强校的远大目标和坚定信心。灵动的龙，代表着行动，体现学校学做一体的办学特色和培养高端技能型人才的功能定位；3个“人”字形成的3座山峰，寓意学校为一、二、三产业提供人才服务；标识主色调为蓝色，代表永恒、自信和稳健，蓝色是沉静的颜色，也象征静心学习的氛围。根据“黑龙江职业学院”的内涵及未来的发展设计校标，绘制其设计流程图，如图3-26所示。

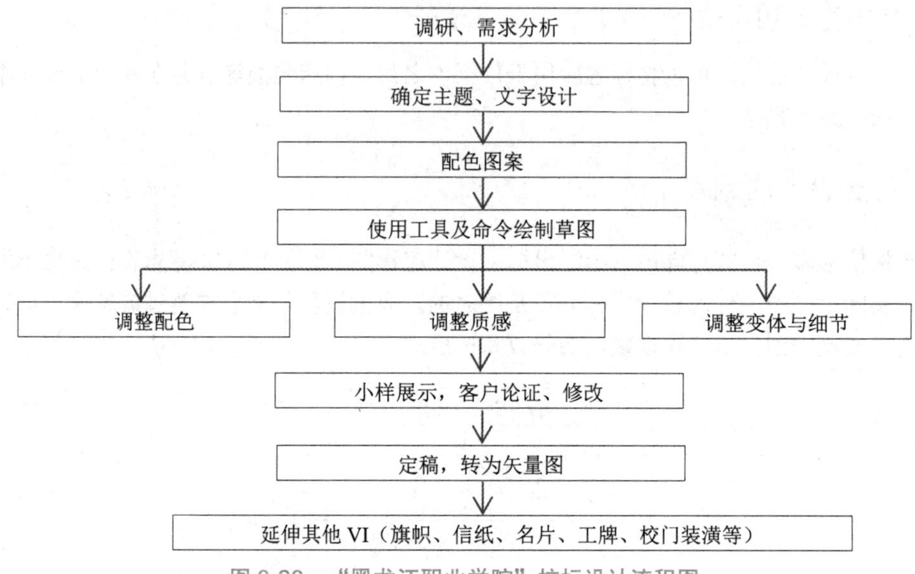

图 3-26　“黑龙江职业学院”校标设计流程图

任务评价

填写任务评价表，如表3-2所示。

表 3-2　任务评价表

工作任务清单	完成情况
（1）使用Photoshop绘制标志设计流程图	○优　○良　○中　○差
（2）将格式为psd的源文件转换为.jpg格式文件	○优　○良　○中　○差
（3）用PPT演示文稿展示标志设计流程图，并说明标志设计流程图的释义	○优　○良　○中　○差

任务拓展

使用Photoshop工具箱中的“矩形工具”，绘制“贝贝家”企业标志设计流程图。

按照标志设计流程图思路，首先了解客户需求、企业定位，然后进行文字设计、确定配色图案、文字内容，绘制草图，将草图扫描到计算机中，调整草图的配色、质感、变体与细节，最后定稿，延伸其他VI。“贝贝家”企业标志设计效果如图3-27所示（参考操作见二维码3-3所示文件）。

【提示】

在设计标志过程中，在遵循基本流程的基础上，要根据客户实际要求，做出适当的调整，标志设计流程不是一成不变的。

图 3-27　“贝贝家”效果图

3-3“贝贝家”企业标志设计步骤.pdf

任务 3.3　设计“龙江传媒职业学院”校标

任务情境

【任务场景】学生通过前两个任务学习了标志设计的基础知识并绘制了标志设计流程图，在前面知识的基础上，对“龙江传媒职业学院”进行深入调研，了解“龙江传媒职业学院”未来的发展方向、人才培养目标、办学宗旨、办学理念、办学模式及办学体制。“龙江传媒职业学院”正在着力打造“龙江风格、传播正能量、讲中国声音、讲中国好声音、中国特色、世界水平”的高职院校，根据其内涵设计校标。

【任务布置】使用 Photoshop 工具箱中的“圆形工具”“剪切工具”“钢笔工具”、菜单中的“变形”“描边”等命令，并结合应用技巧来设计一款时尚、富有文化底蕴、具有视觉冲击力的标志，确定其整体定位和风格，达到最终设计效果，如图 3-28 和图 3-29 所示（其中元素可自行创意设计）。

图 3-28　“龙江传媒职业学院”校标 1

图 3-29　“龙江传媒职业学院”校标 2

知识准备

3.3.1　分解效果图元素

将“龙江传媒职业学院”校标效果图包含的各元素进行分解，如图 3-30 所示。该校标被拆分为 5 部分，分别是最外层圆形、圆环、弧型+文字、路径文字、人才山。拆分校标可以帮助学生在设计校标时，厘清思路。

【课堂训练 3-3】

写出“龙江传媒职业学院”校标被拆分的每一部分使用了哪些工具或命令，并分析如何实现其效果。

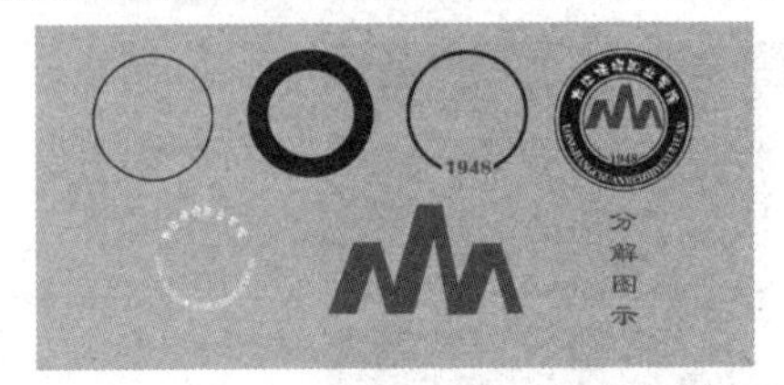

图 3-30 “龙江传媒职业学院”校标分解图

3.3.2 缩放工具

在使用 Photoshop 编辑图像过程中，为了查看图像细节，更加精准地修改、制作图像，需要放大或缩小图像在画布中的显示比例，此时就要用到缩放工具。

操作方法：将鼠标指针移至图像上需要放大的位置，选择“放大镜工具”，即可将图像放大到下一个预设百分比，如图 3-31 所示。按 Alt 键可将图像缩小到下一个预设百分比，如图 3-32 所示。

【小技巧】

“放大镜工具”可以快速放大或缩小图像；按快捷键 Ctrl+“+”可以按一定比例快速放大图像；按快捷键 Ctrl+“-”可以按一定比例快速缩小图像；按快捷键 Ctrl+1 可以将图像以 100% 的比例显示；按住鼠标左键拖曳选中区域，可以将图像中被选中的区域局部放大。

图 3-31 放大图像

图 3-32 缩小图像

3.3.3 抓手工具

图 3-33 使用“抓手工具”平移图像

在图像尺寸较大、图像在窗口中不能被完全显示时，窗口会自动生成水平或垂直滚动条，用户可以使用鼠标指针拖曳水平或垂直滚动条来查看被隐藏的图像区域。但使用这种方法查看图像的速度慢，浪费时间又不能准确找到想要查看的图像区域，这时可以使用“抓手工具”进行图像的移动，既便捷又能提高工作效率，如图 3-33 所示。

操作方法：在工具箱中选择“抓手工具”或按快捷键 H，当鼠标指针变成小手形状时，在图像中按住鼠标左键并拖曳鼠标指针，可以平移在窗口中显示的图像内容，以便用户在窗口中查看未显示的图像区域，方便操作。

3.3.4　旋转视图工具

“旋转视图工具”是一个用于查看视图的工具。使用该工具，用户在 Photoshop 中可以很方便地控制视图的旋转，但不会因此改变图像本身的内容，如图 3-34 所示。

（1）操作方法：打开 Photoshop，在工作区中打开一张图像，选择工具箱中的“旋转视图工具”，在图像上单击，进入旋转视图的编辑状态，在图像上会出现一个罗盘，罗盘上指示了南、北方向，利用鼠标指针旋转拖曳罗盘，可以看到图像随之旋转。

（2）具体操作：首先单击工具箱中“抓手工具”右下角的三角按钮，选择“旋转视图工具”；然后将鼠标指针移至窗口的图像上，按住鼠标左键逆时针或顺时针旋转图像；最后释放鼠标指针，得到该图层的图像被旋转后的效果。

图 3-34　使用“旋转视图工具”操作效果

【提示】

在“旋转视图工具”的属性栏中有一个“旋转所有窗口”复选框，如果勾选该复选框，则打开的所有窗口的图像都将被旋转，如图 3-35 所示。

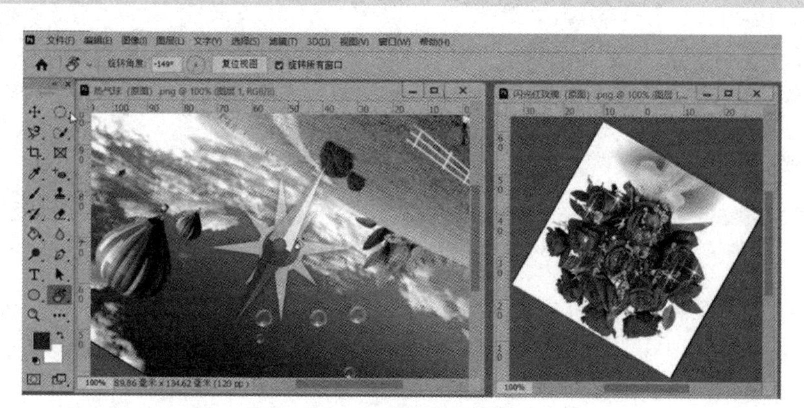

图 3-35　多个旋转视图窗口

3.3.5　吸管工具

在处理图像过程中，用户会频繁需要从图像中获取与某处相同的颜色，此时就需要使用“吸管工具”。

操作方法：选择“吸管工具”或按 I 键，将鼠标指针移至窗口中，当鼠标指针显示为形状时，在取样点吸取颜色，此时工具箱中的前景色就被替换为取样点的颜色，如图 3-36 所示。按住 Alt 键并单击，被单击处的颜色被拾取为背景色，如图 3-37 所示。

图 3-36 “吸管工具”—替换前景色

图 3-37 “吸管工具”—替换背景色

3.3.6 椭圆工具

（1）“椭圆工具”是形状工具组中的工具之一，用于绘制正圆和椭圆。

操作方法：首先单击工具箱中“形状工具组”下拉按钮，在弹出的下拉列表中选择“椭圆工具”；然后按住鼠标左键在画布中拖曳，可以绘制椭圆，如图 3-38 所示。按住 Shift 键拖曳鼠标指针，可以绘制一个正圆；按住 Alt 键拖曳鼠标指针，可以绘制一个以单击点为中心的椭圆；按住快捷键 Shift+Alt 拖曳鼠标指针，可以绘制一个以单击点为中心的正圆。按住快捷键 Shift+U 拖曳鼠标指针，可以快速进行形状工具的切换。

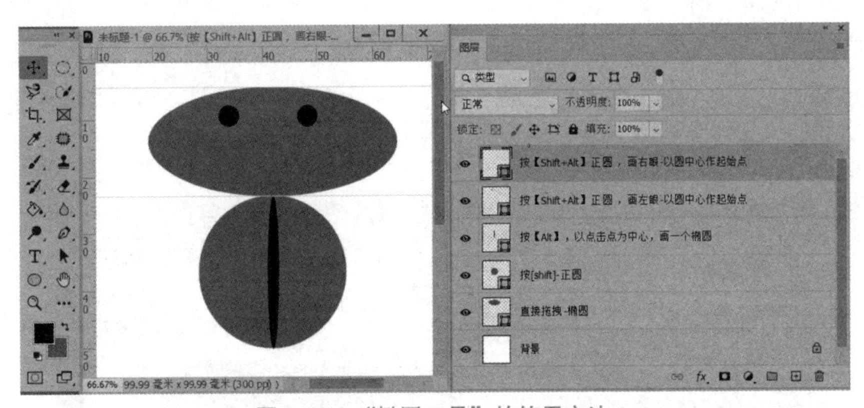

图 3-38 “椭圆工具”的使用方法

（2）“椭圆工具”属性栏：选择“椭圆工具”，激活“椭圆工具”属性栏中的一些常用选项。

操作方法：单击“形状”右侧的下拉按钮，会弹出一个下拉列表，包含“形状”“路径”“像素”3 个选项，如图 3-39 所示。

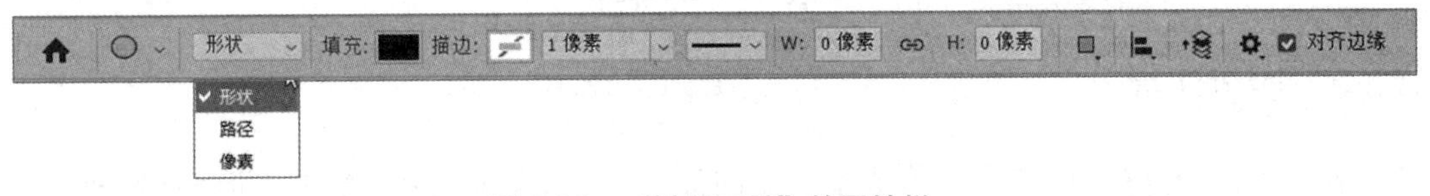

图 3-39 “椭圆工具”的属性栏

- 形状：直接按住鼠标左键在图层上拖曳即可绘制椭圆。
- 路径：在图层上绘制椭圆，选择工具箱中的“路径选择工具”并右击，在弹出的快捷菜单中执行“直接选择工具”命令，在椭圆的锚点上单击，拖曳平滑点，也可以使用“添加锚点工具”添加锚点，从而得到所需图形，如图 3-40 所示。

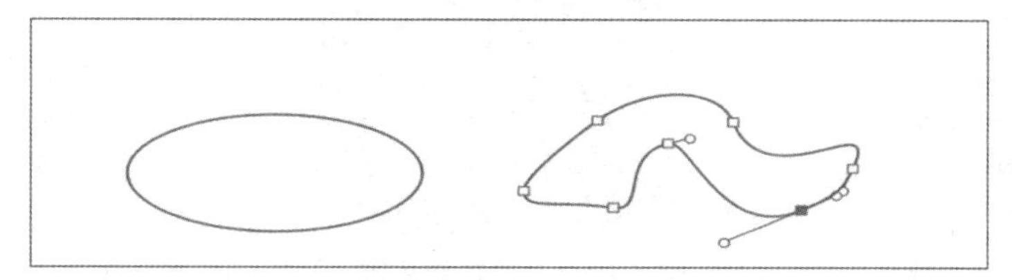

图 3-40　“椭圆工具”中“路径”选项的应用

- 像素：直接按住鼠标指针在图层上进行拖曳即可绘制椭圆，“像素”选项与“形状”选项的不同在于“像素”没有锚点，可以直接绘制椭圆，如图 3-41 所示。

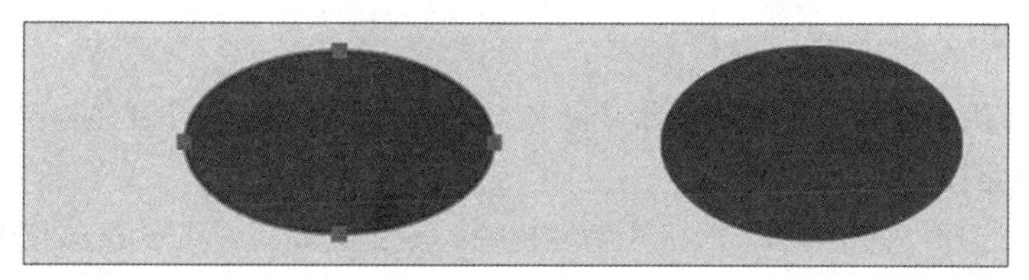

图 3-41　“形状”选项与“像素”选项的区别

- 填充：单击该按钮，在弹出的面板中可以设置填充颜色，面板顶部的按钮可以分别将绘制的形状设置为无颜色、纯色、渐变、图案的状态，如图 3-42 所示。
- 描边：单击该按钮，在弹出的面板中可以设置描边颜色，如图 3-43 所示，其设置方法与“填充”面板的设置方法相似。

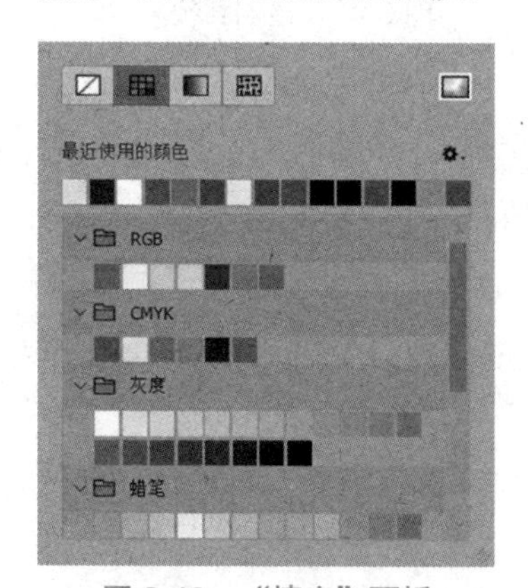

图 3-42　“填充”面板

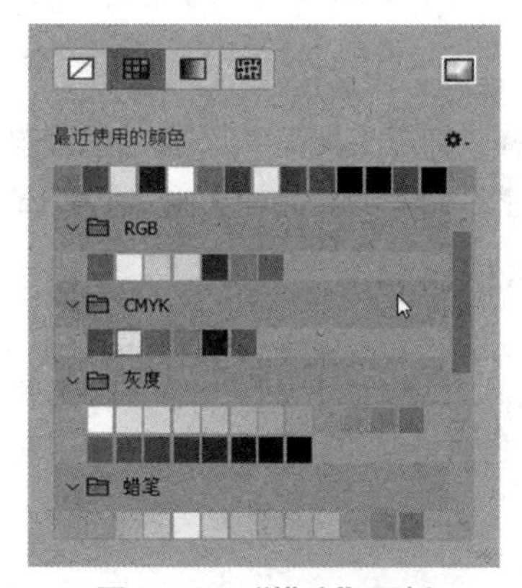

图 3-43　“描边”面板

- 1 像素：用于设置描边的宽度，单击右侧的下拉按钮，在弹出的下拉列表中可以设置描边、端点及角点的类型。
- “W”和“H”：用于设置椭圆的水平直径和垂直直径。如果绘制的是矩形，则设置的是矩形的宽度和高度。
- 路径操作：单击右下角的下拉按钮，弹出“路径操作”下拉列表，如图 3-44 所示。
- 路径对齐方式：单击右下角的下拉按钮，弹出“路径对齐”下拉列表，如图 3-45 所示。
- 路径排列方式：单击右下角的下拉按钮，弹出“路径排列方式”下拉列表，如图 3-46 所示。

图 3-44　“路径操作”下拉列表

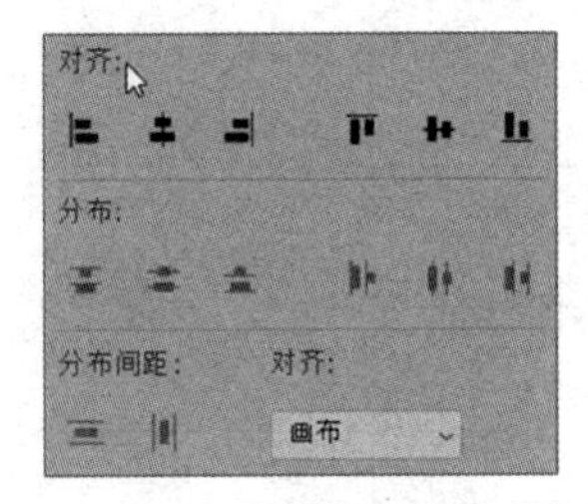

图 3-45　“路径对齐方式”下拉列表

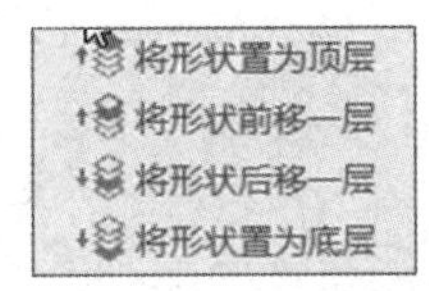

图 3-46　“路径排列方式”下拉列表

3.3.7　钢笔工具

1．钢笔工具

“钢笔工具”用于绘制自定义的形状或路径。使用“钢笔工具”绘制路径，可分为绘制直线路径和绘制曲线路径。

操作方法：选择“钢笔工具”，在其属性栏中设置工具模式，可以在画布中绘制形状或路径，如图 3-47 和图 3-48 所示。

图 3-47　绘制形状

图 3-48　绘制路径

1）绘制直线路径

选择“钢笔工具”，在图像的绘制窗口中单击即可创建路径的第一个锚点，选择第二个锚点，再次单击，两个锚点之间会形成一条直线，如图 3-49 所示。

【小技巧】

在绘制直线路径时，按住 Shift 键不放，可以绘制水平直线、垂直直线或 45°角倍数的斜线段，如图 3-50 所示。

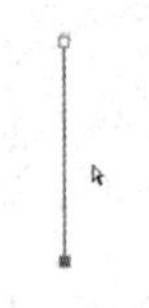

图 3-49　绘制直线路径（1）

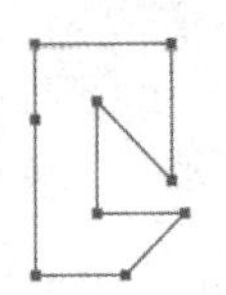

图 3-50　绘制直线路径（2）

2）绘制曲线路径

在使用“钢笔工具”绘制曲线路径时，可以单击并拖曳鼠标指针直接绘制曲线。选择“钢笔工具”，在窗口中单击创建路径的第一个锚点，再次单击并拖曳鼠标指针创建一个“平滑点”，两个锚点之间会形成一条曲线路径。

【小技巧】

在使用“钢笔工具”绘制曲线路径时，按住 Ctrl 键不放，“钢笔工具”会被暂时切换为“直接选择工具”，可以调整曲线路径的弧度，达到预期效果，绘制曲线路径如图 3-51 所示。按住 Alt 键不放，“钢笔工具”会被暂时切换为“转换点工具”，调整曲线路径如图 3-52 所示。

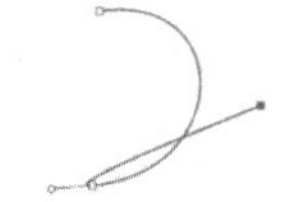

图 3-51　绘制曲线路径

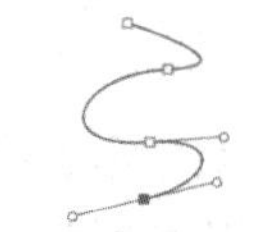

图 3-52　调整曲线路径

2. 自由钢笔工具

“自由钢笔工具”用于绘制相对比较随意的图像。

在工具箱中单击“钢笔工具组”右下角的下拉按钮，在弹出的下拉列表中选择“自由钢笔工具”，按住鼠标左键在图像的绘制窗口中拖曳鼠标指针可以绘制路径，释放鼠标左键完成绘制。绘制完成后 Photoshop 会自动为路径添加锚点，选中锚点可以再次修改路径，如图 3-53 和图 3-54 所示。

图 3-53　使用“自由钢笔工具”绘制

图 3-54　使用“自由钢笔工具”绘制—自动添加锚点

3. 路径和锚点

路径是使用贝塞尔曲线构成的一段闭合或开放的曲线段。曲线段由两个或多个锚点进行控制，通过控制手柄可以调整锚点位置，还可以调整路径的曲度、方向。

在路径上控制路径形态的所有点被称为“锚点”。锚点可以是路径的两个端点，也可以是路径上的自由点，一般每个锚点都带有 1～2 个方向点和方向线来控制路径的长度、弯曲的方向。当处于被激活状态时，锚点为实心小方框；当处于非被激活状态时，锚点为空心小方框。

【课堂训练 3-4】

（1）使用“钢笔工具”中的“路径”选项绘制某知名企业标志的形状（在绘制的过程中充分体验“钢笔工具”的使用方法和技巧）。

（2）使用“椭圆工具”结合卡通画，按快捷键 Ctrl+Enter 转换为选区，设置前景色为 RGB(255,0,0)，按快捷键 Alt+Delete 填充前景色，按快捷键 Ctrl+D 取消选区。

（3）经典标志案例赏析，开展自主学习、查阅资料、小组讨论，进行经典案例赏析，并写出其设计说明，在课上分享。

1）北京奥运会标志

设计说明：中国奥运会标志是中国特点、北京特点与奥林匹克运动元素的巧妙结合。此标志以印章为主体，将中国传统印章和书法等艺术形式与运动特征结合起来，经过艺术手法夸张变形，巧妙地将印章幻化成一个向前奔跑、舞动着迎接胜利的运动人形。人的造型同时形似现代“京”字的神韵，蕴含浓重的中国韵味，如图 3-55 所示。

2）中国联通公司标志

设计说明：中国联通公司标志中的 4 个方形有四通八达、事事如意之意，6 个圆形有路路相通、处处顺畅之寓，标志中的 10 个空穴则有完完全全和十全十美之意。无论从对称，还是从偶数来讲，该标志都洋溢着古老东方的吉祥之气。中国联通公司标志还有两个明显的上下相连的“心”，它展示了中国联通公司“通信、通心”的宗旨，中国联通公司永远为用户着想，与用户心连心。文字中的双“i”是整个标志的点睛之笔，与图形中的“心”形成呼应，如图 3-56 所示。

3）医院标志

设计说明：我国的医院标志体现了医务人员要以病人为中心，全方位为病人提供优质服务这样一个理念。白十字代表以病人为中心，4 颗红心代表对病人的爱心、耐心、细心和责任心，如图 3-57 所示。

图 3-55　北京奥运会标志

图 3-56　中国联通公司标志

图 3-57　医院标志

红十字是红十字会的专用标志，在我国颁布“红十字会法”以前，红十字标志一直作为医疗机构和医务工作者的标志。现在为了规范红十字的用法，将普通医院（非军队医院及红十字会下属医院）的标志改为白十字加红边，既与红十字相区别，又改变不大，不会影响大家的识别。

图 3-58　黑龙江电视台标志

4）黑龙江电视台标志

设计说明：黑龙江省因黑龙江而得名，因此该标志重点强调的是汉字“龙”，同时汉字“龙”的草书体又如同一条蜿蜒的黑龙江，又像一枚极具中国特色的中国印，是将民族特色与地域色彩完美结合的案例，如图 3-58 所示。

任务实施

3-4 校标设计.mp4

设计“龙江传媒职业学院”校标

（1）创建校标文件：打开 Photoshop，执行“文件”→“新建”命令或按快捷键 Ctrl+N，打开“新建文档”对话框，在“最近使用项”选项中选择“自定义”选项，如图 3-59 所示，同时在“预设详细信息”选项区中设置文件尺寸，如图 3-60 所示，单击“创建”按钮。

（2）设置参考线：执行“视图”→“标尺”命令或按快捷键 Ctrl+R，画布的上方和左侧都有标尺出现，选择工具箱中的“移动工具”，按住鼠标左键拖曳“水平标尺”和“垂直标尺”向下或向右移至合适位置，完成参考线设置。

图 3-59　选择“自定义”选项

图 3-60　“预设详细信息”选项区

（3）绘制圆形：执行“窗口”→“图层”命令或按快捷键 F7，打开“图层”面板，单击“图层”面板下方的“创建新图层”按钮 ，创建新图层，双击“图层 1”将“图层 1”重命名为“椭圆”，在工具箱中选择“椭圆选框工具”，以左上角两条参考线的交叉点作为起点，按住 Shift 键的同时拖曳鼠标指针绘制圆形，如图 3-61 所示。

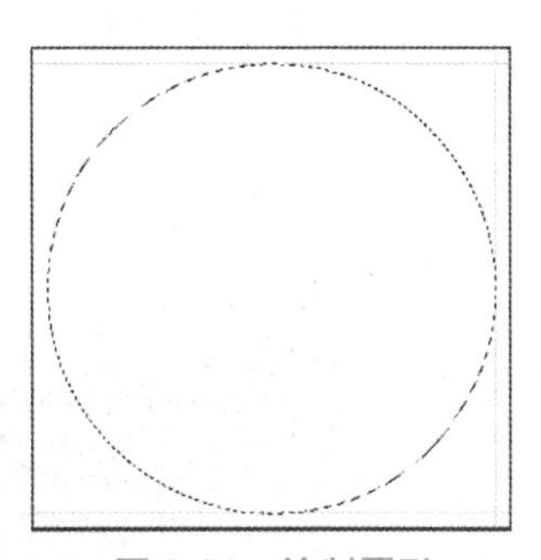

图 3-61　绘制圆形

（4）描边处理：执行“编辑”→“描边”命令或按快捷键 Ctrl+F5，打开“描边”对话框，如图 3-62 所示，设置宽度为 10 像素，位置为内部。双击“颜色”按钮，打开“拾色器”对话框，设置颜色为 CMYK(100,80,0,0)，如图 3-63 所示。圆形描边效果如图 3-64 所示。

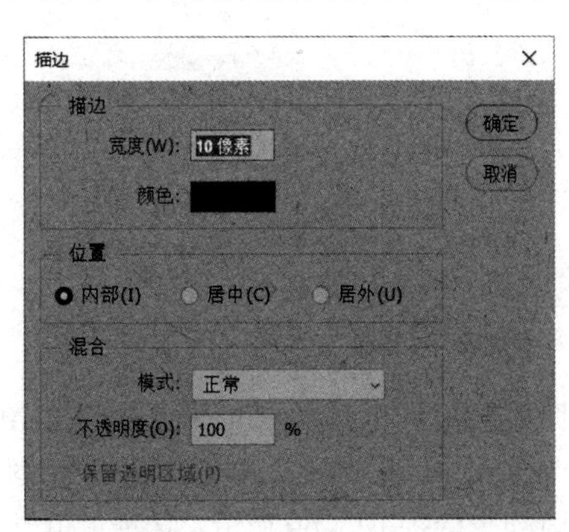

图 3-62　“描边”对话框

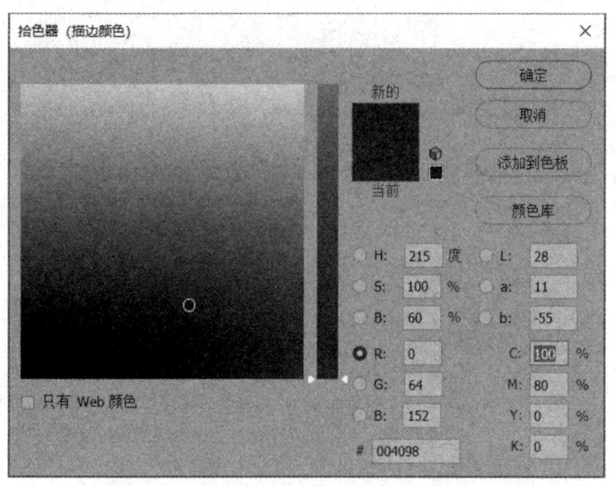

图 3-63 “拾色器”对话框

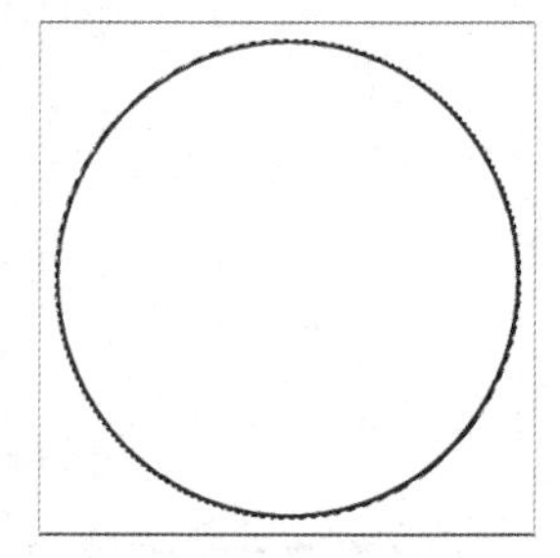

图 3-64 圆形描边效果

（5）新建图层：执行“图层”→“新建”命令或按快捷键 Shift+Ctrl+N，打开“新建图层”对话框，新建图层并命名为 “圆环”，如图 3-65 所示。

（6）绘制圆环：选择“椭圆工具”，按住快捷键 Alt+Shift 并拖曳鼠标指针，以“水平参考线”与 “垂直参考线”中心点为圆心绘制一个正圆，设置前景色为 CMYK(100,80,0,0)，按快捷键 Alt+Del 填充颜色，如图 3-66 所示。再次选择“椭圆工具”，在其属性栏“布尔运算”下拉列表中选择“排除重叠形状”选项，如图 3-67 所示。圆环效果如图 3-68 所示。

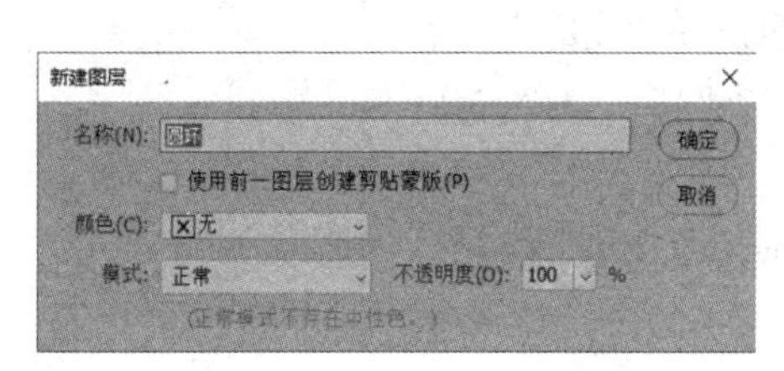

图 3-65 “新建图层”对话框

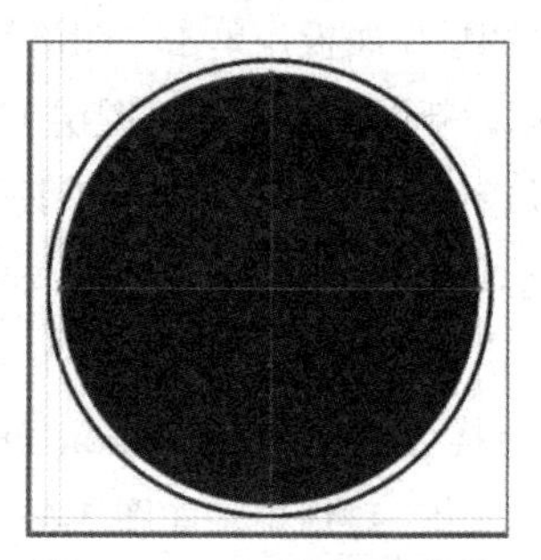

图 3-66 为正圆填充颜色

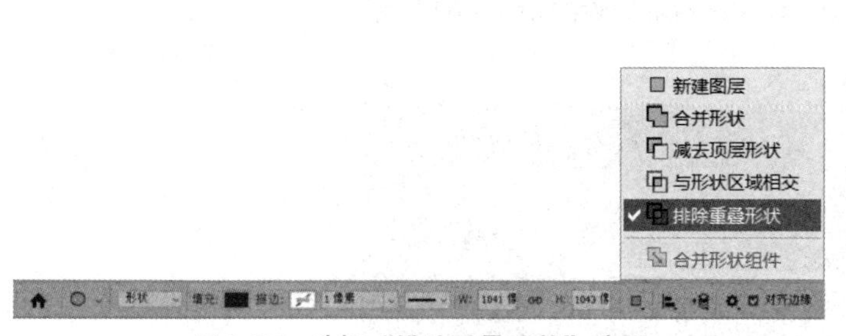

图 3-67 选择“排除重叠形状”选项

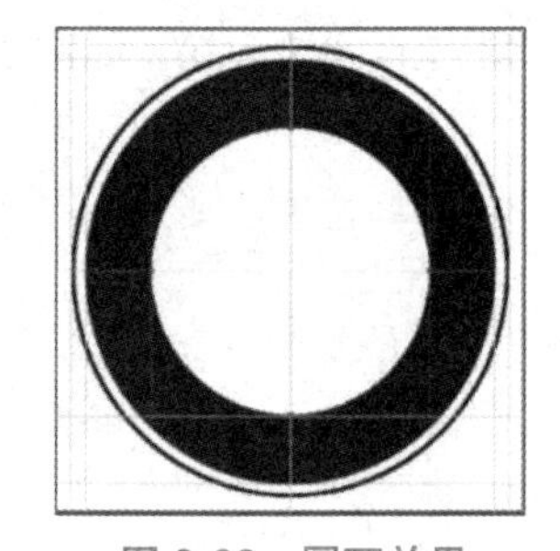

图 3-68 圆环效果

（7）绘制弧形：执行“图层”→“新建”命令或按快捷键 Shift+Ctrl+N，打开“新建图层”对话框，新建图层并命名为“弧形”。使用“椭圆选框工具”绘制圆形，执行“编辑”→“描边”命令，设置宽度为 10 像素。圆形效果如图 3-69 所示。选择“矩形选框工具”，框选弧形区域，如图 3-70 所示，按 Delete 键剪切圆形多余的部分得到圆弧，如图 3-71 所示（也可使用“钢笔工具”结合“描边”命令完成圆弧绘制）。

（8）添加文字：选择工具箱中的“横排文字工具”，输入数字“1948”，在“横排文字工具”属性栏中设置数字的字体和字号，效果如图 3-72 所示。

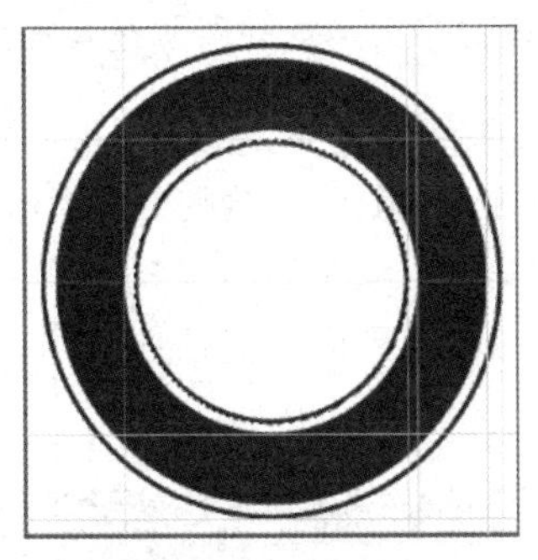

图 3-69　圆形效果

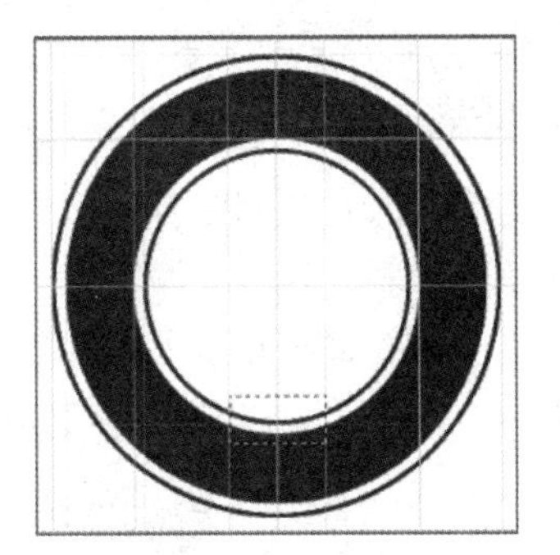

图 3-70　框选弧形区域

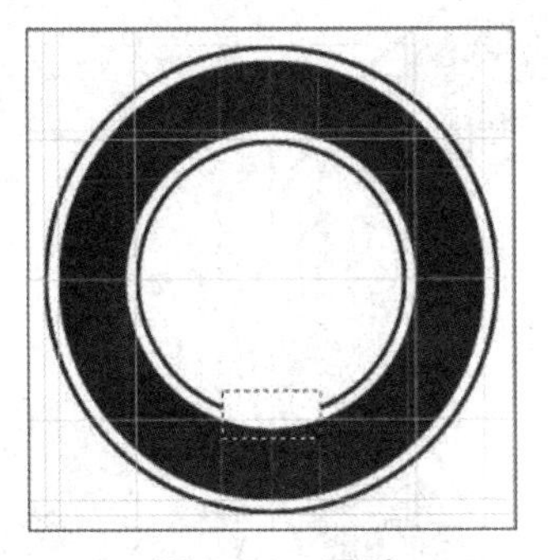

图 3-71　圆弧

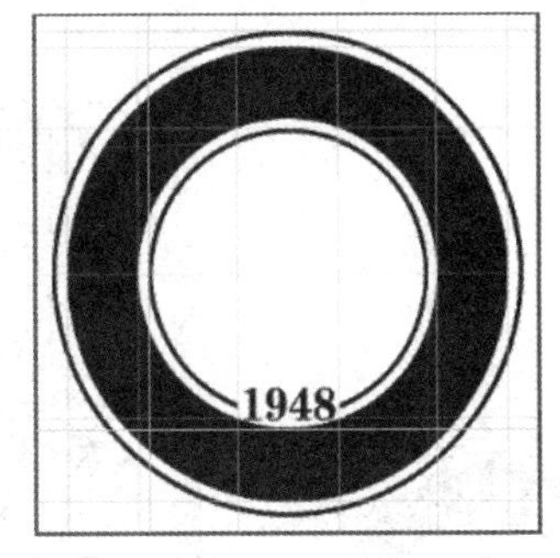

图 3-72　输入数字“1948”的效果

（9）绘制文字路径：选择工具箱中的“钢笔工具”，在“钢笔工具”属性栏中选择“路径”选项，如图 3-73 所示，使用“钢笔工具”绘制一条开放的路径。选择“横排文字工具”，注意将鼠标指针放到路径上，当鼠标指针变化为 状态时，在要输入文字的地方单击，在路径上输入文字“龙江传媒职业学院”，在输入文字过程中文字将按照路径的走向排列，如图 3-74 所示。再次新建图层，以同样的方式输入英文文字“LONGJIANCHUANMEIZHIYEXUEYUAN”，如图 3-75 所示。

图 3-73　选择“路径”选项

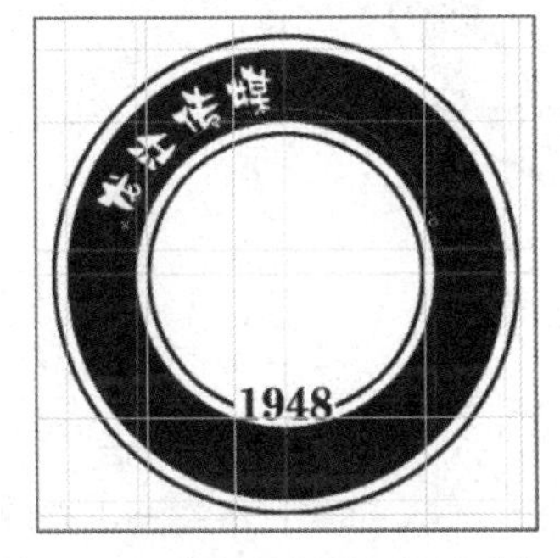

图 3-74　输入文字“龙江传媒职业学院”（过程中）

图 3-75　输入英文文字

【提示】

在将鼠标指针放到路径上时，在被单击的地方会多一条与路径垂直的细线，这就是文字的起点，此时路径的终点会变为一个小圆圈，这个小圆圈代表文字的终点，即从被单击的地方开始的那条细线到这个小圆圈为止就是文字显示的范围。

（10）绘制矩形：使用工具箱中的“矩形工具”或按快捷键 Ctrl+T，绘制一个矩形。

（11）变换路径：执行“编辑”→“变换”→“斜切”命令，绘制如图 3-76 所示的“人才山”图案。“图层”面板记录了所有图层的设计过程，如图 3-77 所示。通过融合圆形、圆环、圆弧、数字、文字、人才山等元素完成校标制作。

图 3-76　绘制“人才山”

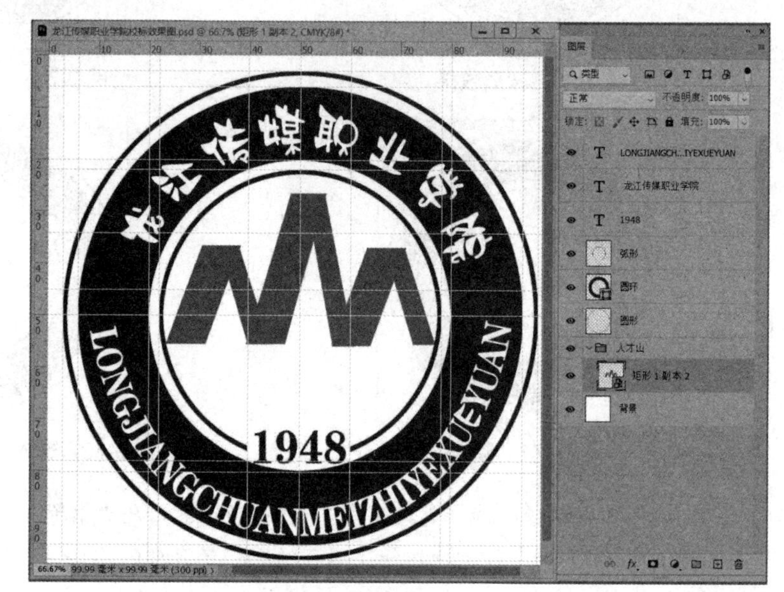

图 3-77　“图层”面板

（12）生成效果图：按快捷键 Ctrl+H 隐藏参考线，最终生成校标效果图，如图 3-78 所示。

图 3-78　校标效果图

【小技巧】

“龙江传媒职业学院”校标中主体“人才山”的制作方法

“矩形工具”+“倾斜”属性+“复制”功能（第一个人和第三个人大小形状一样，可以绘制完一个后复制得到另一个）。

【提示】

在为企业进行标志设计时，首先为客户提供3～5个方案，讲解标志中每一个图案的释义，供客户参考，最终让客户选择一个方案；然后对方案进行进一步的修改完善，直到客户满意为止。

任务评价

填写任务评价表，如表3-3所示。

表3-3　任务评价表

工作任务清单	完成情况
（1）使用“描边”命令制作正圆	○优　○良　○中　○差
（2）使用“椭圆工具”制作圆环	○优　○良　○中　○差
（3）使用文字路径制作学校标志	○优　○良　○中　○差
（4）使用变换路径制作人才山图形	○优　○良　○中　○差
（5）了解效果图的创新点、版面构成、色彩搭配	○优　○良　○中　○差

任务拓展

1. 为篱鸟通信有限公司下设的“篱鸟通信工作室”设计标志。

2. 编写“篱鸟通信工作室”标志设计的释义。

按照篱鸟通信有限公司的需求进行深入调研，为“篱鸟通信工作室”设计标志，如图3-79所示。鼓励学生查阅资料，根据企业的背景及内涵，有创意地设计出不同类型的标志。

图3-79　“篱鸟通信工作室”标志

3-5“篱鸟通信工作室”标志制作步骤.pdf

【提示】

在设计标志过程中，在遵循基本流程的基础上，根据客户实际要求，要做出适当的调整，设计流程不是一成不变的。

项目总结

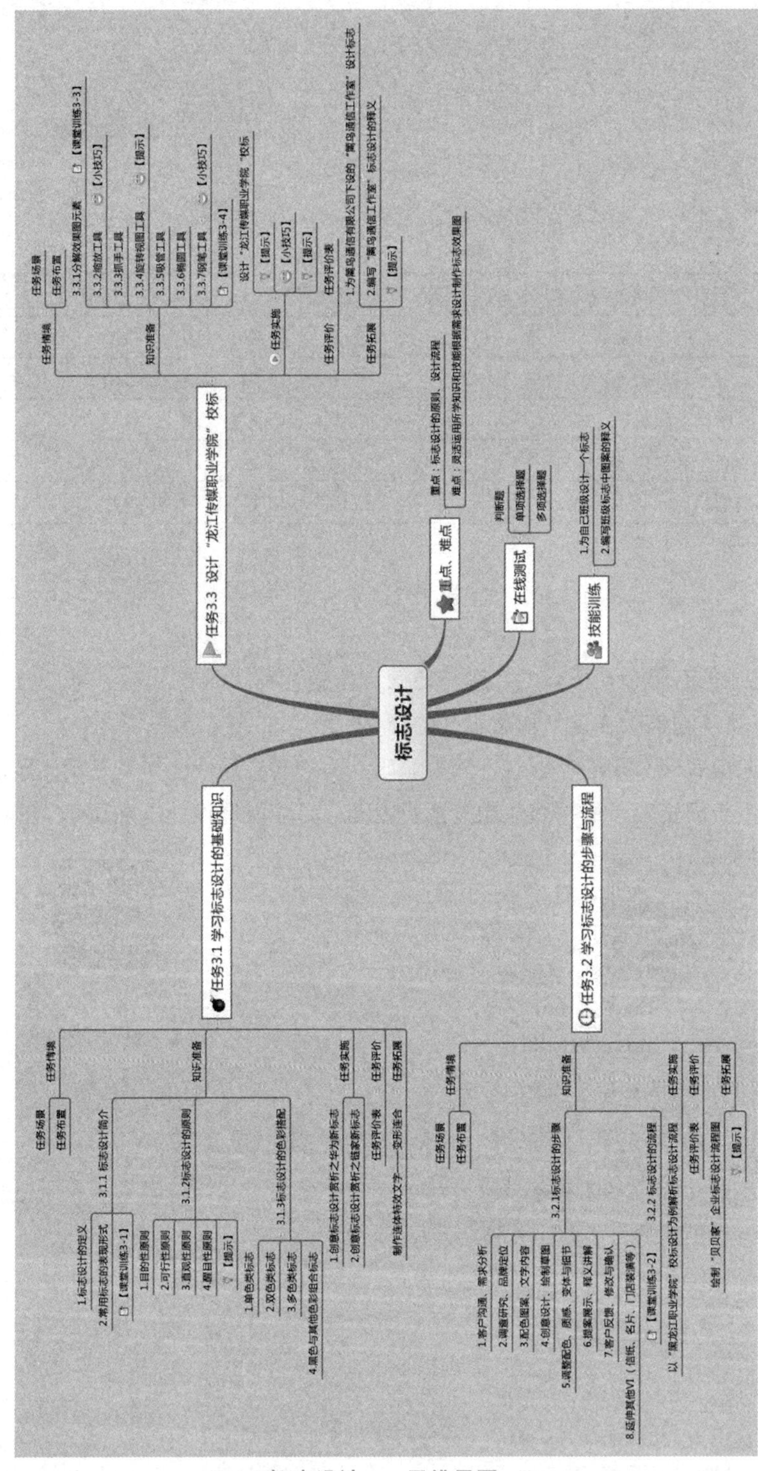

标志设计——思维导图

在线测试

标志设计——在线测试

技能训练

1．为自己班级设计一个标志。

2．编写出班级标志中图案的释义。

教学单元设计

标志设计——教学单元设计

项目 4　UI 设计

学习目标

1．知识目标

•了解 UI 设计的基础知识。

•熟练绘制 UI 图标、按钮及导航。

•掌握不同类型表单控件的设计方法，并能独立完成制作。

2．技能目标

•培养学生灵活使用“横排文字工具”“曲线”“色相/饱和度”“色彩平衡”“亮度/对比度”“阴影/高光”“反相”等工具与菜单命令的能力，能够独立完成 UI 设计和制作。

3．能力目标

•培养学生赏析意识，提升专业能力。

•培养学生创新意识，提升职业能力。

4．素质目标

•培养学生深厚的家国情怀和中华民族文化素养。

任务 4.1　学习 UI 设计的基础知识

任务情境

【任务场景】UI 即用户界面，UI 设计行业已经在全球软件业蓬勃发展，属于高新技术设计产业。国内外众多大型 IT 企业（如联想、华为、中国移动、百度、腾讯、京东、淘宝等）都成立了专业的 UI 设计团队，但此行业人才稀缺，且人才资源争夺激烈，就业市场供不应求。因此，提高 UI 设计师的个人能力势在必行。真正提升视觉设计、交互设计、用户体验 3 部分软件产品个性化程度已成为中国 UI 行业发展的重中之重。

【任务布置】掌握 UI 设计的基础知识；熟练绘制 UI 图标、按钮及导航；掌握不同类型表单控件的设计方法，并能独立完成制作；通过任务 4.3 中的任务实施了解导航设计分类，并选择合理的导航类别来完成制作。

知识准备

4.1.1　UI 设计简介

1. UI 设计概念

UI（User Interface，用户界面）设计是指对产品的人机交互、思维逻辑、界面友好、美观的整体设计。优质的 UI 设计不仅让产品变得富有个性化，还会让操作变得更加方便、快捷、顺畅、自由，使产品能充分体现其定位，提升产品价值，并获得目标用户群体的喜爱。

2. UI 设计应用领域

UI 设计的种类很多，按照应用领域划分主要包括网页设计、手机界面设计、平板设计、计算机软件设计、游戏界面设计及其他终端设计。

在不同应用领域中，UI 设计要考虑其视觉设计、交互设计、体验设计的效果。进行视觉设计不仅要考虑图标、界面、元素，还要考虑平面构成、版式设计、色彩搭配、设计创意、绘画、心理表现等。交互设计是一种目标导向设计，让用户更加快捷地完成任务、达成目标。良好的交互设计要具备优秀的逻辑思维、跨平台的兼容性、视觉感染力和交互的便捷性。体验设计是将消费者的参与融入设计中，让消费者感受到体验过程，是人机交互、界面设计、图形设计和其他相关设计的有机融合。

3. UI 图形文件格式

UI 图形文件格式主要分为位图和矢量图两种。位图格式包括 JPEG、BMP、GIF、PSD、TIFF、PNG 等，矢量图格式包括 CDR、WMF、DWG、AI 和 EPS 等。PC 端 UI 各元素的存储一般采用 JPEG、BMP、GIF、AI、PNG 格式；移动端 UI 各元素的存储一般采用 PNG、GIF、JPEG 格式。

综上所述，常用的 UI 图形文件格式如表 4-1 所示。

表 4-1　常用的 UI 图形文件格式

名称	说明
PNG	它是一种采用无损压缩算法的位图格式，替代 GIF 和 TIFF 文件格式。PNG 文件格式的特点是透明、体积小，适用于网页和手机 UI 设计
GIF	它是图形交换位图格式，用于超文本标志语言，显示索引色彩图像，被广泛应用于互联网和在线服务系统上。GIF 文件格式的特点是体积小、传输速度快、支持动画，适用于网页和手机 UI 设计
JPEG	它是面向连续色调静止图像的一种压缩标准，也是最常用的图像文件格式，文件后缀名为“.jpg”“.jpeg”，以灵活的压缩方式控制文件大小。JPEG 文件格式的特点是支持极高的压缩率，下载速度快，压缩后画质清晰度相对低，印刷效果差，适用于网页和手机 UI 设计
AI	它是一种矢量图文件格式，也是一种分层文件，使用户可以对图像内的图层进行操作。AI 文件格式是一个严格限制、高度简化的 EPS 子集，其特点是图像可以被无限放大不失真，适用于印刷出版、海报书籍排版、专业插画、多媒体图像处理和互联网 UI 图形制作

4. 移动端 UI 设计和 PC 端 UI 设计的区别

移动端 UI 设计是平面设计的一个分支，主要包括手机、平板电脑上的 App 设计和主题设计，是目前主流的 UI 设计。由于移动互联网的快速发展，因此很多公司以手机 App 开发为主。PC 端 UI 设计以软件界面设计为主，如计算机上的软件和网页按钮、表单设计等。相对于移动端 UI 设计，PC 端 UI 设计没有那么多局限性，两者之间的区别如表 4-2 所示。

表 4-2　移动端 UI 设计和 PC 端 UI 设计的区别

区别	移动端 UI 设计	PC 端 UI 设计
应用设备不同	手机、平板等移动设备上的 UI 设计	计算机、其他设备终端上的 UI 设计
屏幕尺寸不同	手机、平板屏幕尺寸一般为 4～12 英寸	PC端显示器的屏幕尺寸一般为19～24英寸
显示区域不同	手机、平板上的 UI 设计，因为屏幕显示尺寸有限，可以增加层级	首页要多放一些内容，尽量减少层级的表现
设计规范不同	手机、平板上的 UI 操作一般是使用手指，手的精确度相对较低，图标尺寸可稍大些	PC 端的 UI 操作一般是使用鼠标，鼠标精确度较高，图标尺寸可小些
UI 交互操作不同	手机、平板上只能实现点击、按住和滑动等操作，UI 操作相对 PC 端弱化	PC 端可以实现单击、双击、按住、移入、移出、右击、滚轮等操作，UI 操作性强

【课堂训练 4-1】

请列举某一软件的移动端 UI 与 PC 端 UI 的区别。

4.1.2　UI 设计分类

4-1 UI 设计分类.pptx

UI 设计按用户和界面进行分类，可分为 4 种类型：PC 端 UI 设计、移动端 UI 设计、游戏 UI 设计与其他终端 UI 设计。

1. PC 端 UI 设计

PC 端 UI 设计主要包括系统界面设计、软件界面设计和网站界面设计，如图 4-1～图 4-3 所示。

图 4-1　系统界面设计

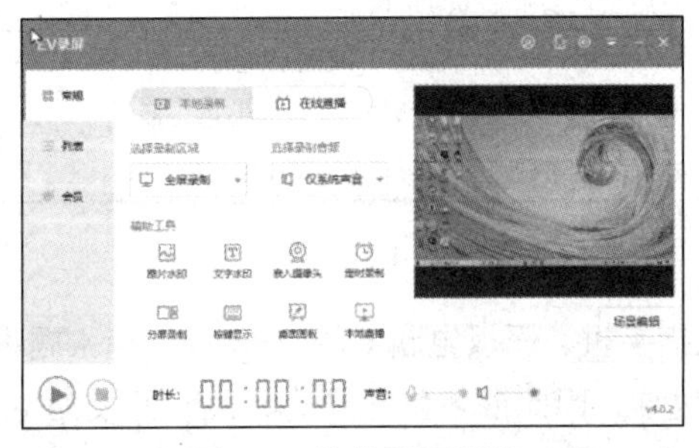

图 4-2　软件界面设计

图 4-3　网站界面设计

2. 移动端 UI 设计

移动端 UI 设计是指移动应用 UI 设计，如手机、平板、智能手表、智能手环、智能戒指等，是区别于 PC 端 UI 设计的一种叫法，主要有手机视觉界面设计、手机交互界面设计及手机用户体验设计，还有可穿戴智能蓝牙手表、可穿戴智能手环、智能戒指等界面设计，如图 4-4～图 4-11 所示。

图 4-4　手机视觉界面设计

图 4-5　手机交互界面设计

图 4-6　手机用户体验设计

图 4-7　可穿戴智能蓝牙手表界面设计

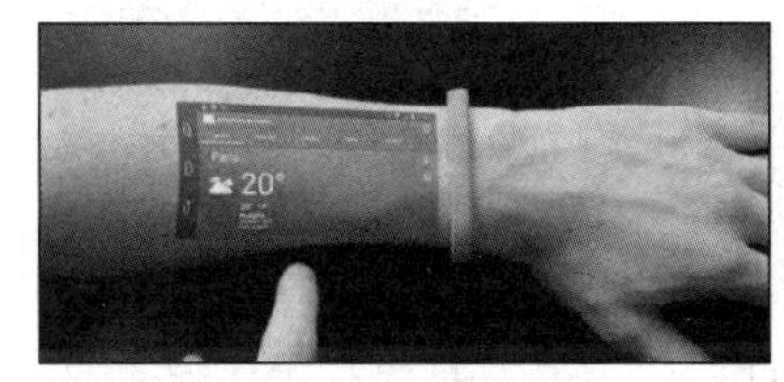

图 4-8　可穿戴智能手环界面设计

图 4-9　可穿戴智能运动手表界面设计

图 4-10　智能戒指界面设计

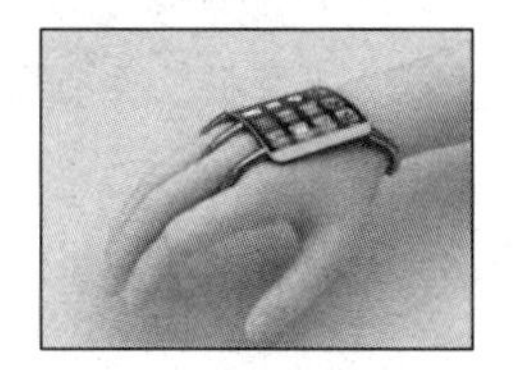

图 4-11　未来可穿戴智能手机界面设计

3. 游戏 UI 设计

游戏 UI 设计一般是策划把系统设计完成后，呈现的视觉交互模型的界面设计，如图 4-12 所示。

图 4-12　游戏 UI 设计

4. 其他终端 UI 设计

终端（Computer Terminal）是与计算机系统相连的一种输入/输出设备，支持与计算机会话或具有处理功能，对此登录界面或交互界面进行的设计称为“终端 UI 设计”。常见的终端 UI 设计有医用监护仪界面、车载导航系统界面、自助机界面、自助排号机界面、ATM 机界面和自助打印终端界面等，如图 4-13～图 4-18 所示。

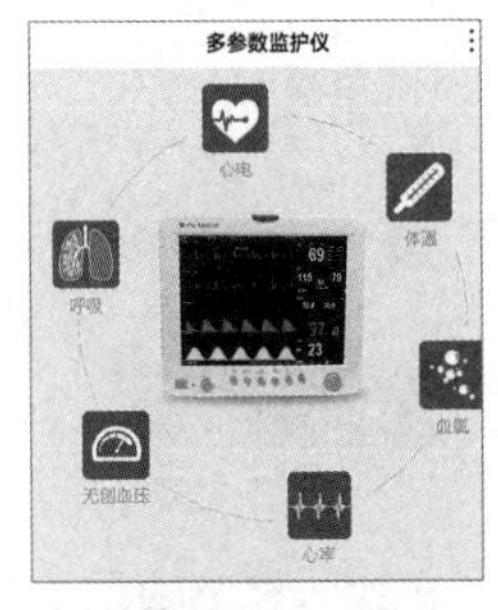

图 4-13 医用监护仪界面

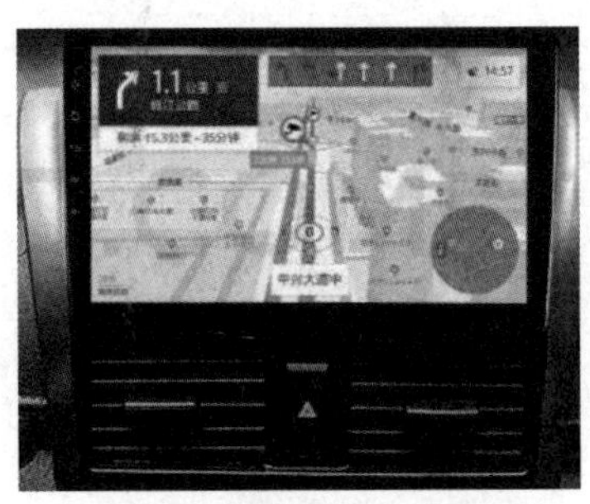

图 4-14 车载导航系统界面

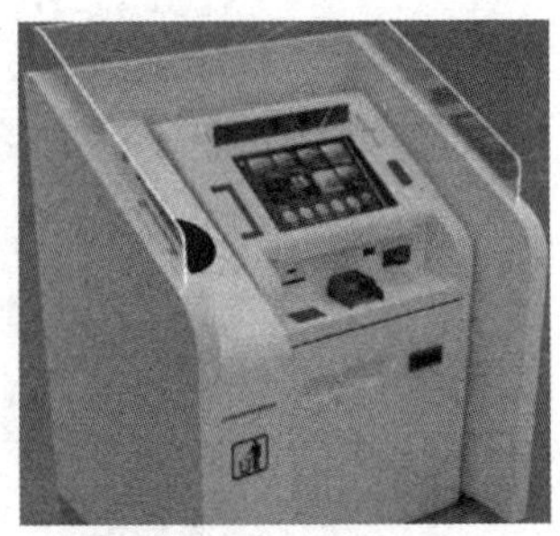

图 4-15 自助机界面

图 4-16 自助排号机界面

图 4-17 ATM 机界面

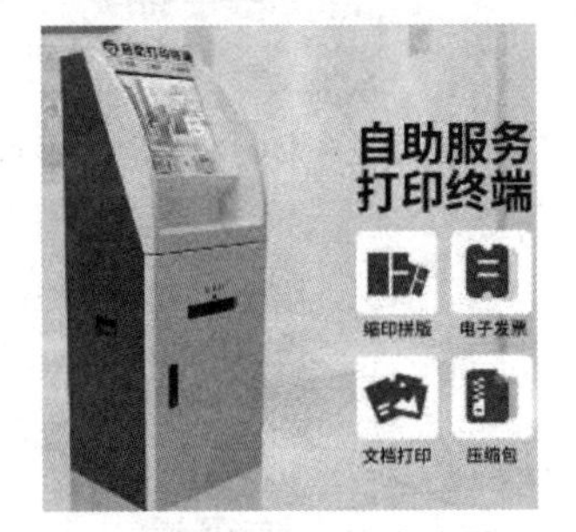

图 4-18 自助打印终端界面

【课堂训练 4-2】

UI 设计常用软件有哪些?

4.1.3 UI 设计原则

UI 设计的主要目的是让用户感受到软件操作界面更加舒适简单，能体现产品的定位与特点。UI 设计原则主要包括简洁易识别、风格统一性、布局合理化、良好体验性、人性化设计。

1. 简洁易识别

简洁易识别的界面便于用户使用、了解软件，并能减少用户发生错误选择的可能性。简洁的 UI 设计中没有华而不实的 UI 修饰，没有用不到的设计元素，每个元素一定是简洁且有意义的。

2. 风格统一性

4-2 UI 设计原则.pptx

坚持以用户体验为中心设计原则，主界面与子界面风格统一，界面直观、简洁，操作方便快捷。用户接触软件后对界面上对应的功能一目了然、方便使用。

3. 布局合理化

在进行 UI 设计时需要充分考虑布局的合理化问题，遵循用户自上而下、从左向右浏览/操作的习惯。软件的主要功能按键排列不要过于分散，以免造成移动鼠标距离过长的弊端。多做“减法”运算，将软件不常用的功能区块隐藏，以保持界面的简洁，使用户专注于主要功能区块，提高软件的易用性及可用性。

4. 良好体验性

把握对色彩的运用和元素的位置，了解用户的视觉热点和操作习惯，把元素放在符合人视觉习惯和易于操作的位置。

5. 人性化

高效率和用户满意度是人性化设计原则的体现。UI 设计要体现产品的特色及用户群体的需求。

4.1.4　UI 设计流程

UI 设计走入了人们的生活，精致美观、简洁的交互界面令人赏心悦目，良好的用户体验是 UI 设计追求的目标。任何一个软件或界面都要按照完整的设计流程进行设计，才能保证最终产品的质量。UI 设计流程主要包括产品定位、交互设计、视觉设计、用户体验、项目开发、产品测试和产品运营，如图 4-19 所示。

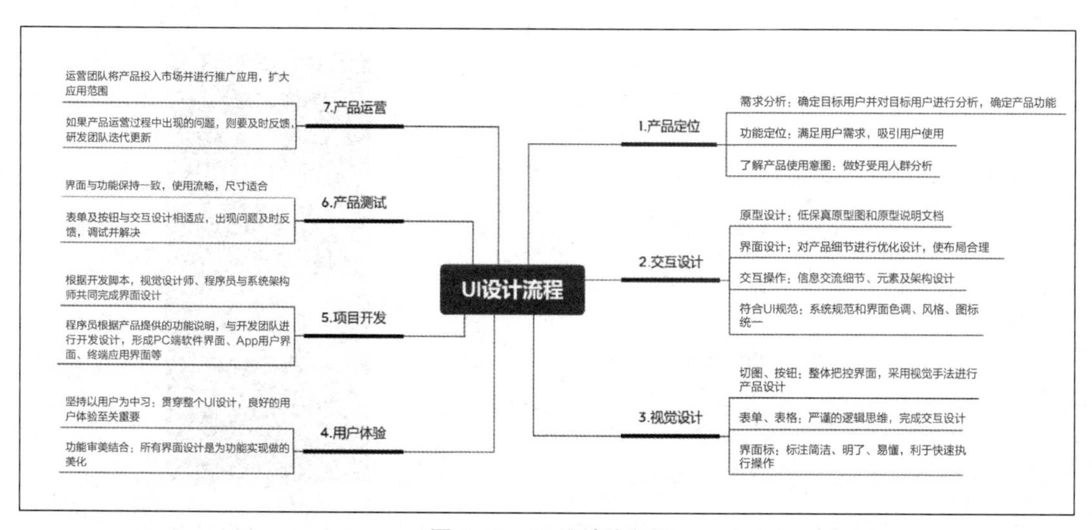

图 4-19　UI 设计流程图

4.1.5　UI 设计要素

1. 色彩用色范围

色彩是 UI 设计中非常重要的元素，具有 3 种基本属性，即色相、饱和度和明度。每一种色彩都同时具有这 3 种属性。明度是指色彩的明暗程度；色相是指色彩的相貌，是区别各种不同色彩最准确的标准，在原色与间色之间可以区分出不同的色相，人的眼睛可以辨别出几十万种颜色；饱和度是指色彩的鲜艳程度。

色彩是在UI设计中非常为直观的视觉传达，直接影响用户的体验与感受，因此在UI界面、按钮、图标、交互等设计中，要合理搭配色彩，起到视觉冲击的效果。色彩应用的范围会影响产品认知度、用户视觉和交互、信息组织和用户流程、设计的整体体验，因此要学习主色、辅色、点睛色的运用。

（1）主色运用：主色起到烘托、渲染、突出内容的作用，如图标设计、网页主界面设计、导航栏设计、按钮设计等，唤起人们的情感并与之产生共鸣。因此，主色在UI设计中是非常重要的。

（2）辅色运用：辅色在整体画面中起到平衡主色、减弱对视觉的冲击的作用，使色彩更加柔美、丰富，增加用户视觉的舒服感、画面感。

（3）点睛色运用：无论是在网页UI设计中还是在移动端UI设计中，点睛色在色彩选用上反差较大，应用面积较小，起到引人注目、画龙点睛的作用。

在图4-20所示的App界面中，深灰色为主色调，浅灰色为辅助色，蓝色和橙色为点睛色。

2. 色彩对比原则

元素之间的差异往往能够借助色彩对比来凸显。创建富有层次的视觉效果，让内容的可读性强，让信息更容易被用户理解和接纳。

1）明暗对比

明暗对比决定了画面的柔和度，可以用大面积的暗色铺底，而在其上用明色主体构图，如图4-21所示。

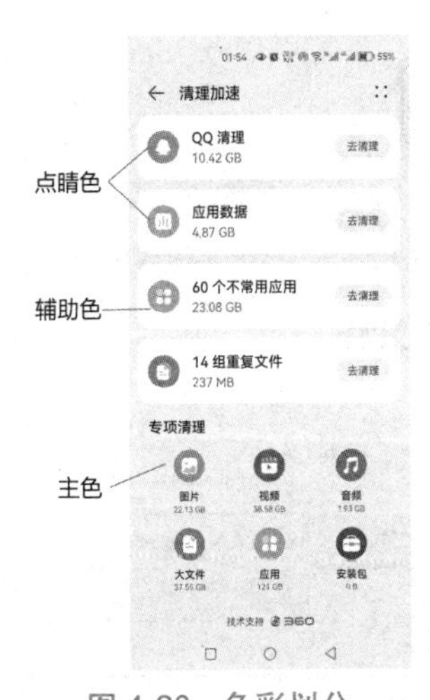

图4-20　色彩划分

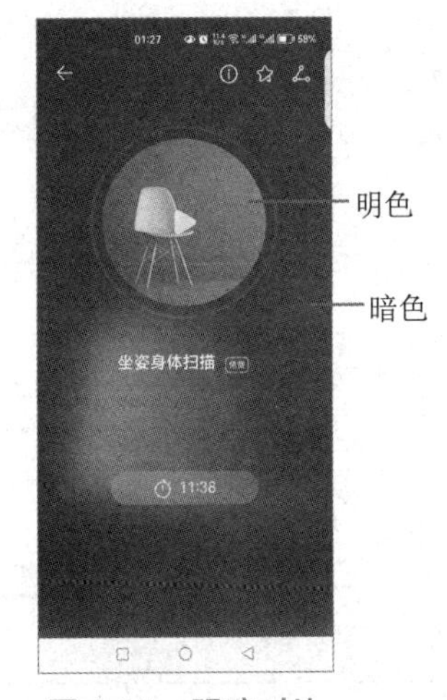

图4-21　明暗对比

2）色相对比

色相对比是指两种以上的颜色组合，由于色相差别而形成了色彩的对比效果。色彩的强弱主要是色相在色相环上的角度，如图4-22所示。角度越小色相对比越弱，反差也就越小；角度越大色相对比也越强，反差也就越大。在90°以内的色相对比不太明显，在180°位置上的色相对比反差最明显，被称为“补色”，如图4-23所示。

3）饱和度对比

将两种以上的色彩画面摆放在同一个页面上，因色彩的饱和度不同，产生的差异化对比被称为“饱和度对比”。例如，将一个鲜艳的绿色和一个含灰度的绿色放在同一个页面上，能够比较出两者在色彩上的差异。饱和度越高的色彩越鲜亮，饱和度越低的色彩越混浊，如图 4-24 所示。

4）面积对比

将两种色彩不同的颜色放在同一个页面中，大面积采用弱色，小面积采用强色，让两者之间产生强弱、明暗、彩度对比的效果，如图 4-25 所示。

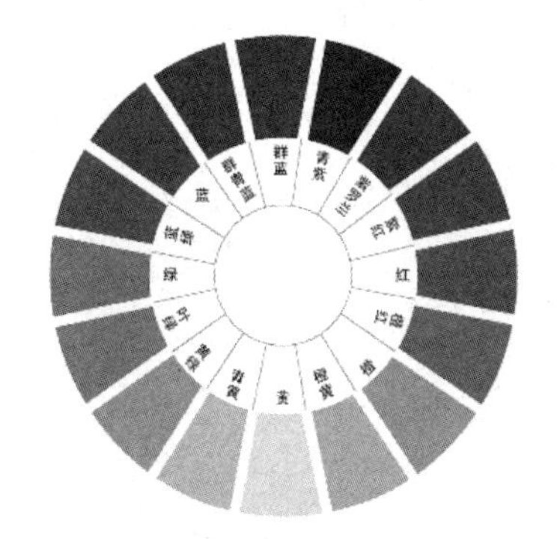

图 4-22　色相环

图 4-23　色相对比图

图 4-24　饱和度对比

图 4-25　面积对比

3. 色彩搭配方法

根据色彩三要素进行配色，色相用于区分各种颜色，饱和度用于区分色彩的深浅变化，明度用于区分其明暗度。

（1）同种色系搭配：选择使用一种色调及其相应的多种亮色和暗色，整体页面非常统一。

（2）类似色系搭配：选择使用色相类似的颜色，页面元素不会相互冲突，更加协调且有质感。

（3）互补色系搭配：选择使用互补色，较好的搭配是一种颜色作为主色，另一种颜色作为辅色且用于强调，彼此有着非常强烈的对比度，一般用于特别强调某个元素时。

4-3 色彩搭配方法.pptx

（4）分散互补色搭配：采用 3 种颜色，其中两种互相类似，另一种与它们形成对比，这种配色非常易学而且容易出效果。

（5）对立色搭配：就是色相环上对立的配色，最典型的是红、黄、蓝进行配色。

4.1.6 UI 设计风格

4-4 UI 设计风格.pptx

1. 扁平化风格

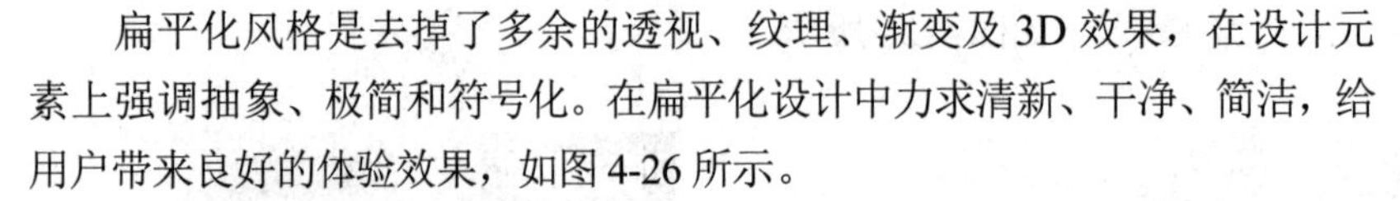

扁平化风格是去掉了多余的透视、纹理、渐变及 3D 效果，在设计元素上强调抽象、极简和符号化。在扁平化设计中力求清新、干净、简洁，给用户带来良好的体验效果，如图 4-26 所示。

图 4-26 扁平化风格界面

2. 拟物化风格

拟物化风格是对生活的真实反映，不是抽象的，可以在设计中加入写实细节，如色彩、阴影、透视、3D、叠加、材质等效果，视觉刺激强烈；也可以适当采用变形或夸张手法，对实物进行再现，其主要特征是让用户一眼就能看出这是什么实物，提高辨识度，如图 4-27 所示。

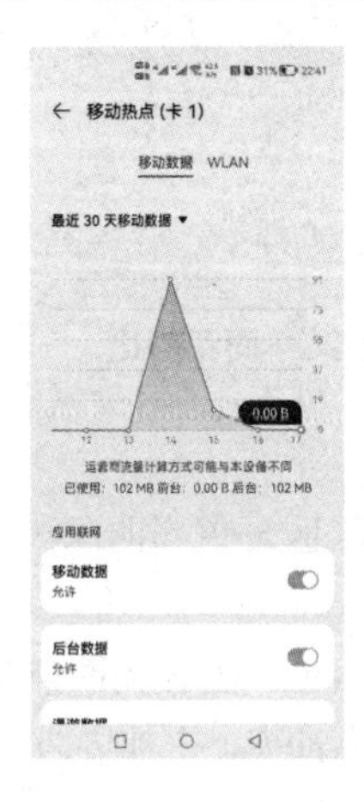

图 4-27 拟物化风格界面

4-5 制作“PC 端用户登录”UI 界面.pdf

任务实施

1. 制作“PC 端用户登录”UI 界面

（1）在 Photoshop 中创建“PC 端用户登录”UI 界面，设置画布：宽度为 1920 像素，高度为 1080 像素，分辨率为 72 像素/英寸，背景为蓝色 RGB(77,118,246)。

（2）按快捷键 Ctrl+R 显示标尺，按快捷键 Alt+V+E 新建一条垂直参考线，在“新建参考线”对话框的“位置”文本框中输入“1200 像素”，如图 4-28 所示。在 1800 像素位置再建立一条垂直参考线，以同样的方式分别在 200 像素、900 像素位置建立两条水平参考线，如图 4-29 所示。

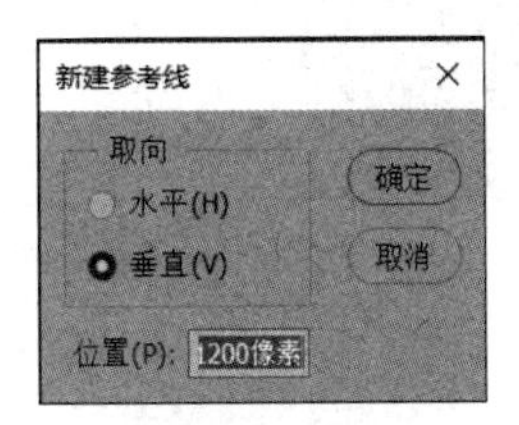

图 4-28　“新建参考线”对话框

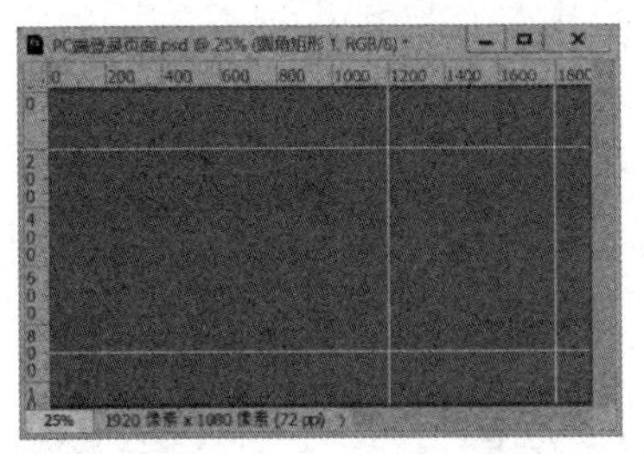

图 4-29　新建参考线

（3）选择工具箱中“圆角矩形工具”，在画布中拖曳鼠标指针绘制一个圆角矩形，打开“属性”面板，如图 4-30 所示，设置属性，得到圆角矩形，所图 4-31 所示。

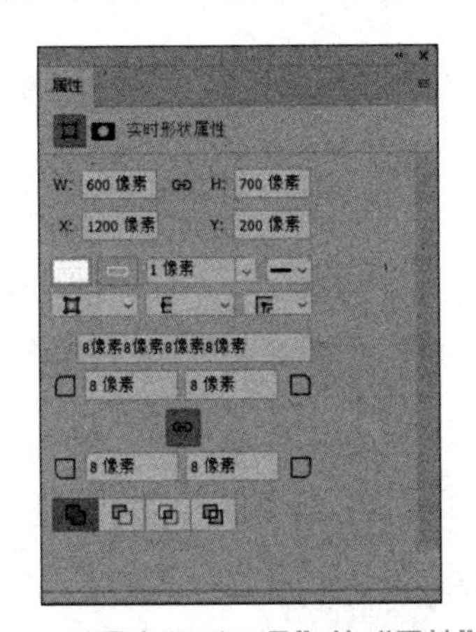

图 4-30　“圆角矩形工具”的“属性”面板

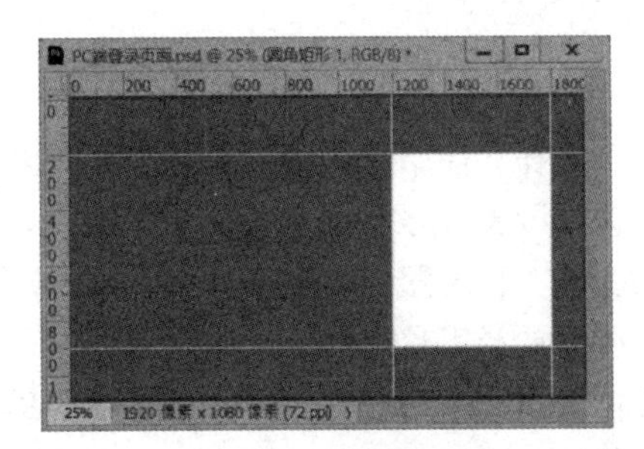

图 4-31　圆角矩形

（4）分别在标尺为 350 像素、400 像素、450 像素、500 像素位置建立水平参考线，在工具箱中选择“矩形工具”，在画布中拖曳鼠标指针绘制一个矩形，在“属性”面板中设置其属性，如图 4-32 所示。在矩形中输入文字“邮箱账号或手机号”“@166.com”。使用工具箱中的“椭圆选框工具”绘制圆形（图形的上半部分），执行“编辑”→“描边”命令，设置属性：宽度为 3 像素，颜色为 RGB(192,193,197)。选择“钢笔工具”，在工具箱中设置“路径”，绘制图形的下半部分，得到图形。

（5）在“图层”面板中单击“邮箱矩形”图层，按快捷键 Ctrl+J 复制此图层，在复制的图层中右击，在弹出的快捷菜单中执行“重命名”命令，将图层重命名为“密码矩形”，执行“窗口”→“属性”命令打开“属性”面板，设置其属性，如图 4-33 所示。

（6）在工具箱中选择“矩形工具”，在画布中拖曳鼠标指针绘制一个矩形，在其“属性”面板中设置属性，如图 4-34 所示。选择工具箱中的“横排文字工具”输入文字“登录”。

（7）选择工具箱中的“横排文字工具”，输入其他文字内容。选择工具箱中的“矩形选框工具”，在画布中拖曳鼠标指针绘制一个矩形，“登录”界面效果如图 4-35 所示。

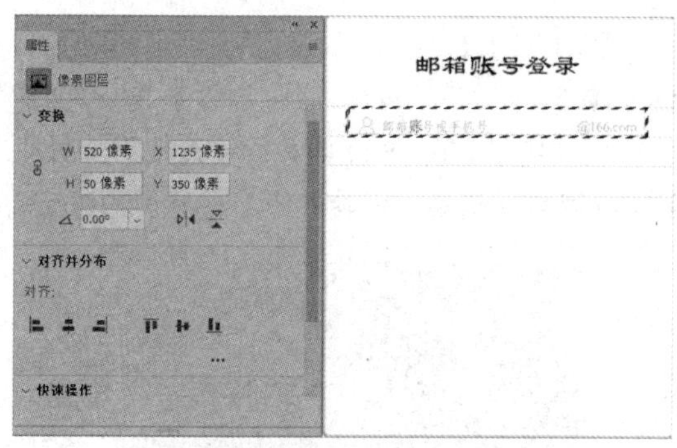

图 4-32　邮箱矩形及属性设置

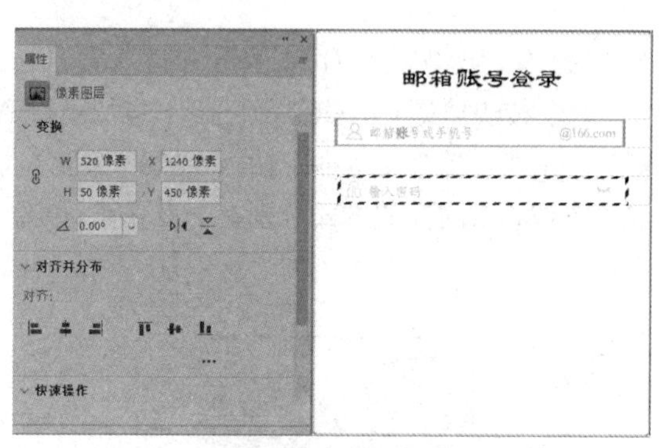

图 4-33　密码矩形及属性设置

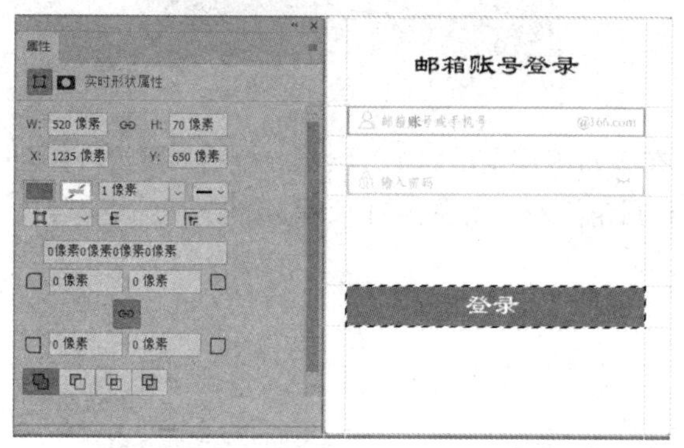

图 4-34　登录矩形及属性设置

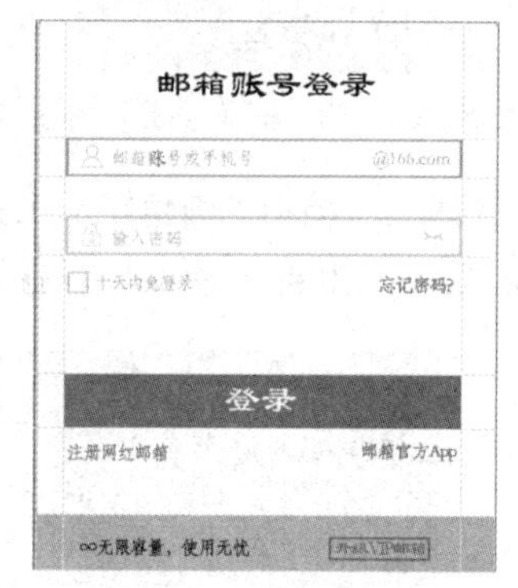

图 4-35　“登录”界面效果

（8）在“图层”面板上右击，在弹出的快捷菜单中执行“新建图层”命令，将新建的图层命名为“秒表”，按快捷键 Ctrl+T 导入素材文件“秒表图.psd”，按住 Shift 键并拖曳鼠标指针将素材文件“秒表图.psd”放于画布适当位置。

（9）选择工具箱中的“横排文字工具”，输入文字“分秒之间　极速下载”，设置文字“分秒之间”“下载”为华文新魏、80 点、RGB(255,225,255)；设置文字“极速”为华文新魏、80 点、RGB(255,206,176)。

（10）选择工具箱中的“圆角矩形工具”，在画布中拖曳鼠标指针绘制一个圆角矩形，设置属性：角度为 30 像素，填充颜色为 RGB(233,241,254)。输入横排文字“升级邮箱会员”，设置相应的字体、字号、颜色，最终完成的“PC 端用户登录”UI 界面效果如图 4-36 所示。

图 4-36　“PC 端用户登录”UI 界面效果

4-6 制作“手机用户登录”UI 界面.pdf

2. 制作“手机用户登录”UI 界面

（1）在 Photoshop 中创建“手机用户登录”UI 界面，设置画布：宽度为 1080 像素，高度为 2340 像素，分辨率为 72 像素/英寸，背景为白色 RGB(255,255,255)。

（2）执行“文件”→“置入嵌入对象”命令，选择图片并将图片调整至合适位置，选择工具箱中的“横排文字工具”，输入文字“全程戴口罩”。选择工具箱中的“钢笔工具”，在属性栏中选择“路径”选项，绘制口罩，如图 4-37 所示。

（3）选择工具箱中的“横排文字工具”，在适当位置分别输入文字“您好”“欢迎登录 Metro 大都市！”“国家/地区”“中国（+86）”“请输入手机号”“请输入密码”“验证码登录”“忘记密码？”“第三方登录”，选择工具箱中的“直线工具”，绘制直线，设置颜色为 RGB(226,229,239)，如图 4-38 所示。

（4）选择工具箱中的“圆角矩形工具”，在画布中拖曳鼠标指针绘制一个圆角矩形，并设置其属性，如图 4-39 所示，得到“登录”按钮。选择工具箱中的“横排文字工具”，输入文字“登录”，设置文字为宋体、18 点、RGB(255,255,255)，效果如图 4-40 所示。

图 4-37　绘制口罩

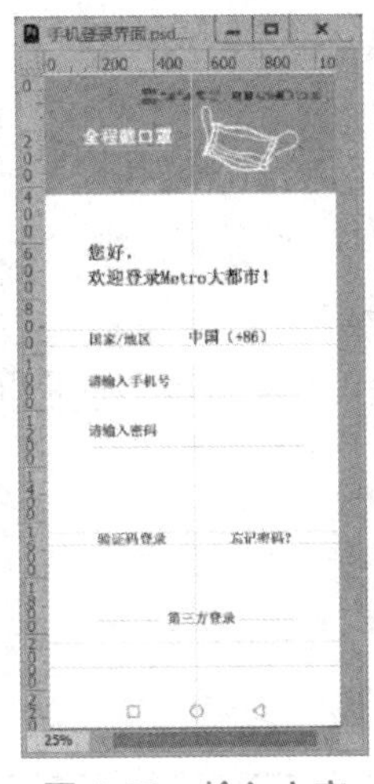

图 4-38　输入文字

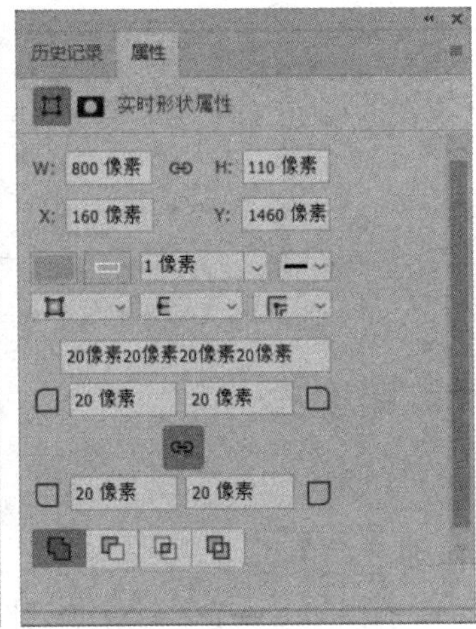

图 4-39　“登录”按钮属性设置

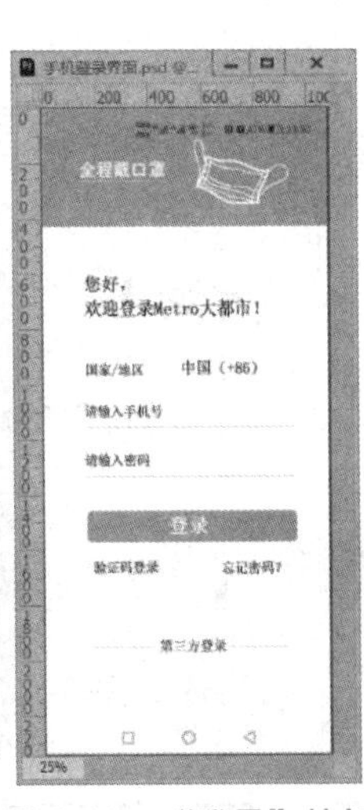

图 4-40　“登录”按钮效果

（5）执行“文件”→“置入嵌入对象”命令，选择“支付宝”“云闪付”“微信”素材图片，将其添加到“手机用户登录”UI 界面中，并在画布中调整至合适位置，如图 4-41 所示。

（6）选择工具箱中的“圆角矩形工具”，在画布中拖曳鼠标指针绘制“大都市”图标的外框，设置其属性，如图 4-42 所示。选择工具箱中的“横排文字工具”，输入文字“大都市”，选择工具箱中的“矩形工具”，绘制 3 个大小不等的矩形，分别填充矩形的颜色为纯红色、纯黄色、纯蓝色，按住快捷键 Ctrl+T 并拖曳鼠标指针调整每个矩形的角度及图层位置，得到“大都市”图标，如图 4-43 所示。将此图标拖曳至“手机用户登录”UI 界面的 x 轴（415 像素），y 轴（340 像素）位置，如图 4-44 所示。

（7）执行“文件”→“置入嵌入对象”命令，选择事先拍摄好的“地铁站”图片，在“图层”面板调整图层位置，设置其不透明度为 40%，“手机用户登录”UI 界面效果如图 4-45 所示。

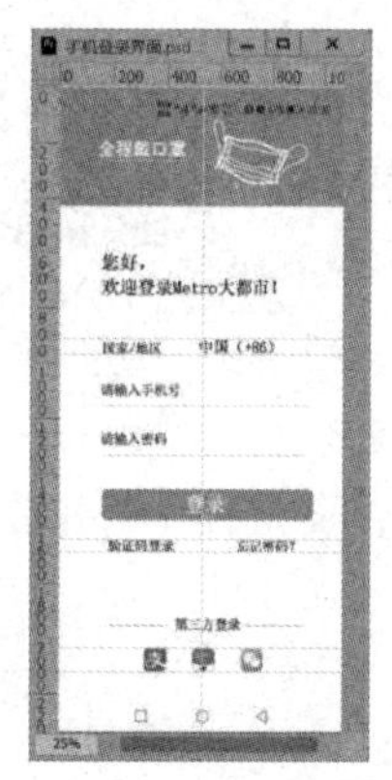

图 4-41　添加“第三方登录”图标

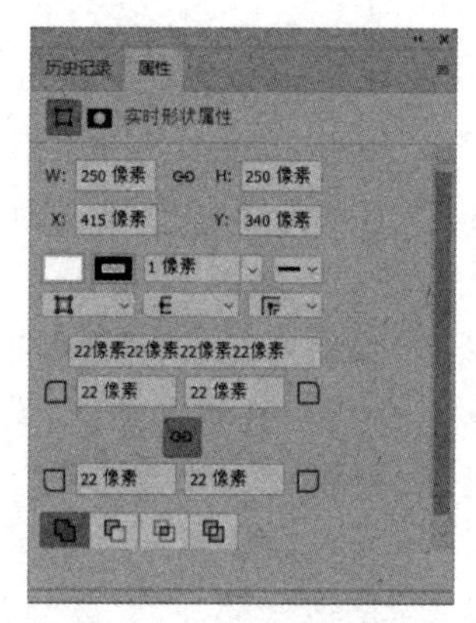

图 4-42　“大都市”图标外框属性设置

图 4-43　“大都市”图标

图 4-44　调整图标位置

图 4-45　“手机用户登录”UI 界面效果

任务评价

填写任务评价表，如表 4-3 所示。

表 4-3　任务评价表

工作任务清单	完成情况
（1）UI 设计的概念、常用的 UI 图形文件格式	○优　○良　○中　○差
（2）移动端 UI 设计和 PC 端 UI 设计的区别	○优　○良　○中　○差
（3）UI 设计的原则、流程、要素、风格	○优　○良　○中　○差
（4）圆角矩形工具的应用及属性设置	○优　○良　○中　○差

任务拓展

制作手机所有应用主界面

每部手机都有 App 的应用主界面，由于每个人的工作、生活、娱乐方式及使用手机习惯不同，体现应用程序主界面的图标也各有不同。用户可以根据各自的喜好下载 App 应用程序。手机应用主界面的设计很重要，相当于杂志的封面，需要做到美观、简约，只有线条和文字，其他的图标通过导入素材来完成。

（1）执行“文件”→“新建”命令，新建画布，设置画布：宽度为768像素，高度为1536像素，分辨率为72像素/英寸，如图4-46所示。按快捷键Alt+Ctrl+C扩展画布，如图4-47所示。被扩展后的画布宽度为868像素，高度为1636像素。调出参考线的效果如图4-48所示。

图4-46 设置画布大小

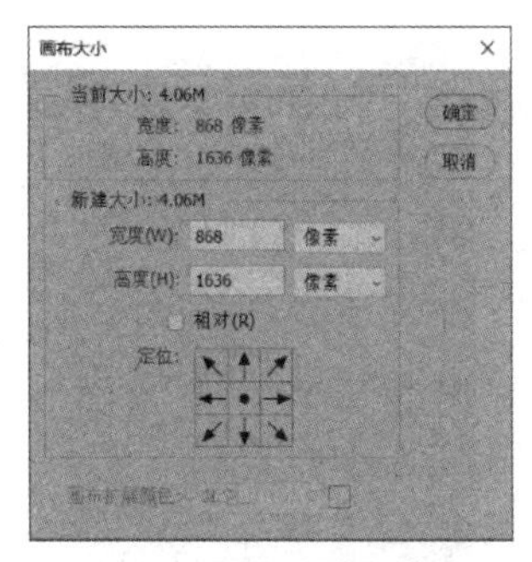
图4-47 扩展画布

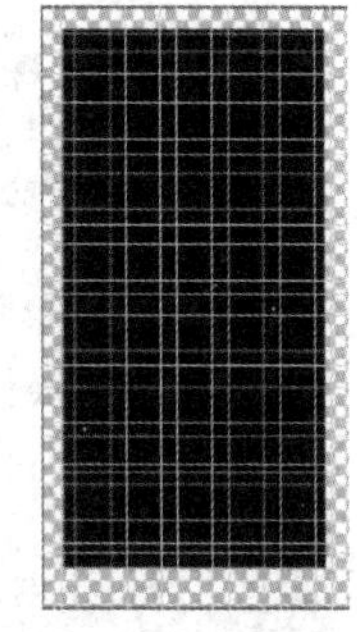
图4-48 调出参考线的效果

（2）执行“文件”→“置入嵌入对象”命令，导入“状态栏”和“闪光灯”素材文件，适当调整其位置，如图4-49所示。使用“直线工具”和“矩形工具”分别创建一个填充颜色为RGB(56,146,180)的直线和矩形，如图4-50～图4-52所示。

图4-49 导入“状态栏”和“闪光灯”素材文件

图4-50 “直线工具”的属性栏

图4-51 “矩形工具”的属性栏

图4-52 绘制直线和矩形

（3）执行“窗口”→“字符”命令，打开“字符”面板，设置字符属性，如图4-53所示。选择“文字横排工具”输入相应文字，效果如图4-54所示。

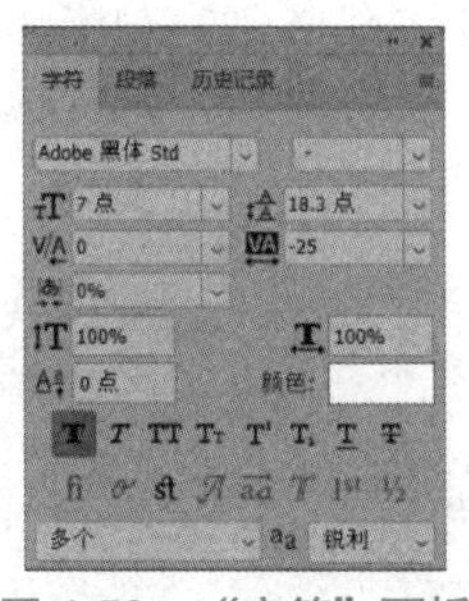
图4-53 “字符”面板

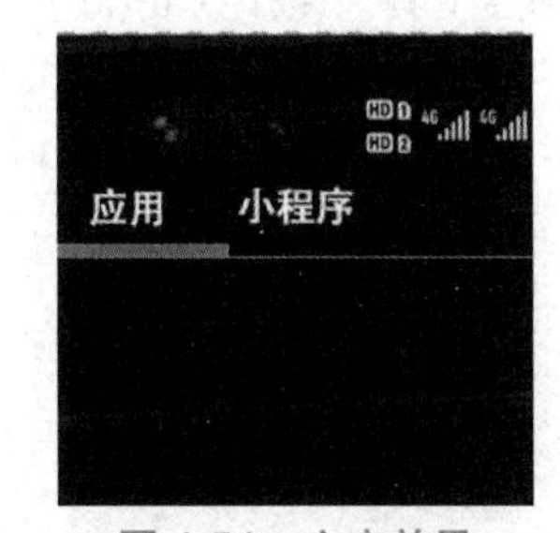

图4-54 文字效果

（4）打开“第4章\素材\图标.psd”素材文件，将所有图标拖入文档，并分别调整图标的位置，如图4-55和图4-56所示。选中各类图标后按快捷键Ctrl+G进行编组并命名。

（5）重复步骤（3），设置字符属性，如图4-57所示，输入各图标名称并适当调整文字位置，如图4-58所示。

图 4-55　拖入单个图标

图 4-56　拖入所有图标

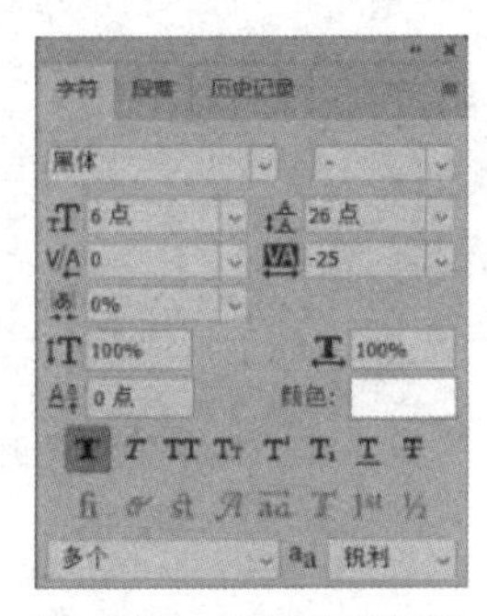

图 4-57　设置字符属性

图 4-58　输入图标名称

（6）选择“椭圆工具”绘制椭圆，设置椭圆属性，如图 4-59 所示。按快捷键 Ctrl+J 复制椭圆图层，重复 3 次复制，得到 4 个椭圆图层，如图 4-60 所示。选择“圆角矩形工具”绘制图形，并进行适当调整，如图 4-61 所示。

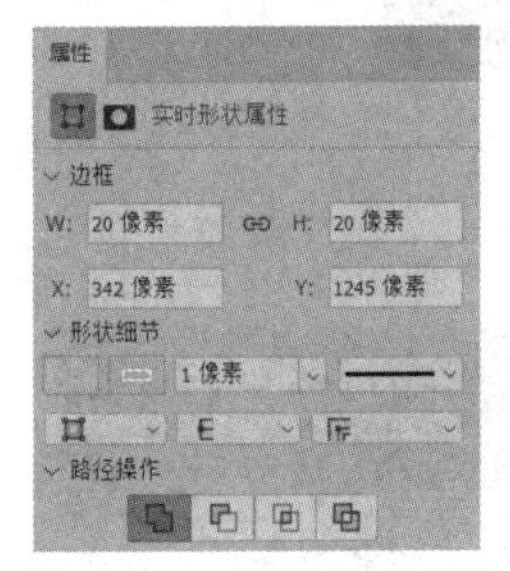

图 4-59　设置椭圆属性

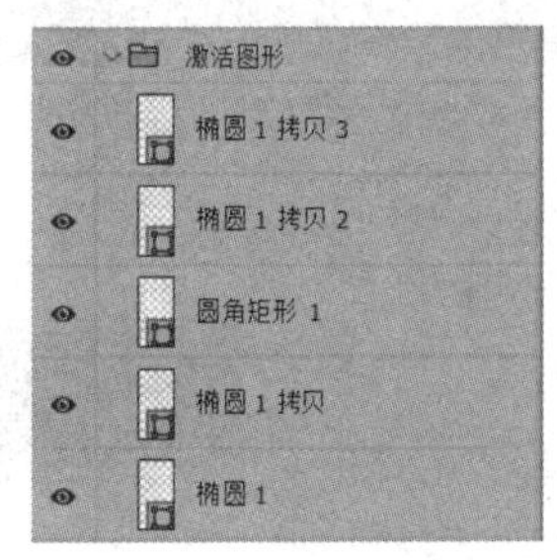

图 4-60　复制椭圆图层

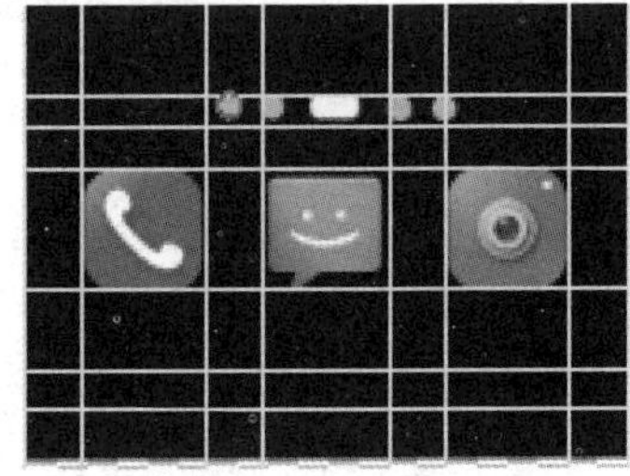

图 4-61　绘制圆角矩形

（7）选择“矩形工具”，按住 Ctrl 键并拖曳鼠标指针，绘制一个正方形，设置其属性，如图 4-62 所示。

选择“椭圆工具”，按住 Ctrl 键并拖曳鼠标指针，绘制一个正圆形，设置其属性，如图 4-63 所示。选择“多边形工具”，设置“描边”为“3 像素”，按住 Ctrl 键并拖曳鼠标指针，绘制一个正三角形，设置其属性，如图 4-64 所示，得到的操作键效果如图 4-65 所示。

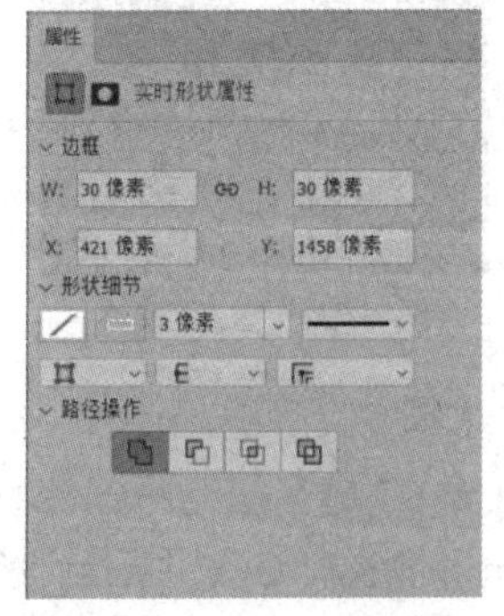

图 4-62　设置正方形属性

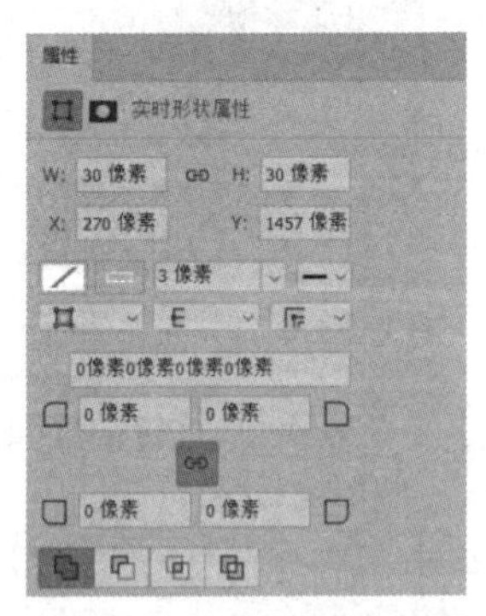

图 4-63　设置正圆形属性

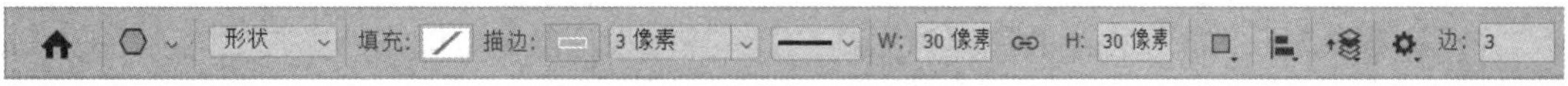

图 4-64　设置正三角形属性

图 4-65　操作键效果

（8）打开“第 4 章\素材\手机外壳.psd”素材文件，将素材文件拖入文档，并调整其位置，如图 4-66 所示，关闭参考线，手机所有应用主界面效果如图 4-67 所示。

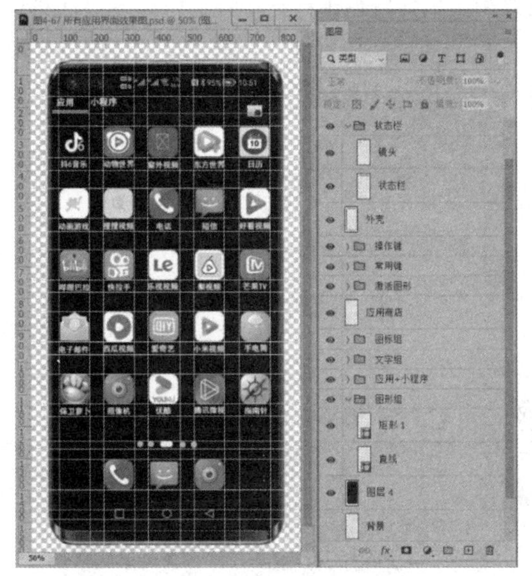

图 4-66　设计效果图及“图层”面板

图 4-67　手机所有应用主界面效果

【提示】

用户可以执行“视图”→“标尺”命令，或者按快捷键 Ctrl+R 显示或隐藏文档中的参考线。

任务 4.2　设计图标、按钮及导航

任务情境

【任务场景】在掌握了 UI 设计的概念、分类、原则、流程、要素及风格的基础上，掌握按钮、图标和导航的设计技巧与规范，用户可以根据需要设计图标和按钮，满足客户的需求。

【任务布置】了解图标设计的流程和原则；了解按钮设计的基本知识；掌握按钮设计的技巧和导航设计的分类；以理论知识作为实操的指导，学会设计图标和按钮。

知识准备

4.2.1 图标设计

1. 认识图标

图标是具有指代意义的标识性计算机图形符号，具有高度浓缩、快捷传达信息、便于记忆的特性。它不仅是一种图形，更是一种标识。我们通过图标看到的不仅是图标本身，更是它所代表的内在含义。

图标的应用范围很广，在计算机可视操作系统中扮演着极为重要的角色。它可以代表一个文档、一段程序、一张网页或一段命令，而我们可以通过单击图标执行一段命令或打开某种类型的文档。在 App 设计中，图标不仅包括程序启动图标，还包括状态栏、导航栏等位置的其他图标。常见的图标设计如图 4-68～图 4-70 所示。

图 4-68　常见应用程序启动图标

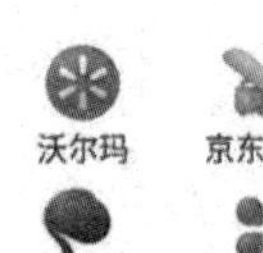

图 4-69　“京东”App 导航栏图标

图 4-70　“懒人听书”网站导航栏图标

2. 图标设计流程

图标设计的思路和过程也就是图标设计流程，是设计师在工作过程中需要遵循的，但图标设计流程与设计师的设计风格和图标特点有关，在设计过程中可以灵活变通，图标设计流程不是一成不变的。

（1）定义主题：定义主题是指在制作图标之前先要了解图标的含义，罗列出在设计图标时需要用到的关键词，突出显示重点词汇，确定制作图标时所围绕的主题是什么，完成整体设计。

（2）寻找隐喻：“隐喻”是指真实世界与虚拟世界之间的映射关系；“寻找隐喻”是指通过感知、体验、想象等心理行为，找到与关键词相关的实物。

如果是为多数人设计的通用图标，则一定要选择大众容易接受的事物作为抽象图形；如果是为特定的群体设计的专用图标，则应当选择有针对性的个性化抽象图形。

（3）抽象图形：抽象图形是对生活中的常见素材进行归纳，提取素材的特点，明确设计目的，这是创作图标的基础。

在进行图标抽象设计时需要注意尺度，太过具象或太过抽象的图形，会让人感觉太复杂或者太简单，识别性会非常低。当图形过于写实，甚至接近照片时，会显得非常复杂；当图形过于简单，只能看到图形的轮廓时，可能不易辨认。所以在图标抽象设计时要符合产品的设计需要，满足多重客观条件。

（4）绘制草图：在对实物进行抽象化汲取后，完成草图绘制。这是一个将实物转化成视觉形象的过程，在草图阶段，设计师可以设计出多种方案，在其中选择最优方案。

（5）确定风格：在通过草图确定图标的基准图形后，根据图标的类型选择合适的颜色，进一步确定标准色。目前图标设计的主流是扁平化风格。在UI设计中，大部分扁平化风格图标以单色图形为主，这种风格设计难度相对较低。

（6）制作和调整：在确定风格后，开始使用软件制作图标。在制作扁平化风格图标的过程中，需要经过反复的推敲、设计和调整，修正草图中的不足，也可以在草图中增加新的设计。

（7）场景测试：手机的背景色不同，有深色系的，也有浅色系的，因此图标的应用环境也不同。为了保证图标在各个应用环境中都有良好的识别性，在图标上线前，需要在多种应用环境中测试图标识别效果。

3. 图标设计原则

图标是图形化用户界面设计中最重要的元素之一。图标的形象明确、造型突出，更容易被用户理解和接受，可以提高软件或程序的使用效率，为用户带来良好的使用体验。图标设计的基本原则就是要尽可能地发挥图标的优点，减少缺点。因此图标设计的基本原则可以归纳为以下几点：可识别性原则、差异性原则和统一性原则。

1）可识别性原则

图标设计的目的是通过符号化的图形传递信息。图标是建立在虚拟世界和真实世界的映射关系的桥梁，这就要求图标的图形能够准确表达相应的操作，看到图标就可以明白其所代表的含义。因此可识别性原则是图标设计的第一原则。

有些图标是通用的，通过大家共同的认知，运用合适的隐喻，保证了图标的清晰性，让用户能快速理解、操作并获取信息。在UI设计中，有些常用工具类图标简单易识别，具有很强的实用性，如图4-71所示。

图4-71　常用图标

【提示】

常见的搜索、购物车、文件夹等图标使用了实体物品来做隐喻，使用这类用户都认可的图标进行设计，可以让设计更加行之有效。

2）差异性原则

差异性原则是为了便于用户辨认和操作，不同图标之间要有差别，可以在使用时第一时间区分不同图标的功能。图标的目的之一就是提高效率，如果用户不能快速区分它们，则会降低工作效率。差异性并不意味着一定要创造出没见过的图标，而是使用熟悉的隐喻，运用有感染力的表现方法，使图标在视觉上有独特性和表现力，完美实现创意和设计，如图 4-72 所示。

3）统一性原则

每个 App 都包含很多图标，统一性是指在图标外观、颜色等统一协调的基础上，根据图标功能的不同而增加可识别的变化。图标具有高度统一的外观和配色，在视觉和心理上能够体现品牌的本质和价值。图标之间存在关联性的同时要具有明确的识别度，在样式统一的基础上还要存在着关联和变化。

造型风格统一：图标设计要满足产品的要求；图标风格应该与整个产品或品牌的风格保持一致，保证图标的整体感和统一性；图标各元素的造型要保持统一。图标变化具有统一的动态节奏，使图标更容易被识别和记忆，有助于提升用户体验，如图 4-73 所示。

图标色调统一：图标的色彩风格也需要和图标造型风格相统一。特别是在色彩的选择和搭配上，要考虑色相、明度的相互协调；同时，因为图标尺寸相对较小，颜色选用不宜过多，避免因视觉方面的杂乱感而影响视觉效果，如图 4-74 所示。

图 4-72　差异性图标

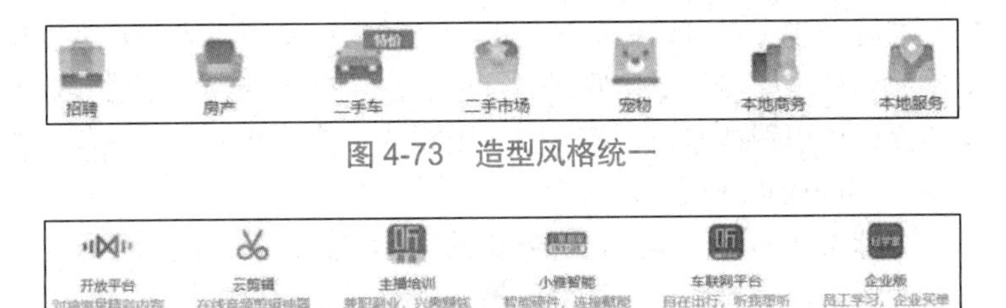

图 4-73　造型风格统一

图 4-74　图标色调统一

细节元素统一：在设计图标过程中适当运用相同细节元素，如透视效果或光影效果等，不但可以使图标的整体效果统一，而且能体现出图标设计的专业性。

4. 图标设计技巧

在设计图标过程中，灵活运用相关的设计技巧，可以帮助设计师更加快捷、高效地完成设计任务。通常图标设计技巧有以下几个方面。

（1）正负组合：正负组合是一种常见的设计方法，设计师可以根据产品特质抽象出功能点，提取相应的图形，通过对图形的组合、叠加、抠取等操作，制作出新的组合图形，如图 4-75 所示。

（2）折叠图形：当一个完整的平面图形设计完成后，可以根据图形的轮廓走向及人们的视觉习惯，在图形的结尾或转角处做局部折叠处理，如图 4-76 所示。

（3）线形：线形图标是通过独特的绘制图形手法，提炼图形的轮廓完成设计的一种方式，如图 4-77 所示。

（4）透明渐变：对不同透明度的图形进行放大或缩小，通过叠加形成一个层次丰富、形态饱满的组合图形，如图 4-78 所示。

图 4-75　正负组合图标

图 4-76　折叠图形图标

图 4-77　线形图标

图 4-78　透明渐变图标

（5）色块拼接：色块拼接是把填充了不同颜色的各种形状，有规律地拼接成一个整体，形成新的图形，如图 4-79 所示。

（6）复用图形：将主图形进行多次复制，并分别调整透明度、颜色或大小，创造出一种图形阵列，如图 4-80 所示。

（7）背景组合：将背景与形状、文字、图像或线条等与主题相关的元素组合在一起，形成新的图像，如图 4-81 所示。

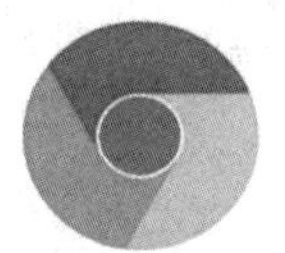

图 4-79　色块拼接图标

图 4-80　复用图形图标

图 4-81　背景组合图标

【课堂训练 4-3】

打开手机中的 App，了解图标样式及设计技巧。

5. 图标设计规范

设计 App 图标的目的是使 App 能在手机系统上运行，因此在设计图标时要遵循手机系统的设计规范，包括尺寸、圆角大小等。手机系统主要是 Android 系统和鸿蒙系统。

1）Android 系统图标设计规范

Android 系统是一个开放的系统，可以由开发者自行定义，所以手机屏幕尺寸规格比较多。为了适应手机屏幕尺寸的多元化，兼容多种手机屏幕尺寸，Android 系统平台按照像素密度将手机屏幕划分为低密度屏幕（LDPI）、中密度屏幕（MDPI）、高密度屏幕（HDPI）、X 高密度屏幕（XHDPI）、XX 高密度屏幕（XXHDPI）、XXX 高密度屏幕（XXXHDPI）6 类。不同像素密度的手机屏幕对应的图标尺寸也各不相同，如表 4-4 所示。

表 4-4　Android 系统手机参数

像素密度	比例关系	分辨率/像素	屏幕尺寸/像素	图标尺寸/像素		
				主菜单	状态栏	通知图标
LDPI	0.75	240×320	2.7	36×36	24×24	18×18
MDPI	1	320×480	3.2	48×48	32×32	24×24
HDPI	1.5	480×800	3.4	72×72	48×48	36×36
XHDPI	2	720×1280	4.65	96×96	64×64	48×48
XXHDPI	3	1080×1920	5.2	144×144	96×96	72×72
XXXHDPI	4	1440×2560	5.96	192×192	128×128	96×96

（1）菜单图标：是指用图形在设备主屏幕和主菜单窗口展示功能的一种应用方式，通常主菜单会按照区格排列展示应用程序图标。用户通过单击可以打开相应的应用程序，如图 4-82 所示。

（2）状态操作图标：是指状态栏下拉列表上一些用于设置系统的图标，如图 4-83 所示。

（3）通知图标：是指在应用程序产生通知时，显示在左侧或右侧，标示显示状态的图标，如图 4-84 所示。

图 4-82　菜单图标

图 4-83　状态操作图标

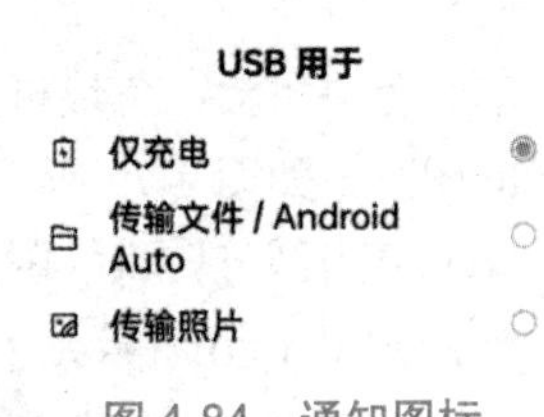

图 4-84　通知图标

2）鸿蒙系统图标设计规范

（1）信息展示完整：设计规范建议展开态不应出现页面内的内容元素数量减少，或者图形化元素模糊、分辨率下降、视觉体量减小等损失，应该确保展开态的内容元素不少于折叠态内容元素信息的 3/4。

（2）字体/图片自动适配：设计规范建议展开态图标和字体不应发生明显变化，在保证可读性的基础上，建议保持跟折叠态一样大的字号。如果一定要发生字号变化则最大不超过 1.2 倍，确保有较好的可读性，展开态单屏每行文本长度不超过 40 字，推荐 36 字左右。

（3）弹出框适配。设计规范建议展开太和折叠态弹出框保持相同的大小，或者大小变化不超过 1.2 倍。

4.2.2　按钮设计

按钮是具有引导性并且可以被单击的控件，是 App 界面设计中必不可缺的控件，单击按钮可以启动 App 中的功能，也可以实现界面之间的跳转。按钮在 UI 设计中无处不在，它功能普通但又重要，认识并了解按钮，掌握按钮的表现状态和设计技巧，才能高标准、高效率、高质量地完成设计工作。

1. 按钮状态

按钮是用户在执行某项操作时直接接触的对象，按钮的状态可以将操作结果反馈给用户。在设计按钮时有 4 种不同的状态。

- 默认状态：按钮的默认状态或静止时的状态。表示按钮处于活动状态，但是当前并未被使用。
- 悬浮状态：在按钮表面滑过时该按钮的状态，这个状态是提醒用户，滑过按钮可以引发某个动作。
- 按下状态：按下该按钮时的状态，表示按钮当前已被选中。
- 禁用状态：按钮未被启用且无法被使用。

2. 按钮设计技巧

在设计按钮时，掌握正确的设计技巧，综合考虑按钮的设计风格、外形、色调等因素，可以快速、高效地完成设计。设计按钮需要注意以下几点。

1）匹配品牌

在设计按钮时需要注意，按钮的设计应该与应用环境相匹配。在设计按钮过程中也需要选择特定的色彩、形状，或者与目标品牌的设计理念一致，综合多种因素来决定按钮的形状、材质和风格，如图 4-85 所示。

2）匹配风格

在设计按钮时，设计师要对 App 界面的整体风格进行综合考量，保证按钮设计与 App 界面的整体风格相匹配，这也是按钮设计中最基本的要求，如图 4-86 所示。

3）突出对比度

在 App 界面设计中，按钮是重要并且必需的，设计师可以将色彩、形状、字体等元素结合在一起，制作精美的按钮，并赋予按钮独特的视觉效果，提高与界面中其他元素的对比度，如图 4-87 所示。

4）使用描边和小图标

大多数按钮会或多或少地使用描边效果，通常在按钮颜色亮、背景颜色暗时，使用比按钮颜色暗的颜色进行描边；在按钮颜色暗、背景颜色亮时，使用比背景色稍暗的颜色进行描边。

在按钮设计中添加易识别的小图标，可以起到提示的作用，如有方向的箭头图标，提示可以打开下拉菜单或查看隐藏内容，如图 4-88 所示。

5）按钮主次分明

当在 App 界面设计中需要展示多个选项和功能时，可以使用不同的色彩，产生视觉冲击，为按钮划分级别。系统推荐、优先选择的重要按钮使用强烈、鲜艳的色彩；其他按钮按重要程度依次减弱色彩鲜艳程度。另外，通过对形状或图片的大小、字号及特效等进行调整，也可以产生强调按钮的主次顺序的效果，如图 4-89 所示。

图 4-85 匹配品牌按钮

图 4-86 匹配风格按钮

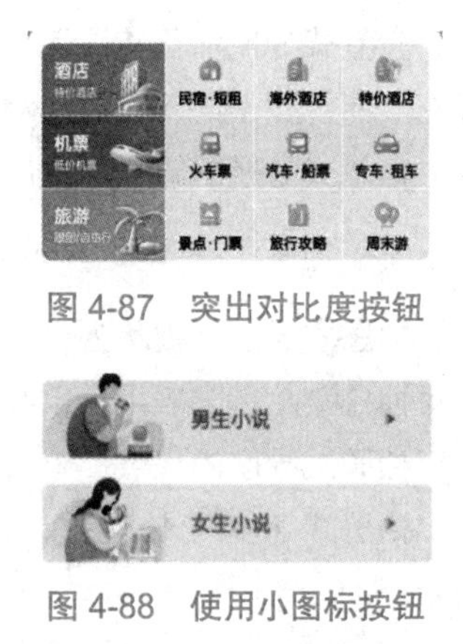

图 4-87 突出对比度按钮

图 4-88 使用小图标按钮

不再提醒 下次设置 去设置

图 4-89 按钮主次对比

6）尺寸规格

由于在 App 界面设计中，所有能被单击的图片尺寸不能小于 44 像素×44 像素，并且在 App 界面中单独存在的部件的尺寸必须是偶数。因此，按钮的尺寸不能小于 44 像素×44 像素，如果图片尺寸过小，则可以通过增加空白像素来增大图片尺寸，并且按钮的宽、高都应设置为偶数像素。

4.2.3 App 导航设计

导航设计与用户体验效果密切相关，在 App 设计中有着非常重要的地位。建立合理的 App 导航系统，设计顺畅的任务路径，可以让用户轻松浏览内容，指引用户完成操作，提升用户体验。合理的导航设计能够合理地展示产品的功能，并增强用户的识别度。导航可以分为以下几种类型。

1. 标签式导航

标签式导航又被称为“选项卡式导航”，分为底部标签式导航、舵式导航和 Tab 标签式导航。标签式导航是常见的导航设计类型，通常包含 4 个或 5 个标签，方便用户在不同分页之间切换，如图 4-90～图 4-92 所示。

图 4-90 底部标签式导航

图 4-91 舵式导航

图 4-92 Tab 标签式导航

标签式导航的优点：入口直接清晰，直接展示最重要的接口内容；分类位置固定；操作路径短，便于在不同入口之间跳转。

标签式导航的缺点：占用一定屏幕高度；功能入口之间无主次区分，包含标签数目有限。

2. 抽屉式导航

抽屉式导航又被称为“侧滑式导航”，核心思想是“隐藏”，就是隐藏非核心的选项，点击即可抽拉菜单，一般用于二级菜单设计。

抽屉式导航的优点：节省页面展示空间；可容纳条目多，可扩展性相对较强。

抽屉式导航的缺点：入口隐藏，不易被发现，可能降低 App 部分功能的参与度，如图 4-93 所示。

3. 宫格式导航

宫格式导航是将主要入口聚合在主页面上，各个入口相互独立，一般无跳转互通，方便用户做出选择。在宫格式导航设计中，用户无法直接看到内容，因此多用于二级页面，作为内容列表或系列工具入口的集合。

宫格式导航的优点：分类清晰，入口独立、直接便于识别；扩展性好，方便增加入口。

宫格式导航的缺点：菜单之间的跳转要回到初始点，返回路径较长；不能直接展示入口内容，如图 4-94 所示。

4. 列表式导航

列表式导航是 App 设计中主要的信息承载模式，通常用于二级页面。列表式导航的列表项目可以通过间距、标题等进行分组，形成扩展列表，能够帮助用户快速定位到相应的页面。

列表式导航的优点：层次结构清晰明了，易于理解；使用高效，能够帮助用户快速定位页面。

列表式导航的缺点：排版方式单一；多个入口之间不分级；入口之间的跳转要回到初始点，灵活性不高，如图 4-95 所示。

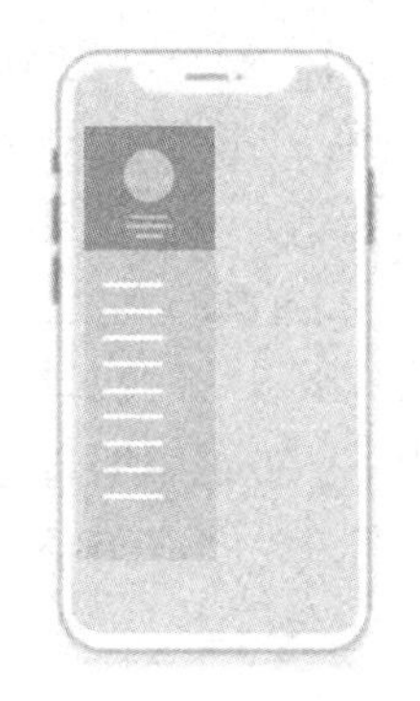

图 4-93　抽屉式导航

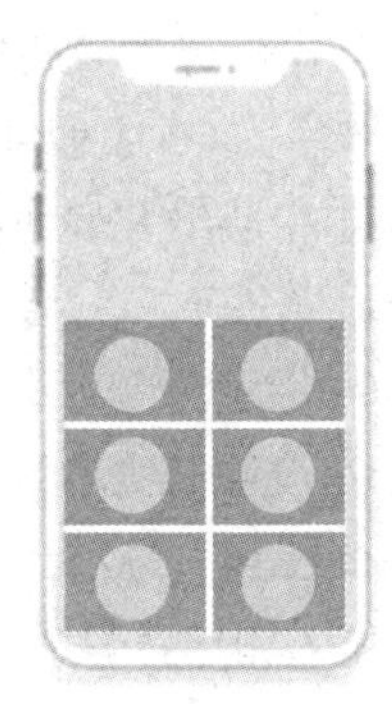

图 4-94　宫格式导航

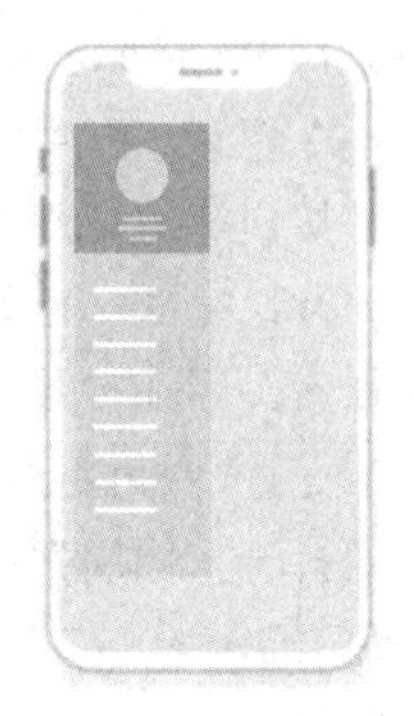

图 4-95　列表式导航

5. 轮播式导航

轮播式导航又被称为“旋转木马式导航”，通过左右滑动页面可以实现信息的轮播效果，操作简便，突出产品的核心功能。

轮播式导航的优点：单页面内容整体性强，清晰、美观、聚焦度高；交互动画多样化，操作方便。

轮播式导航的缺点：只能查看相邻选项展示的内容，并不能跳跃性地进行选择；展示的内容数量有限，如图 4-96 所示。

6. 组合式导航

组合式导航多应用于本身功能比较复杂的 App，方便用户进行直接跳转，用以满足用户和产品的需求。组合式导航是目前应用最为广泛的导航方式，如“标签式+列表式”“标签式+宫格式”“舵式+列表式+标签式”等，如图 4-97 所示。

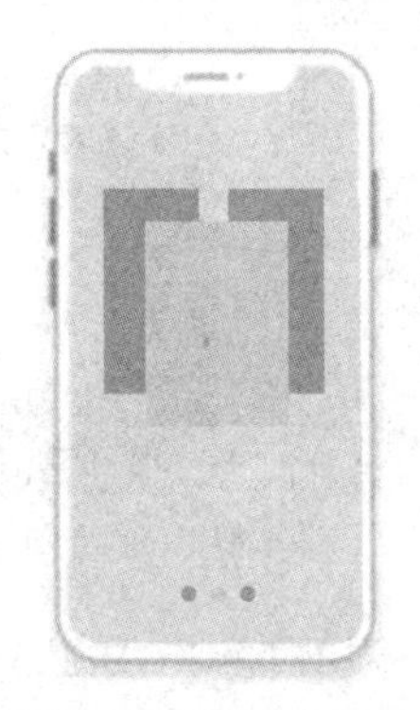

图 4-96　轮播式导航

图 4-97　组合式导航

4-7“微扁平照相机”图标的制作.mp4

任务实施

1.“微扁平照相机”图标的制作

照相机图标是手机界面中最常见的图标之一，也是设计师入门级的基础图标。扁平图标简洁明快，但交互不明显。微扁平需要对扁平化设计进行细致的处理。本任务主要介绍“微扁平照相机”图标设计。

（1）在 Photoshop 中按快捷键 Ctrl+N，创建“微扁平照相机图标设计”画布，设置画布：宽度为 192 像素，高度为 192 像素，分辨率为 72 像素/英寸，背景为白色 RGB(255,255,255)。

（2）按快捷键 Ctrl+R 显示标尺，拉出中心线和参考线，如图 4-98 所示。

（3）按快捷键 Alt+Ctrl+C，打开“画布大小”对话框，更改尺寸，设置画布宽度、高度均为 260 像素，为画布做出留白，如图 4-99 所示。

（4）使用“圆角矩形工具”绘制一个宽度和高度均为 192 像素、圆角为 50 像素的圆角矩形。双击图层打开“图层”面板，选择“渐变叠加”选项，为圆角矩形填充深绿色 RGB(8,131,35)到浅绿色 RGB(39,177,41)的线性渐变，作为图标背景，如图 4-100 所示。

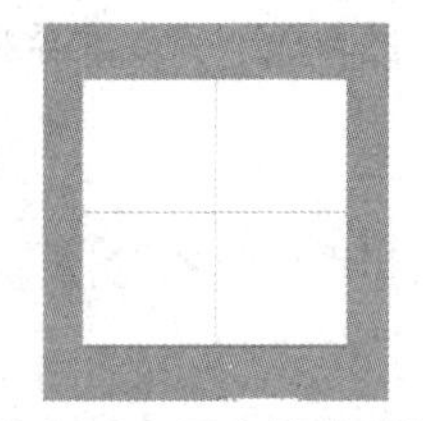

图 4-98　画布及参考线

图 4-99　调整画布大小

图 4-100　圆角矩形效果

（5）使用“椭圆工具”绘制一个适当大小的正圆形，得到“椭圆 1”图层，选择“渐变叠加”选项，渐变色填充方向与圆角矩形相反，效果如图 4-101 所示。

（6）按快捷键 Ctrl+J 复制“椭圆 1”图层，在“图层样式”面板中选择“渐变叠加”选项，为正圆形填充白色 RGB(255,255,255)到灰色 RGB(181,181,181)的径向渐变；选择“投影”选项，设置“投影”参数，如图 4-102 所示，效果如图 4-103 所示。

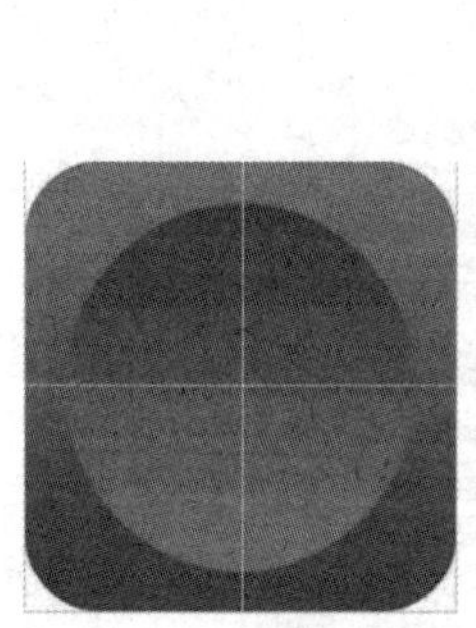

图 4-101　“线性渐变”效果

图 4-102　设置“投影”参数

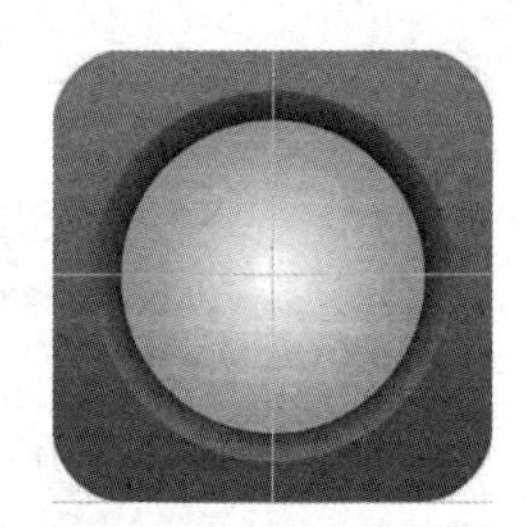

图 4-103　“径向渐变+投影”效果

（7）再次复制“椭圆 1”图层并将其按比例进行缩小，添加白色 RGB(255,255,255)到浅绿色 RGB(0,12,5)的径向渐变。渐变色滑块位置如图 4-104 所示，渐变效果如图 4-105 所示。

（8）再次复制一个较小的椭圆，添加深绿色 RGB(3,31,15)过渡到浅绿色 RGB(6,57,12)再到深绿色 RGB(1,18,4)的径向渐变。渐变色滑块位置如图 4-106 所示，效果如图 4-107 所示。

（9）使用“圆角矩形工具”绘制一个宽度为 273 像素、高度为 75 像素、圆角为 37 像素的圆角矩形，并填充为白色，效果如图 4-108 所示。

（10）按快捷键 Ctrl+T 打开自由变换定界框，单击“在自由变换和变形模式之间切换”按钮，切换到变形模式。单击“变形”按钮，在弹出的下拉列表中选择 “扇形”选项并调整其位置，设置不透明度为 30%；复制该圆角矩形并调整其大小和位置，完成高光的绘制，效果如图 4-109 所示。

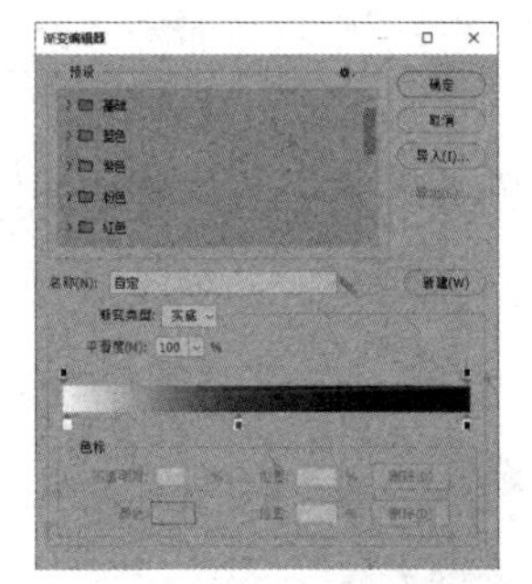

图 4-104 渐变色滑块位置 1

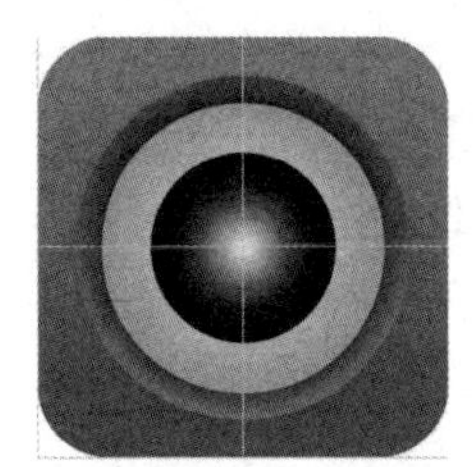

图 4-105 渐变效果 1

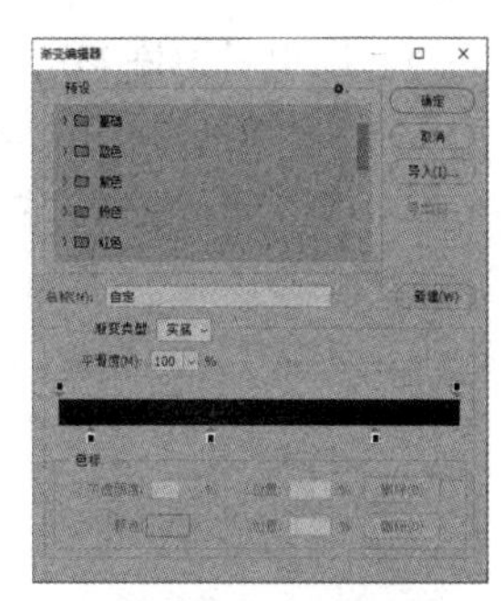

图 4-106 渐变色滑块位置 2

图 4-107 渐变效果 2

图 4-108 添加“圆角矩形”

图 4-109 高光效果

（11）绘制一个黑色 RGB(36,36,36)到灰色 RGB(200,200,200)径向渐变的正圆形，添加投影，作为微扁平照相机图标的闪光灯，投影参数如图 4-110 所示。

“微扁平照相机”图标绘制完成，效果如图 4-111 所示。

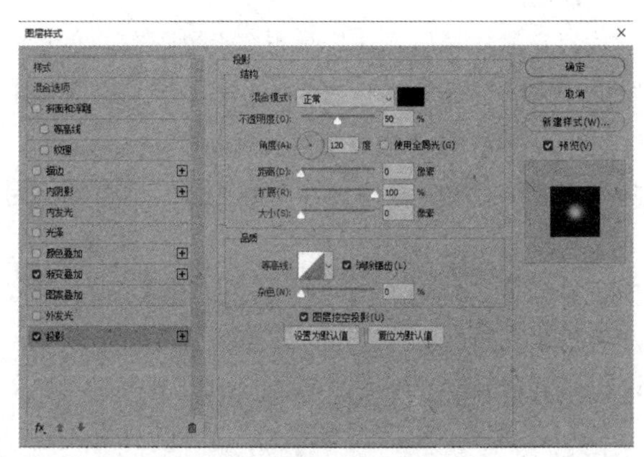

图 4-110 设置闪光灯投影参数

图 4-111 “微扁平照相机”图标效果

2. 色块按钮的制作

4-8 色块按钮的制作.mp4

色块按钮简洁、直观、易用，我们可以通过按钮的不同颜色区分登录按钮的默认状态、悬浮状态、按下状态和禁用状态。

（1）在 Photoshop 中按快捷键 Ctrl+N，创建“色块按钮设计”画布，设置画布：宽度为 500 像素，高度为 500 像素，分辨率为 72 像素/英寸，背景为白色 RGB(255,255,255)。

（2）使用“圆角矩形工具”绘制一个宽度为 260 像素、高度为 60 像素、圆角半径为 10 像素的圆角矩形，填充颜色 RGB(111,120,243)作为按钮的背景颜色，效果如图 4-112 所示。

（3）使用“横排文字工具”输入文字“登录”。按快捷键 Ctrl+T 打开“字符”面板，设置文字为华文行楷、48 点、黑色 RGB(0,0,0)，效果如图 4-113 所示。

（4）把绘制的按钮复制 3 次，分别修改按钮的背景色为蓝色 RGB(51,65,246)、蓝色 RGB(7,22,220)和灰色 RGB(212,212,212)。

色块按钮制作完成，效果如图 4-114 所示。

图 4-112　按钮 1

图 4-113　按钮 2

图 4-114　色块按钮效果

【提示】

由于色块按钮多被应用于扁平化风格的设计界面中，因此在制作上可以放弃透视、羽化、阴影等特效，体现出扁平化简单、明快的特点。

3. 宫格式导航的制作

宫格式导航通过风格布局将主要入口全部聚合在同一个页面上。

（1）在 Photoshop 中按快捷键 Ctrl+N，创建“宫格式导航设计”画布，设置画布：宽度为 750 像素，高度为 1334 像素，分辨率为 72 像素/英寸，背景为白色 RGB(115,115,115)。按快捷键 Ctrl+R 打开标尺，创建 4 条参考线。将“状态栏”素材文件拖曳至当前画布中。

（2）绘制导航栏。使用“矩形工具”绘制高度为 120 像素、宽度为 750 像素、填充颜色为白色 RGB(255,255,255)的矩形，得到“矩形 1”图层。

使用“矩形工具”绘制一个无填充色，描边为黑色、3 像素的矩形，得到“矩形 2”图层。使用“直接选择工具”将矩形裁剪为箭头状，调整箭头的角度和大小并放置到适当位置。

使用“横排文字工具”输入文字内容，设置文字为宋体、36 点、黑色 RGB(0,0,0)，调整文字位置，效果如图 4-115 所示。

（3）分别将“景点介绍”“特色美食”“行程攻略”“口碑住宿”“旅游资讯”“福利折扣”素材文件拖曳至画布中。设置素材文件的宽度与高度均为 300 像素，使用标尺排列调整图像位置，效果如图 4-116 所示。

（4）使用“矩形工具”在“景点介绍”图层上方绘制矩形，得到“矩形 3”图层。设置矩形尺寸与素材文件尺寸相同，填充颜色为灰色 RGB(210,210,210)，设置不透明度为 50%。

反复复制“矩形 3”图层，分别覆盖于素材文件上方。使用“横排文字工具”输入文字内容，设置文字为华文行楷、60 点、黑色 RGB(0,0,0)，调整文字位置。

宫格式导航制作完成，效果如图 4-117 所示。

图 4-115　导航栏效果

图 4-116　导入素材文件后的效果

图 4-117　宫格式导航效果

任务评价

填写任务评价表，如表 4-6 所示。

表 4-6　任务评价表

工作任务清单	完成情况
（1）掌握图标设计基础知识	○优　○良　○中　○差
（2）掌握按钮设计基础知识	○优　○良　○中　○差
（3）制作微扁平照相机图标	○优　○良　○中　○差
（4）制作色块按钮	○优　○良　○中　○差

任务拓展

制作音量调节滑块

在使用 App 过程中，用户通过移动滑块可以控制某些变量，所以滑块在 App 设计中应用较多。滑块可以分为滑动块、滑动条和滑动轨迹 3 部分。滑动块形状多以圆形、方形、正三角形等规则形状为主，如图 4-118 所示。

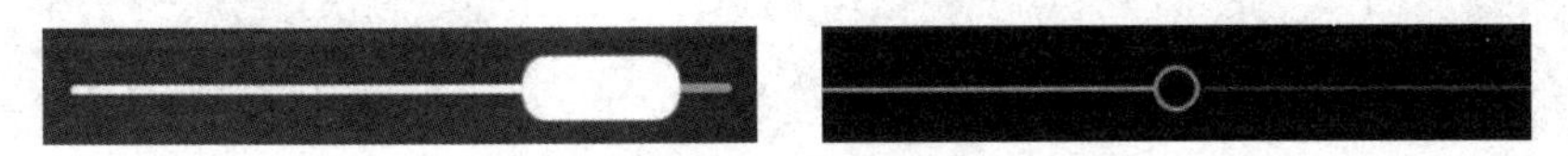

图 4-118　滑块类型

1）绘制滑动轨迹

（1）在 Photoshop 中按快捷键 Ctrl+N，创建“音量调节滑块设计”画布，设置画布：宽度为 800 像素，高度为 800 像素，分辨率为 72 像素/英寸，背景为蓝色 RGB(46,123,238)。

（2）使用“圆角矩形工具”绘制一个宽度为 750 像素、高度为 30 像素、圆角半径为 30 像素的圆角矩形，得到“圆角矩形 1”图层，填充颜色为灰色 RGB(210, 210,210)。

（3）为该图层添加“内阴影”效果，设置参数：混合模式为“正片叠底”，不透明度为 75%，角度为 90 度，距离为 5 像素，阻塞为 0%，大小为 5 像素。

（4）为该图层添加“投影”效果，设置参数：混合模式为“正常”，角度为 90 度，不透明度为 50%，其余参数值均为 0。滑动轨迹效果如图 4-119 所示。

2）绘制滑动条

（1）使用“圆角矩形工具”绘制一个宽度为 200 像素、高度为 11 像素、圆角半径为 5.5 像素的圆角矩形，得到“圆角矩形 2”图层，填充颜色为深蓝色 RGB(29,67,125)。

（2）为“圆角矩形 2”图层添加“斜面和浮雕”效果，参数设置如图 4-120 所示，效果如图 4-121 所示。

图 4-119　滑动轨迹效果

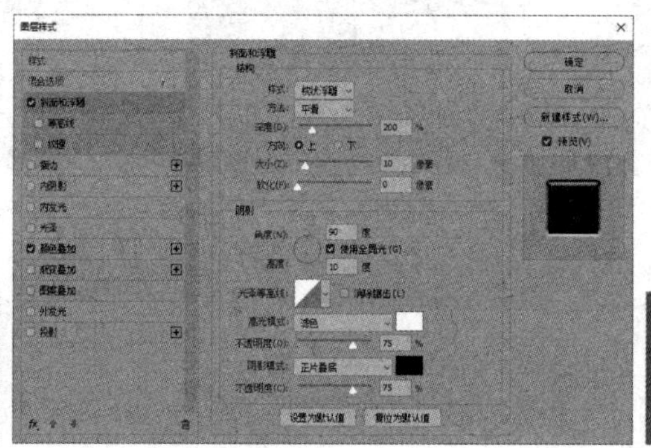

图 4-120　设置“斜面和浮雕”参数

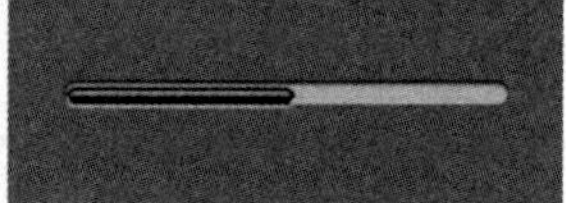

图 4-121　滑动条效果

3）绘制滑动块

使用“椭圆工具”绘制一个圆形，填充颜色为深红色 RGB(244,25,25)到浅红色 RGB(244,139,139)的径向渐变。在“图层样式”面板中设置“斜面和浮雕”，设置参数如图 4-122 所示。

音量调节滑块绘制完成，按快捷键 Ctrl+S 将文件保存在指定文件夹内。音量调节滑块效果如图 4-123 所示。

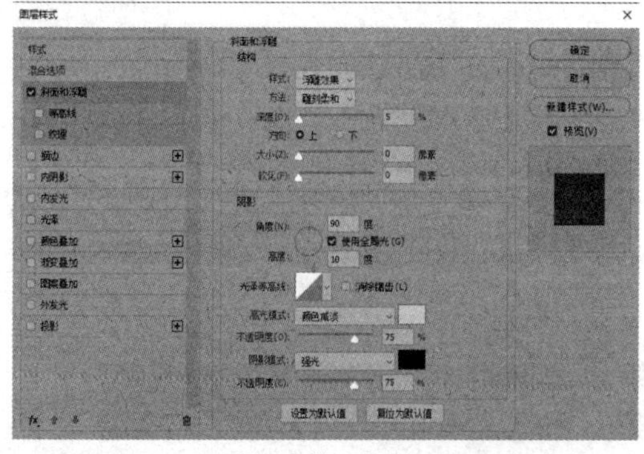

图 4-122　设置滑动块“斜面和浮雕”参数

图 4-123　音量调节滑块效果

任务 4.3　设计表单控件

任务情境

【任务场景】表单控件是 App 应用软件中不可缺少的部件，一个设计精美的表单控件可以提高用户的点击量、注册数量，增加用户量，提升界面的友好度。

【任务布置】熟悉表单控件的类型，能够识别和区分表单控件；掌握表单控件的设计原则；掌握不同类型表单控件的设计方法；能够独立完成表单控件的制作。

知识准备

表单控件在 App 应用软件中随处可见，如注册界面中的用户名和密码输入、性别选择、提交按钮等都是表单控件。通过这些表单控件，用户可以和 App 应用软件进行简单的交互。

4.3.1　表单控件分类

表单控件主要用于收集用户信息，与用户进行交互对话，通常包括单选按钮、复选框、下拉列表框、按钮、输入框等。

单选按钮和复选框在表单控件中使用频率较高，两者均用于和用户进行选择性的交互问答。单选按钮通常被设计为圆形，表示单一选项；复选框通常被设计为方形，表示可以选择多个选项。通常，单选按钮和复选框的设计尺寸比较随意，以便于用户识别和操作。

1. 单选按钮

单选按钮用于进行单项选择操作，如选择“男”“女”“是”“否”等，如图 4-124 所示。

2. 复选框

复选框用于进行多项选择操作，如调查问卷的多项选择题，如图 4-125 所示。

3. 下拉列表框

下拉列表框在 App 界面设计中十分常见，由于手机的屏幕尺寸有限，而下拉列表框对屏幕空间的占用较小，因此可以极大地节省屏幕空间。下拉列表框可以隐藏一些相似信息，主要作用是引导用户进入下级界面，当用户选中某一个选项后，该列表会向下延伸，显示出其中被隐藏的其他选项，如图 4-126 所示。

【提示】

有文字提示的下拉列表框与按钮相比，一般都比较长，为了便于用户操作，在制作时要求有文字提示的下拉列表框高度不低于 44 像素。

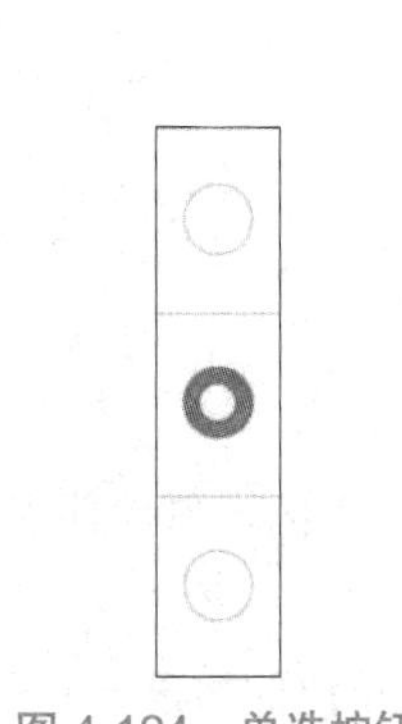

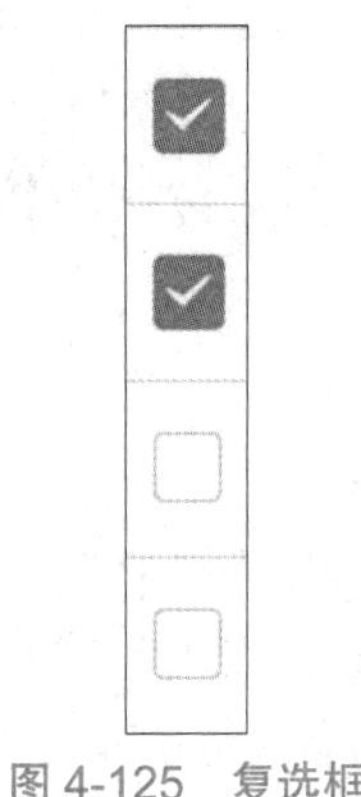

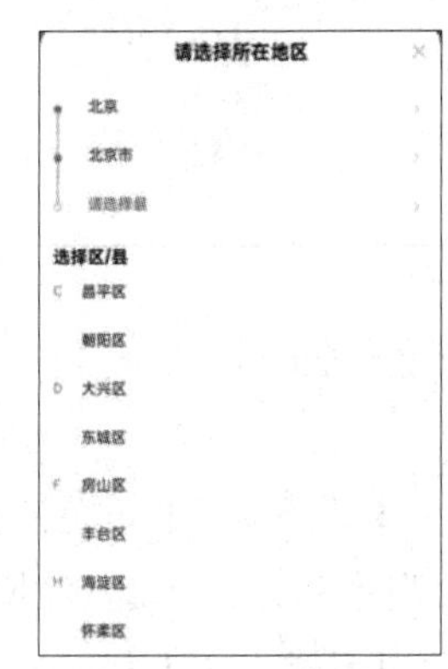

图 4-124　单选按钮　　图 4-125　复选框　　图 4-126　下拉列表框

4. 按钮

按钮在 App 界面设计中起操控作用。用户通过单击按钮，可以启动 App 中的某项功能或实现界面之间的跳转，如图 4-127 所示。

5. 输入框

输入框用于资料填写、信息搜索和发布内容，在输入框中可以直接输入文本信息。在 App 设计中，输入框通常包含 4 种：用来输入简短的信息，如用户名、账号、证件号码等的单行文本输入框；以圆点形式隐藏输入内容的密码输入框；可输入稍多内容的多行文本输入框和搜索框。其中搜索框是单行文本输入框与按钮结合形成的特殊输入框，用于搜索指定信息，如图 4-128 所示。

图 4-127　按钮

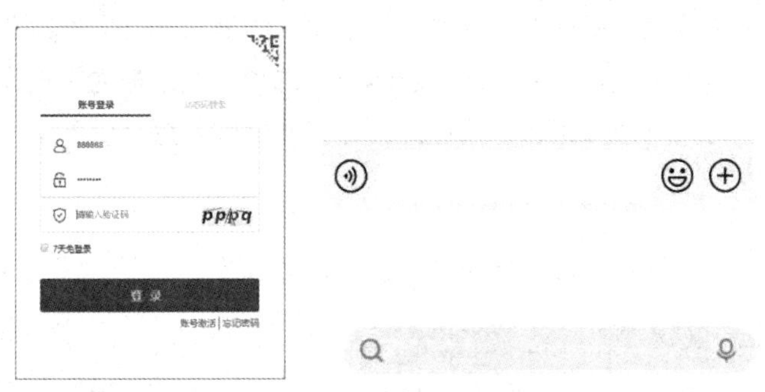

图 4-128　输入框

【课堂训练 4-4】

打开手机中的 App，了解表单控件的种类。

4.3.2　表单控件设计原则

表单控件种类多，应用范围广泛，在设计时要遵循以下原则。

1. 单列设计、纵向排列

考虑到 App 界面较小，在设计表单控件时，常使用单列设计、纵向排列的复选框，便于用户垂直浏览、快速选择或填写。

2. 关联标签与输入框

注意将相关联的标签和输入框组成分组，距离相对靠近。不同的分组之间保持相对稍大的距离，保证用户填写或选择时清晰明确。

3. 分组

为了防止因表单过于复杂影响用户体验，在设计控件时应当根据特定的逻辑和内容属性，将相关的内容分组，强化表单的整体感，使用户乐于接受并方便用户填写使用。

【提示】

在设计表单控件时，注意颜色既要便于识别和区分，又不能过于杂乱，否则会影响用户体验。

任务实施

1. 单选按钮和复选框设计

单选按钮和复选框通常包括未被选中和被选中两种状态，在进行设计时使用强烈的色彩对比更便于用户识别。

1）单选按钮未被选中状态

（1）打开 Photoshop，按快捷键 Ctrl+N，在“新建文档”对话框中新建画布，将其命名为“单选按钮”，设置画布：宽度为 100 像素，高度为 100 像素，分辨率为 72 像素/英寸，背景为蓝色 RGB(71,115,243)。

（2）按快捷键 Ctrl+R 打开标尺，使用“椭圆工具”，绘制一个高度为 80 像素，宽度为 80 像素的正圆形，得到“椭圆 1”图层。为图形填充白色（RGB:255,255,255)，为该图层添加“内阴影”效果。设置“内阴影”参数，如图 4-129 所示。

（3）复制“椭圆 1”图层，得到“椭圆 1 拷贝”图层，调整图层大小，设置图层宽度和高度均为 50 像素，填充颜色为灰色 RGB(175,175,175)。

将以上两个图层进行编组并将新图层组命名为“单选按钮未被选中状态”，完成制作，如图 4-130 所示。

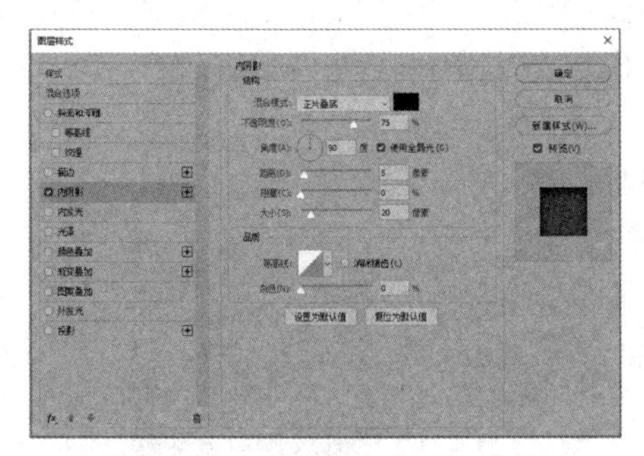

图 4-129　设置“内阴影”参数

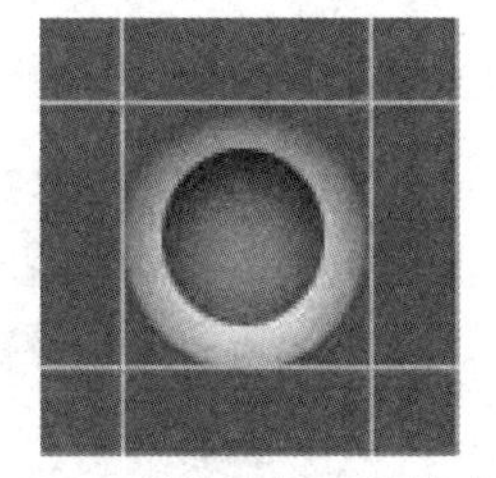

图 4-130　单选按钮未被选中状态

2）单选按钮被选中状态

（1）复制“单选按钮未被选中状态”图层组，将得到的图层组重命名为“单选按钮被选中状态”。

（2）在该图层组中绘制一个宽度和高度均为 45 像素的正圆形，得到“椭圆 2”图层。为正圆形填充红色 RGB(250,0,0)；为图层添加“斜面和浮雕”效果，设置其参数如图 4-131 所示。

“单选按钮被选中状态”制作完成，如图 4-132 所示。将以上两个图层组再次编组，并将新图层组命名为“单选按钮”。

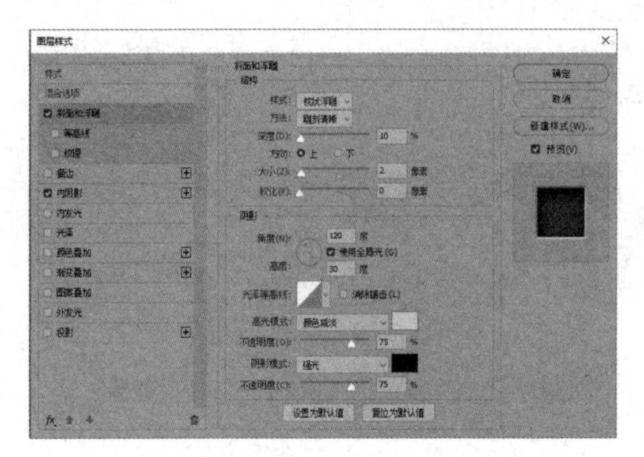

图 4-131　设置“斜面和浮雕”参数

图 4-132　单选按钮被选中状态

3）复选框未被选中状态和被选中状态

隐藏上面绘制的“单选按钮”图层组。

（1）使用“圆角矩形工具”，绘制一个宽度和高度均为 80 像素，圆角为 10 像素，填充颜色为白色 RGB(255,255,255)的圆角矩形，得到“圆角矩形 1”图层。设置该图层样式与“椭圆 1”图层样式相同（复制并粘贴图层样式）。

（2）复制“圆角矩形 1”图层，得到“圆角矩形 1 拷贝”图层。调整图层大小，设置图层宽度和高度均为 50 像素，填充颜色为灰色 RGB(175,175,175)。复制并粘贴“椭圆 1 拷贝 2”的图层样式。

“复选框未被选中状态”制作完成，如图 4-133 所示。将以上图层进行编组，并将图层组命名为“复选框未被选中状态”。

4）复选框被选中状态

（1）复制“复选框未被选中状态”图层组，将得到的图层组重命名为“复选框被选中状态”。

（2）在“复选框被选中状态”图层组中创建新图层，使用“自定义形状工具”输入对勾。调整其至合适的大小，填充颜色为红色 RGB(250,0,0)。复制并粘贴“圆角矩形 1 拷贝”的图层样式。

“复选框被选中状态”制作完成，如图 4-134 所示。

图 4-133　复选框未被选中状态

图 4-134　复选框被选中状态

将“复选框未被选中状态”和“复选框被选中状态”两个图层组进行编组，并将新图层组命名为“复选框”。单选按钮和复选框设计完成，将文件保存到指定文件夹。

2. 下拉列表框设计

1）下拉列表框未被单击状态

（1）在 Photoshop 中，按快捷键 Ctrl+O，打开“下拉列表设计”素材文件。

（2）使用“圆角矩形工具”绘制一个宽度为 768 像素，高度为 1536 像素，圆角半径为 5 像素，填充颜色为浅蓝色 RGB(134,163,241)的圆角矩形。使用“横排文字工具”，输入文字“便民生活”。设置文字为宋体、60 点、RGB(263,263,263)。

（3）使用“矩形工具”绘制一个宽度为 60 像素，高度为 60 像素的矩形，填充颜色为深蓝色 RGB(27,69,162)，使用“直接选择工具”将矩形裁剪为三角形，放置于圆角矩形之上。

（4）将以上图层编组，命名为“图层组 1”。多次复制图层组，调整图层位置并更改文字内容，如图 4-135 所示。

将上述图层组进行编组，将新图层组命名为“下拉列表框未被单击状态”。

2）被单击状态下拉列表框

（1）复制“下拉列表框未被单击状态”图层组，将得到的图层组重命名为“下拉列表框被单击状态”，并隐藏下拉列表框“下拉列表框未被单击状态”图层组。

（2）改变“下拉列表框被单击状态”图层组中的“圆角矩形 1”图层颜色，将填充颜色设置为深蓝色 RGB(5,13,37)。

（3）旋转调整三角形箭头的方向，使其朝向下方，如图 4-136 所示。

（4）绘制一个宽度为 850 像素，高度为 440 像素的矩形，填充颜色为浅灰色 RGB(214,208,208)。

（5）在矩形中，使用“直线工具”，绘制宽度为 3 像素的直线，描边为蓝色 RGB(63,69,131)。复制该直线，将矩形 5 等分并输入文字，设置文字为华文行楷、48 点、RGB(12,12,12)，如图 4-137 所示。

“下拉列表框被单击状态”制作完成，如图 4-138 所示。

图 4-135　下拉列表框未被单击状态

图 4-136　被单击后的列表项

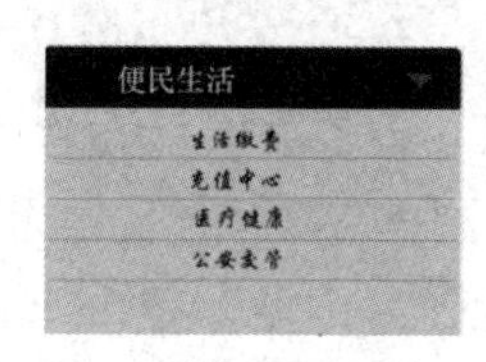

图 4-137　设置下拉列表框中的文字

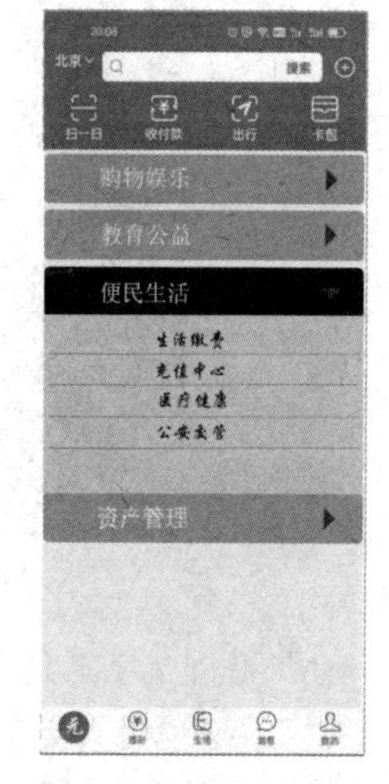

图 4-138　下拉列表框被单击状态

3. 搜索框设计

（1）在 Photoshop 中，按快捷键 Ctrl+N，在“新建文档”对话框中新建画布，并将其命名为

“搜索框”，设置画布：宽度为 860 像素，高度为 500 像素，分辨率为 72 像素/英寸，背景为蓝色 RGB(134,168,247)。

（2）使用“圆角矩形工具”绘制一个宽度为 700 像素，高度为 60 像素，圆角为 5 像素，填充颜色为浅灰色 RGB(231,231,231)的圆角矩形，得到“圆角矩形 1 ”图层。

（3）为“圆角矩形 1 ”图层添加“投影”效果，设置其参数，如图 4-139 所示。为“圆角矩形 1”图层添加“内阴影”效果，设置其参数如图 4-140 所示。

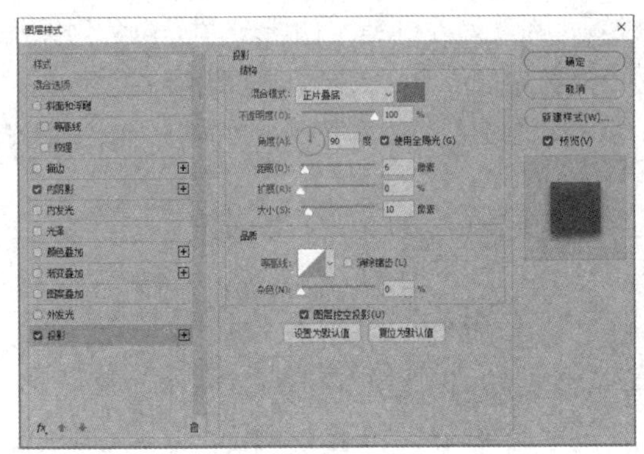

图 4-139　设置搜索框“投影”参数

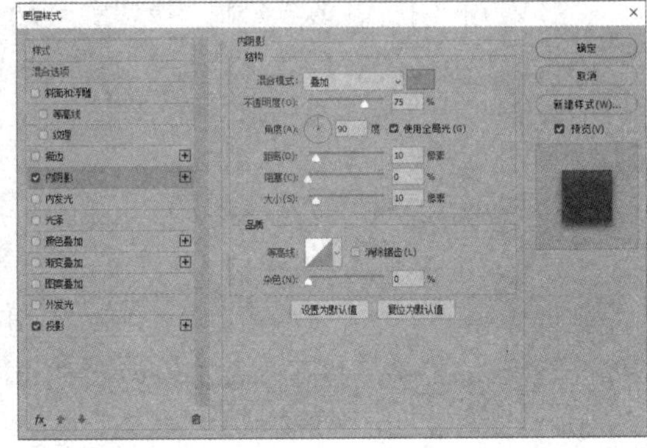

图 4-140　设置搜索框“内阴影”参数

（4）使用“圆角矩形工具”绘制一个宽度为 400 像素，高度为 50 像素，圆角为 5 像素，填充颜色为白色 RGB(250,250,250)的圆角矩形，得到“圆角矩形 2”图层。为该图层添加“内阴影”效果，设置其参数如图 4-141 所示。

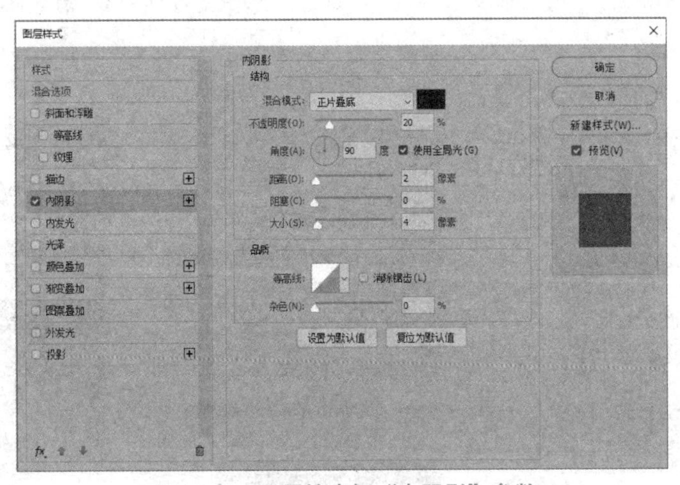

图 4-141　设置搜索框“内阴影”参数

（5）使用“横排文字工具”输入文字“搜索”，设置文字为华文行楷、36 点、黑色 RGB(35,35,35)；输入文字“热点新闻”，设置文字为宋体、18 点、灰色 RGB(132,129,129)。

（6）使用“形状工具”绘制“放大镜”。使用“椭圆工具”绘制一个正圆形，高度为 98 像素，宽度为 98 像素，填充颜色为无，描边颜色为灰色 RGB(132,129,129)，描边宽度为 2 像素，得到“椭圆 1”图层；使用“圆角矩形工具”绘制一个圆角矩形，高度为 150 像素，宽度为 26 像素，无描边，填充颜色为灰色 RGB(132,129,129)，得到“圆角矩形 3”图层。调整这两个图层的位置和距离并合并图层完成“放大镜”的绘制。调整“放大镜”的大小并放置到搜索框的适当位置。

搜索框制作完成，如图 4-142 所示。

图 4-142　搜索框

任务评价

填写任务评价表，如表 4-7 所示。

表 4-7　任务评价表

工作任务清单	完成情况
（1）掌握表单控件的分类	○优　○良　○中　○差
（2）掌握表单控件的设计原则	○优　○良　○中　○差
（3）掌握单选按钮和复选框的设计	○优　○良　○中　○差
（4）掌握下拉列表框的设计	○优　○良　○中　○差
（5）掌握搜索框的设计	○优　○良　○中　○差

任务拓展

制作音乐 App 播放界面

现如今，音乐 App 播放软件逐渐增多，软件开发也越来越注重界面设计。音乐 App 界面设计一般要求界面具备播放、切换歌曲等基本功能，在功能正常使用的前提下，还要提供良好的视觉效果，鼓励学生多浏览相关播放器界面，进行个性化创新设计。

要求最终制作出含有底部按钮的界面，类似于图 4-143 所示，最终效果如图 4-144 所示。

4-9 制作音乐 App 播放界面.pdf

图 4-143　底部按钮

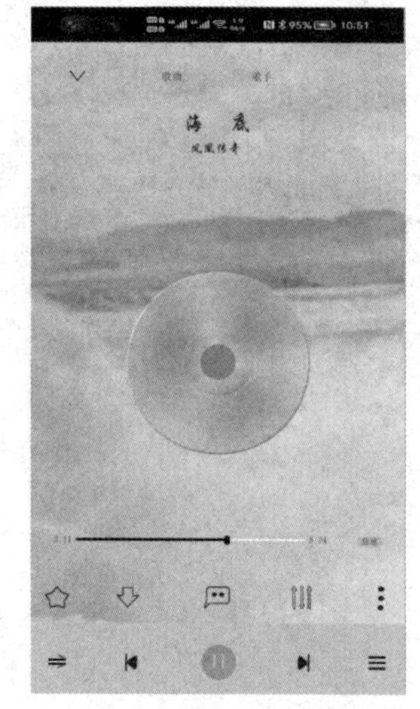

图 4-144　音乐 App 播放界面

项目总结

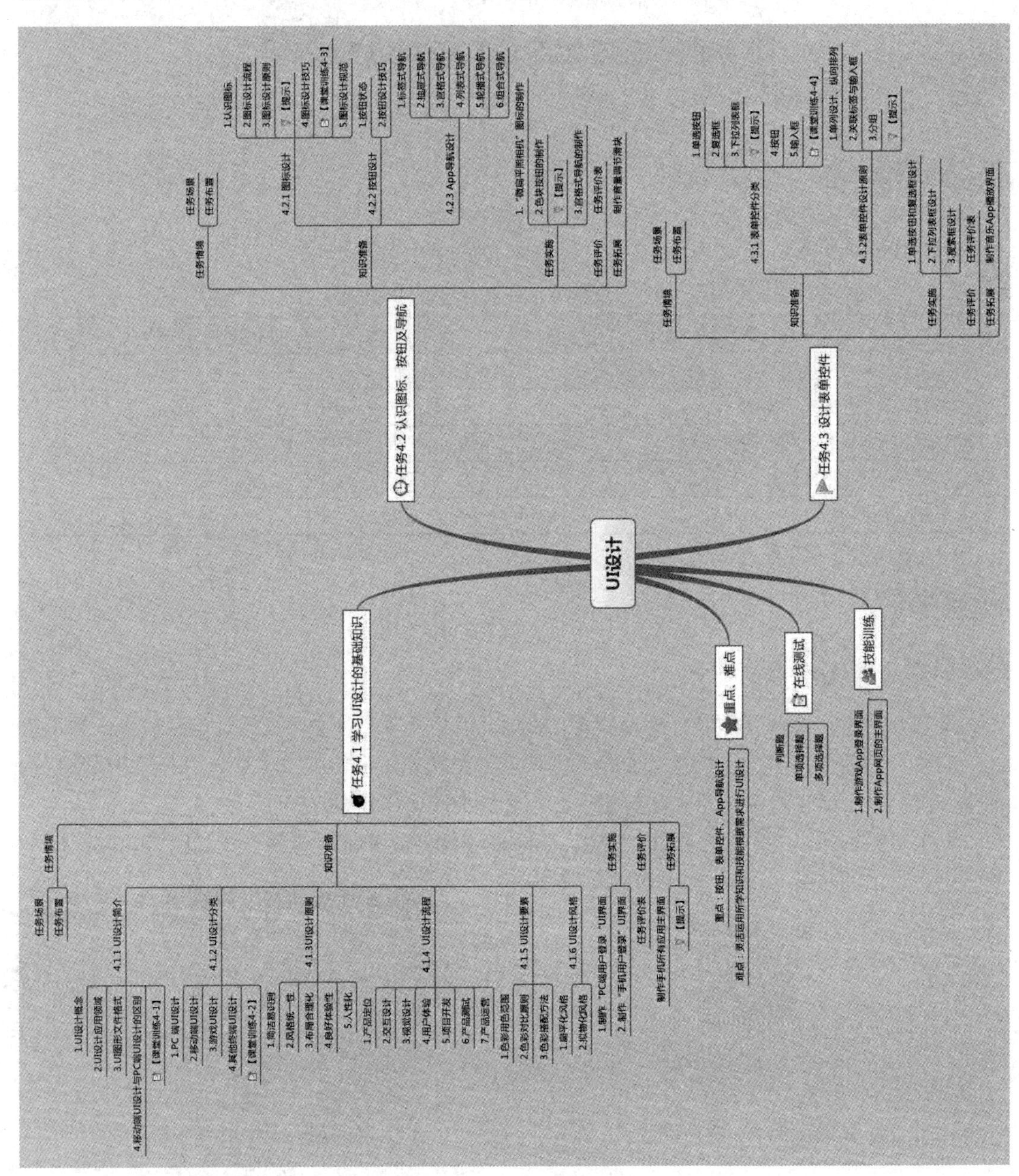

UI 设计——思维导图

在线测试

UI 设计——在线测试

技能训练

1．制作游戏 App 登录界面。
2．制作 App 网页的主界面。

教学单元设计

UI 设计——教学单元设计

项目 5　海报设计

学习目标

1. 知识目标

•了解海报的设计形式和设计方法。
•掌握版式设计、颜色设计、创意设计思想和设计规律。
•明确海报设计在现代市场经济中所起到的作用和意义。

2. 技能目标

•培养学生使用 Photoshop 工具和菜单命令设计公益类海报。
•尝试设计商业海报、文化海报、电影海报。

3. 能力目标

•培养学生自主学习，终身学习的习惯。

4. 素质目标

•培养学生在海报设计过程中的创新思维和精益求精的工作态度。

任务 5.1　学习海报设计的基础知识

任务情境

【任务场景】海报是一种信息传递艺术，是一种大众化的宣传工具。海报设计必须要有相当的号召力与艺术感染力，通过调动形象、色彩、构图、形式感等多种因素形成强烈的视觉效果。它的画面应该具有较强的视觉冲击力，要力求新颖、单纯，还必须具有独特的艺术风格和设计特点。

【任务布置】了解海报的概念；理解海报色彩的基本概念；掌握海报设计的工作流程。

知识准备

5.1.1　海报设计简介

1. 海报的概述

海报又被称为“招贴画”。“招”是指引起注意，“贴”是指粘贴，招贴画是贴在街头墙上，挂在橱窗里的大幅画作，以其醒目的画面吸引路人的注意。“招贴画”的英文名称为 Poster，在伦敦“国际教科书出版公司”出版的广告词典里，Poster 意指被张贴于纸板、墙、大木板或车辆上的印刷广告，或者以其他方式展示的印刷广告，它是户外广告的主要形式，也是广告的最古老形式之一。在学校里，海报常被用于文艺演出、运动会、故事会、展览会、家长会、节庆日、竞赛游戏等。

2. 海报的吸引力

海报设计总的要求是使人一目了然。一般的海报通常含有通知性，所以主题应该明确显眼（如××比赛、打折等），接着以最简洁的语句概括出时间、地点、附注等主要信息。海报的色彩、版式设计通常是吸引眼球的重要因素。

5.1.2　海报的设计形式

海报的设计形式主要包括写实海报、抽象海报、装饰性海报、摄影海报。

写实海报是给人以真实、自然的感觉，大众比较容易辨认它的表现形式，这种形式的海报大多应用于商业海报中，使人们更容易接受，以达到商业宣传的目的。电影宣传海报如图 5-1 所示，商业宣传海报如图 5-2 所示。

图 5-1　电影宣传海报

图 5-2　商业宣传海报

抽象海报极具丰富的想象力，耐人寻味。它以直觉和想象力作为创作的出发点，从现实世界的物质形态中抽取出抽象形态，综合组织造型和色彩创造出作品。抽象色彩海报如图 5-3 所示，抽象思维海报如图 5-4 所示。

装饰性海报能够体现出一种图形或色彩的装饰美感。它以美化和修饰为手段，运用夸张、变形、分解重构等方法，对所绘对象进行审美加工，起到装点、美化艺术元素的作用，丰富海报的风格与内涵，提升海报设计的艺术品位。图形装饰性海报如图 5-5 所示，色彩装饰性海报如图 5-6 所示。

摄影海报采用真实而生动的表现手法，极具吸引力。它将物品精美的质地引人入胜地呈现出来，给人以逼真的现实感，使人们对所宣传的主题产生一种亲切感和信任感。培训摄影海报如图 5-7 所示，旅行摄影海报如图 5-8 所示。

图 5-3　抽象色彩海报

图 5-4　抽象思维海报

图 5-5　图形装饰性海报

图 5-6　色彩装饰性海报

图 5-7　培训摄影海报

图 5-8　旅行摄影海报

5.1.3　海报色彩的基本概念

色彩的基本三要素为色相、明度、饱和度。

1. 色相

色相是指色彩的相貌，是色彩的外观特征，它是区别一种物质色彩的名称，如红、黄、蓝等及其相互混调的色彩。大多数人一眼就能区分出红、黄、蓝等颜色，这类颜色的名称通常被称为“色相”。海报色相的对比如图 5-9 所示。

2. 明度

明度是指色彩本身的明暗度。在无彩色的基础上由白到灰再到黑的整个过程就是明度的变化。低明度色彩是指阴暗的颜色，高明度色彩是指明亮的颜色。明度越高，色彩越浓、越亮；明度越低，色彩越深、越暗。明度最高的色彩是白色，明度最低的色彩是黑色，它们均为无彩色。有彩色的明度，越接近白色者越高，越接近黑色者越低。依明度高低顺序排列常用的色相依次为黄、橙、绿、红、蓝、紫。在色相中，黄色明度最高，蓝色明度最低。海报不同明度的对比如图 5-10 所示。

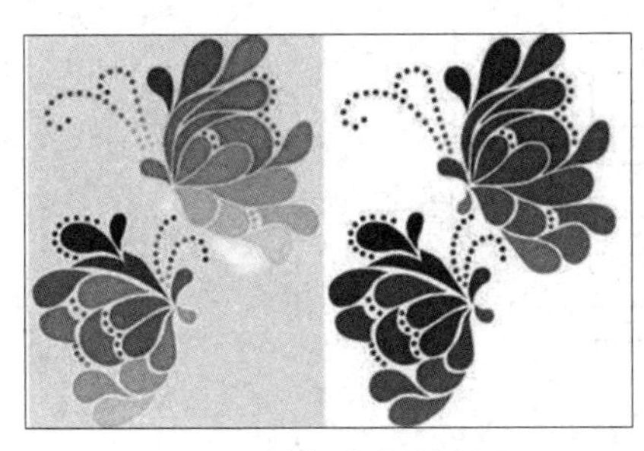

图 5-9　海报色相的对比

图 5-10　海报不同明度的对比

3. 饱和度

饱和度是指色彩的鲜艳程度，它表示颜色中所含有色成分的比例。含有色成分的比例越大，色彩的饱和度越高；含有色成分的比例越小，色彩的饱和度越低。可见光谱的各种单色光是饱和度最高的颜色，为极限饱和度。当一种颜色中掺入黑、白、灰或其他色彩时，饱和度就会产生变化。色彩越强则饱和度越高。混入无彩色，饱和度就会降低；混入白色，明度提高，饱和度降低；混入黑色，明度、饱和度均降低。

饱和度最高的颜色是红色，黄色饱和度也较高。但绿色就不同了，它的饱和度才达到红色饱和度的一半左右。在人的视觉中所能感受的色彩范围内，绝大部分颜色是非高饱和度的颜色，也就是说，大量都是含灰的颜色，有了饱和度的变化，才使色彩显得极其丰富。饱和度体现了色彩内向的品格。同一个色相，即使饱和度发生了细微的变化，也会立即带来色彩性格的变化。低饱和度海报如图 5-11 所示，高饱和度海报如图 5-12 所示。

图 5-11　低饱和度海报

图 5-12　高饱和度海报

【课堂训练 5-1】

简述海报色彩的寓意。

5-1 欣赏海报设计经典案例.pdf

任务实施

图 5-13 所示为海报设计流程图。

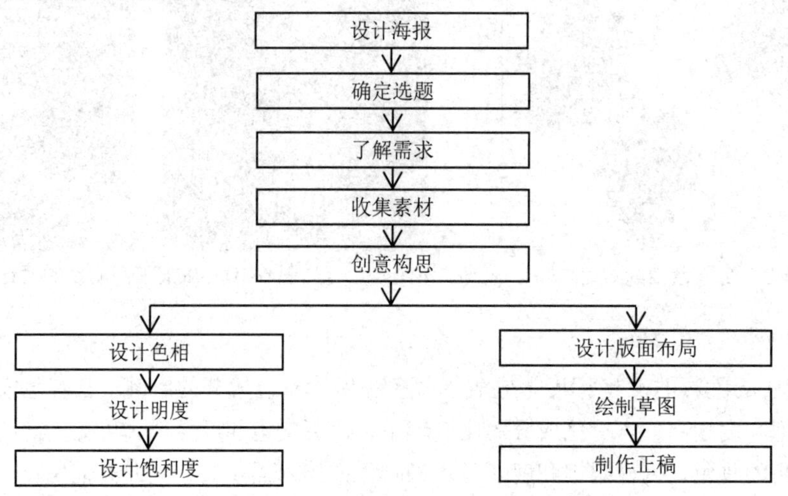

图 5-13 海报设计流程图

任务评价

填写任务评价表，如表 5-1 所示。

表 5-1 任务评价表

工作任务清单	完成情况
（1）海报中的颜色搭配、设计构成是否合理	○优　○良　○中　○差
（2）海报中是否存在素质元素	○优　○良　○中　○差
（3）海报的吸引度、创意是否新颖	○优　○良　○中　○差

任务拓展

制作 PPT 文件，介绍海报的多种设计形式。

任务 5.2 设计海报的版式

任务情境

【任务场景】版式设计是图像设计的重要技术之一，属于美学设计的范畴，是视觉传达的重要手段。从表面上看，它是一种关于文字、图片等编排的学问，实际上，它不仅是一种技能，更是技术与艺术的高度统一。版式设计是设计师必须具备的艺术修养和技术能力。

【任务布置】了解海报版式设计的范围；掌握海报版式设计的原则与创意；学会海报版式设计的布局和步骤。

知识准备

5.2.1　海报版式设计

1. 海报版式设计的范围

版式设计是指在版面上将有限的视觉元素进行有机的排列组合，即组版元素在版面上的计划和安排。优秀的版式设计可以表现出其各构成元素之间和谐的比例关系，达到视觉上的均衡效果。版式设计是将理性思维个性化地表现出来，向大众传达出某种特定的信息，同时产生感官上的美感。因此版式设计也是一种具有个人风格和艺术特色的视觉传送方式。版式设计的应用领域涉及报纸、刊物、书籍（画册）、产品样本、挂历、海报、唱片封套、网站设计、多媒体设计等。

2. 海报版式设计的原则

为了让观看者、阅读者在享受版式设计带来的视觉美感的同时，很好地接受设计师想要传达的具体信息，版式设计必须遵守以下原则。

1）主题鲜明突出

版式设计的最终目的是使版面具有清晰、明了的条理性，用悦目的组织结构来更好地突出主题，达到最佳的表现效果。在版式设计过程中要遵守人的视觉规律，必须突出主题，按照主从关系的顺序放大主体形象，将其置于视觉中心，以此表达主题思想。将文案中的多种信息做整体编排设计，有助于主体形象的建立。在主体形象四周增加空白量，使被强调的主体形象更加鲜明突出。

2）形式与内容统一

设计版式的前提是版式所追求的完美形式必须符合主题的思想内容。通过完美、新颖的形式来表达主题。版面的形式包括结构、文字、图片、色彩等，版式设计必须与版面表达的内容相统一，特别要注意文字的编排，没有文字的版面是很难设计的。

3）强化整体布局

强化整体布局是将版面的各种编排要素在编排结构及色彩上做整体设计。加强整体的结构组织和方向视觉秩序，如水平结构、垂直结构、斜向结构、曲线结构；加强文案的集合性，将文案中的多种信息合成块状，使版面具有条理性。

5.2.2　海报版式设计的布局和步骤

1. 海报版式设计的布局

版式设计在结构布局上的类型是比较多的，通常有骨骼形、满版形、上下分割形、左右分割形、中轴形、曲线形、倾斜形、对称形、重心形、三角形、并置形、自由形和四角形13种常用的布局。

2. 海报版式设计的基本步骤

（1）确定主题，即确定需要传达的信息。

（2）寻找、收集用于表达信息的素材，包括文字、图形、图像等。文字表达信息最直接、有效，文字组织应该简洁、贴切，同时应该根据具体需要确定视觉元素的数量和色彩。

（3）确定版面视觉元素的布局类型。

（4）使用图形图像处理软件进行制作。

【课堂训练 5-2】

简述设计公益海报的构思。

任务实施

设计春节家乡产品促销海报。

1. 任务研究

了解促销海报的设计特色，分析促销海报的颜色并思考此颜色的寓意，分析促销海报的文字及促销海报的图片，并思考这些文字和图片所能产生的效果。

2. 确定主题

选择合适的主题，明确设计海报的目的及方向，通过设计海报传达思想。例如，如果海报的主题是春节，则可以选取有春节气氛、包含中国元素的图片作为背景图。

3. 设计草图

在确定好主题、文字及图片后，就可以开始构图。设计师在构图前应该思考如何通过设计海报吸引观众的眼球，要注重海报的表现力和设计元素的协调性。

4. 制作海报

海报中一定要有至少一个能代表家乡的建筑或标志，要能体现家乡的特色产品；海报中要有促销文字，最好还能加上能体现家乡民风、习俗、特色的人物。

5. 修改海报

查看最终完成的海报是否满足自己的要求，在设计过程中是否有遗漏的环节，根据情况进行适当的修改。

任务评价

填写任务评价表，如表 5-2 所示。

表 5-2 任务评价表

工作任务清单	完成情况
（1）了解海报版式设计的范围	○优 ○良 ○中 ○差
（2）掌握海报版式设计的原则	○优 ○良 ○中 ○差
（3）掌握海报版式设计的布局和步骤	○优 ○良 ○中 ○差

任务拓展

设计一张自己喜爱的电影海报。

任务5.3　设计钻石海报

任务情境

【任务场景】伴美珠宝店秉承诚信经营的商业理念，以极具个性化的尊品设计吸引客户。在开业之初，伴美珠宝店就以复兴传统文化为己任，在继承传统工艺精髓的基础上，特面向新婚夫妇推出一款更有文化内涵、更有思想、更有意义的新型“结婚信物”——钻石。设计一张钻石商业宣传海报以吸引即将步入礼堂的新婚夫妇，愿他们珍爱一生，相伴永远。最终设计效果如图5-14所示。

由于钻石在被使用时往往会因为使用者的年龄、性格、心情、外在装扮及场合的不同而产生变化，因此钻石除了具有基本的使用功能，还被附加了使用者的情感因素。在设计该海报时，一定要准确地把握画面风格和设计效果。红色喜庆的婚礼背景使观众在看到海报时就能联想到钻石恒久远的情感因素。简洁的画面、柔美流畅的线条、热烈的色调可以体现出钻石的独特品质。

图5-14　伴美珠宝钻石海报

海报的主体画面内容是多个婚礼元素，每个元素都赏心悦目，体现着幸福快乐，使观众由此产生在婚礼中佩戴钻石的情感联想。明确的画面形象给观众带来真实的视觉体验，从而提高海报画面的视觉传达效果和吸引力，给观众留下明确深刻的印象。在海报画面中，钻石被放置于画面的左侧，因此画面的视觉重心被自然的引向左下角。钻石外观非常精致，将商品最容易打动人心的部分全面展示给观众。画面中的婚礼元素与钻石的精美外观相互辉映，使画面整体气氛和谐生动、富有情趣和美感。

海报中钻石是爱情的喻体，钻石恒久远即爱情恒久远。海报背景是代表新婚喜庆的中国红，闪烁的星光及红粉色的飘带寓意婚礼的璀璨和浪漫。玫瑰长久以来就象征着美丽和爱情，在婚礼上红玫瑰更是代表了热情、热爱，希望与对方泛起激情的爱等寓意，代表新人即使在生活中经历风雨，也能相濡以沫，携手共进，一辈子都能彼此珍惜，共同迈向爱的天长地久，因此确定海报主题为“钻石传情珍爱恒久”。

任务布置

1. 星光的制作方法

使用“椭圆工具”“滤镜”菜单及“高斯模糊”命令做出一个发光圆，外面的星线使用“矩形工具”和“斜切”命令进行绘制（几个星线形状一样，可绘制完成一个将其复制得到另一个）。

2. 钻石的制作要点

首先将素材中的钻石使用“魔棒工具”进行抠图，将其做成空心状；然后使用图层菜单“混合模式”中的“线性光”命令制作钻石发光效果。

3. 飘带的制作要点

首先使用“钢笔工具”的路径方式画出两条封闭的路径；然后使用“渐变工具”配合 Shift 键从左向右拖曳出直线，多条飘带可以通过复制图层后得到；最后执行“编辑”→“变换”→“改变大小”命令及“旋转”命令，调整飘带的位置。

【提示】

绘制圆形、正方形或直线时需配合 Shift 键。

知识准备

5.3.1 海报设计的工作流程

海报设计的工作流程是有计划、有目的、有步骤的，在实际工作中，需要从了解海报的社会作用出发，将字体设计、版式设计、图案设计及色彩设计进行有机的结合，海报设计是一种渐进式不断完善的过程。

1. 确定选题

明确要设计的海报需要传达什么信息，即最想表达的内容是什么。根据收集的资料，将海报设计的各种元素结合起来，确定一个选题。明确选题所代表的现实意义。确定选题后，不要过于担心细节设计，先要找到设计上的方向感，如字体用什么颜色，使用哪些图片？要想在海报中展示自己所要表达的宣传信息，视觉效果应做到有冲击性，能够营造海报设计所要表达的特殊氛围。

2. 了解需求

在设计海报时，必须调研并搜集要设计的海报元素的属性、名称，根据客户的需求了解海报设计的定位及特色，互换角色，把自己当作观众，考虑设计海报的目的是什么，想要达到什么样的效果，有哪些颜色和元素是经常被用到的？观众看到后会有什么样的感觉？设计的海报采用哪种表现方式？在哪些地点展示海报更能突出海报的感染力？不断推敲，最终确定预期达成目标。

3. 收集素材

平时注意收集并整理素材，建立素材文件夹，将图片、文字、声音等素材分门别类存储。看到与海报相关的内容存储在相应文件夹下。确定海报选题后，明确海报所需要传达的信息，进而设计海报的字体、主色调及采用的背景和图片。如果想要使海报展示更加逼真，也可以使用自己拍摄好的图片。

4. 创意构思

在设计海报时，可以对其中的文字及图片进行颜色设置，包括调整色相、饱和度、明度等。接着可以考虑设计海报的版面布局，组织海报中各个不同的元素及对象。分析其中的一些元素及对象是否需要重复、排列或组成一组，不同的选择会对海报产生不一样的效果。

根据确定的版面布局开始构图，在草图上应对图像、文字、颜色等进行严格的编排，色彩对比需要和谐统一，一般采用较强的对比度。确定所要表现的主体部分，使观众观看海报的同时明白设计师所要传达信息的主次，形式上采用多样化以达到视觉冲击力极强的效果。

在绘制完草图后，打开 Photoshop，根据客户需求设置海报的尺寸，基本尺寸为 30 英寸×20 英寸（76.2cm×50.8cm）。首先制作背景元素，在背景上放置预先准备的素材，不断进行调整，直到与之前的设想相同、与构图完全一致；然后交付并打印出成品。

【提示】

通常，在设计海报时文字行距要大于字距，行距大都为正文字号的二分之一。

5.3.2 调整图像色彩

1. “色彩平衡”命令

“色彩平衡”命令用于调整图像颜色的混合效果，增加或降低其对比色来消除画面偏色，使色彩趋于平衡。

执行“图像”→“调整”→“色彩平衡”命令或按快捷键 Ctrl+B，打开“色彩平衡”对话框，如图 5-15 所示。

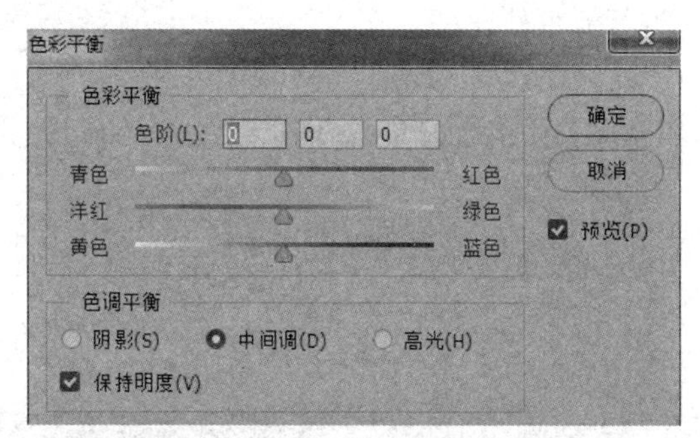

图 5-15 “色彩平衡”对话框

【小技巧】

3 个滑块的距离越远，图像的颜色改变越大，图像保持亮度的功能越弱；3 个滑块的距离越近，图像的颜色改变越小，图像保持亮度的功能越强。

拖动滑块移向要添加到图像的颜色；拖动滑块远离要从图像中减去的颜色。滑块上方的值显示红色、绿色和蓝色通道的颜色变化，这些值的范围是-100～+100。

其中“色阶”选项主要用于调节图像中的“阴影”“中间调”“高光”。

“色调平衡”选项区中有 3 个单选按钮和 1 个复选框。

- 阴影：用于调节图像中暗调的像素。
- 中间调：用于调节图像中中间调的像素。

- 高光：用于调节图像中亮调的像素。
- “保持明度”复选框：用于防止图像的明度值随颜色的更改而改变。在默认情况下，勾选该复选框以保持图像中的整体色调平衡。

使用“色彩平衡”命令前后的图像效果如图 5-16 所示。

图 5-16　使用“色彩平衡”命令前后的图像效果

2. “照片滤镜”命令

“照片滤镜”命令用于模仿传统照相机的滤镜效果处理图像，相当于把带颜色的滤镜放在照相机镜头前方，调整镜头传输光的色彩平衡和色温，使胶卷曝光色彩以达到更加丰富的效果。

执行“图像”→“调整”→“照片滤镜”命令，打开“照片滤镜”对话框，如图 5-17 所示。

- 滤镜：用于调整图像中白平衡的颜色，单击右侧的下拉按钮可以选择不同的滤镜方式，可以对图像进行不同的滤色处理。
- 颜色：单击颜色块，打开“拾色器”对话框，通过设置颜色值对图像进行滤色处理。
- 浓度：拖动滑块，或直接在文本框中输入一个百分比值，可以调整应用到图像中的色彩量。该值越高，色彩就越浓，滤色效果就越明显。

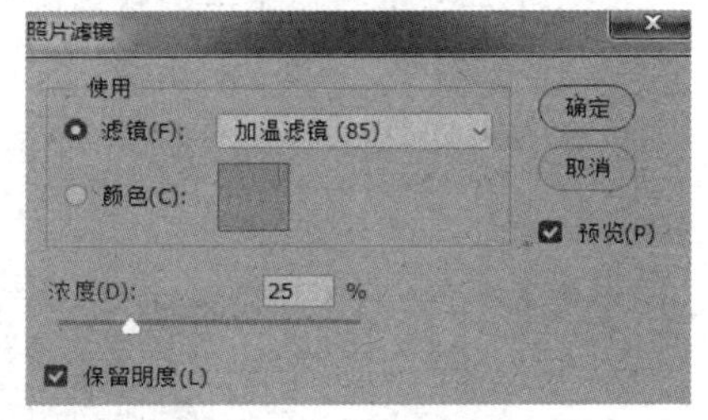

图 5-17　“照片滤镜”对话框

- “保持明度”复选框：如果勾选该复选框，则用于防止因为添加了色彩滤镜而改变图像明度；如果取消勾选该复选框，则图像的全部颜色都会被改变。

使用“照片滤镜”命令前后的图像效果如图 5-18 所示。

图 5-18　使用“照片滤镜”命令前后的图像效果

3. “黑白”命令

“黑白”命令可以使图片的黑白效果更加逼真，手动调整成各种不同层次的黑白效果。

执行“图像”→“调整”→“黑白”命令或按快捷键 Alt+Shift+Ctrl+B，打开“黑白”对话框，如图 5-19 所示。

此时图像自动调整为黑白色，通过拖动滑块可以改变黑白颜色。

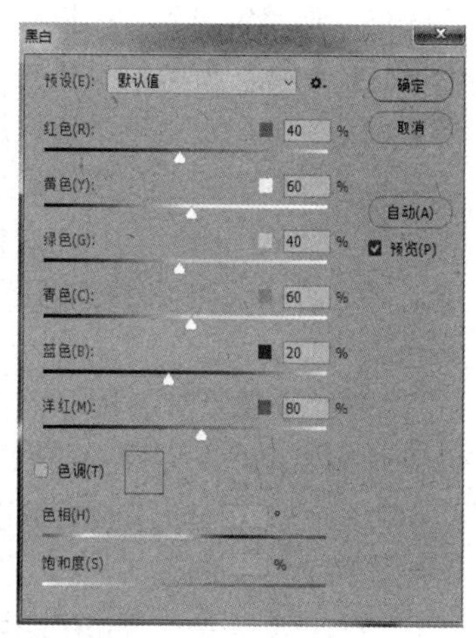

图 5-19　“黑白”对话框

- 预设：单击右侧下拉按钮，有多种预设效果可以选择，但效果都是各种类型的黑白色。

拖动“红色”或“青色”等对应颜色滑块，可以调整原图中对应颜色为更黑或更白的颜色。将滑块拖动至左侧时，对应颜色越暗。将滑块拖动至右侧时，对应颜色越亮。

- 色调：如果勾选“色调”复选框，则可以单击颜色块打开“拾色器”对话框，从中选择颜色作为图片色调，这时图像将在原有黑白上增加一层颜色色调。也可以直接拖动“色相”滑块来调整图像色调，拖动“饱和度”滑块可以增加或减淡图像的色调。
- 自动：单击该按钮，系统会根据图像情况自动调整各项参数。使用“黑白”命令前后的图像效果如图 5-20 所示。

图 5-20　使用“黑白”命令前后的图像效果

4. “色阶”命令

用户通过调整图像的暗调、中间调和高光等强度级别，可以校正图像的色调范围和色彩平衡，调整图像的明暗度。

此操作不仅可以对整个图像进行调整，也可以对图像的某一选取范围、某一图层图像或某一个颜色通道进行调整。

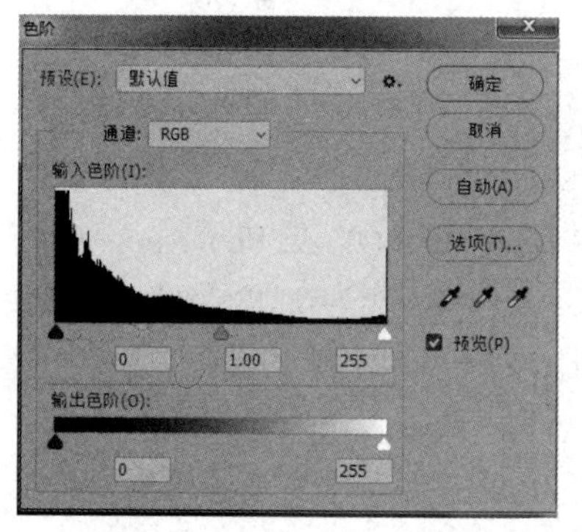

图 5-21　“色阶”对话框

“色阶”直方图用于调整图像基本色调的直观参考。

执行“图像”→“调整”→“色阶”命令或按快捷键 Ctrl+L，打开“色阶”对话框，如图 5-21 所示，可以进行以下操作。

（1）选定操作通道：选中 RGB（默认），将对所有通道进行调整。如果只选中 R、G、B 通道之一，则“色阶”命令只对当前选中的通道起作用。

（2）调整输入色阶：在“输入色阶”滑块下面有 3 个数值框，分别对应通道的暗调、中间调和高光。左侧数值框用于控制图像的暗部色调，范围是 0～253；中间数值框用于控制图像的中间色调，范围是 0.1～9.99；右侧数值框用于控制图像亮部色调，范围是 2～255。减小输入色阶值可以扩大图像的色调范围，提高图像的对比度。

（3）调整输出色阶：拖动“输出色阶”滑块可以限定被处理后图像的亮度范围，这样，被处理后的图像中就会缺少某些色阶。在数值框中输入 0～255 之间的数值，左侧数值框用于改变图像的暗部色调，右侧数值框用于改变图像的亮部色调。其下方的滑块分别与两个数值一一对应，拖动滑块即可改变图像的色调，减小输出色阶值会降低图像的对比度。

（4）使用“吸管工具”调整：“色阶”面板右下角有 3 个“吸管工具”，选择任意一个“吸管工具”，将鼠标指针移到图像窗口中，当鼠标指针变成相应的吸管形状时，单击即可对图像进行色调调整。

选择“黑色吸管工具”，单击图像，图像中所有像素的亮度值将减去被单击处的像素亮度值，从而使图像变暗；“白色吸管工具”的作用与“黑色吸管工具”的作用相反，图像中所有像素的亮度值将加上被单击处的像素亮度值，从而使图像变亮。使用“灰色吸管工具”单击的像素的亮度值用于调整图像的色调分布。

（5）自动调整：单击“自动”按钮，Photoshop 将自动对图像进行调整。

【提示】

海报设计的要点在于体现团队合作精神，打破常规的表现手法，做出创意。

【课堂训练 5-3】

使用“色彩平衡”“照片滤镜”“黑白”“色阶”3 个命令调整图像，观察其颜色的变化，如图 5-22 所示。

图 5-22　原始图像

任务实施

5-2 海报分辨率及打印.mp4

1. 新建背景层

（1）将“商业海报”印刷成品的尺寸设置为正四开（389mm×546mm），在 Photoshop 中制作时要将“商业海报”印刷成品的 4 条边各加 3mm 的出血线，此 3mm 作为在印刷海报后进行裁切时的误差区域，因此在 Photoshop 中生成的海报制作尺寸应为 395mm×552mm。

（2）执行“文件”→“新建”命令，打开“新建文档”对话框，设置文档类型为“自定义”，设置图像宽度为 556mm，高度为 400mm，分辨率为 300 像素/英寸，颜色模式为 CMYK（印刷专有的颜色模式）。将图像文件保存为“zshb.psd”，如图 5-23 所示。

（3）新建一个图层并将其命名为“背景层”，制作出血线，海报的出血线可以设置为 3mm，执行“视图”→“标尺”命令（或按快捷键 Ctrl+R）显示标尺，将鼠标指针移至垂直标尺处，按住鼠标左键拖曳一条参考线到水平标尺为 3mm 处。

图 5-23　“新建文档”对话框

如果第一次没有在准确位置释放鼠标左键，则可以使用工具箱中的“移动工具”将其拖曳到目标位置，使用同样的方法拖曳其他 3 条参考线。

（4）选择工具箱中的“渐变工具”，打开“渐变编辑器”对话框，分别双击下面的“色标滑块”，如图 5-24 所示。

（5）打开“色标颜色”对话框，设置 RGB 值，在左侧“色标滑块”处设置 RGB 值分别为 125、0、0，在中间“色标滑块”处设置 RGB 值分别为 255、0、0，在右侧“色标滑块”处设置 RGB 值分别为 125、0、0，单击“确定”按钮，在工具箱中选择“径向渐变工具”，并按住 Shift 键不放，按住鼠标左键从左到右拖出渐变，效果如图 5-25 所示。

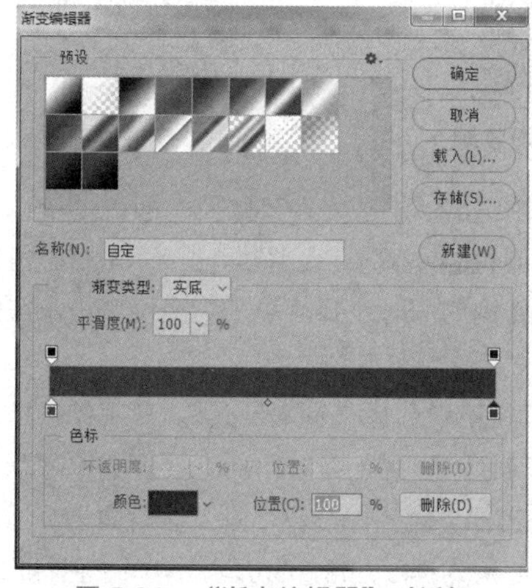

图 5-24　“渐变编辑器”对话框

图 5-25　背景层渐变效果

2. 在背景层添加元素

5-3 星光制作.mp4

（1）单击“图层”面板中“创建新图层”按钮，创建新图层并命名为“星光”，在工具箱中选择“椭圆工具”，按住 Shift 键并拖曳鼠标指针在工作区中绘制一个圆形，在工具箱中选择前景色，设置前景色为白色，按快捷键 Alt+Delete 填充前景色，按快捷键 Ctrl+D 取消选区，如图 5-26 所示。

图 5-26 “星光”图效果

（2）执行“滤镜”→“模糊”→“高斯模糊”命令，打开“高斯模糊”对话框，如图 5-27 所示。设置半径为 6.2 像素，单击“确定”按钮。在“图层”面板中单击“创建新图层”按钮，将新图层命名为“矩形”，在工具箱中选择“矩形工具”，在工作区中拖曳鼠标指针绘制一个矩形，选择工具箱中前景色，设置前景色为白色，按快捷键 Alt+Delete 填充前景色，按快捷键 Ctrl+D 取消选区，如图 5-28 所示。

（3）执行“编辑”→“变换”→“斜切”命令，将矩形调整为三角形，如图 5-29 所示。复制“矩形”图层，将其与“星光”图层合并，效果如图 5-30 所示。

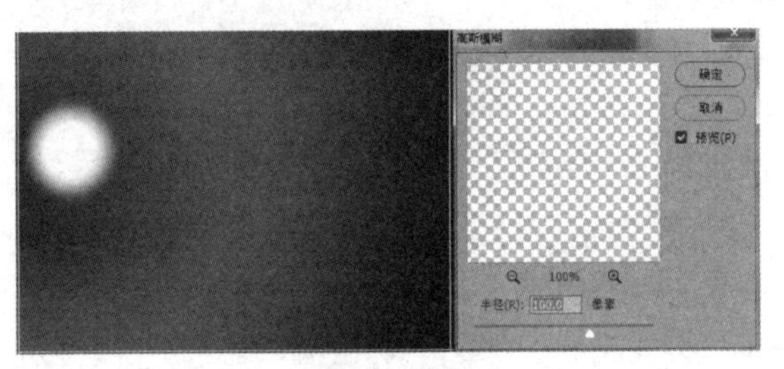

图 5-27 “高斯模糊”对话框

图 5-28 矩形效果

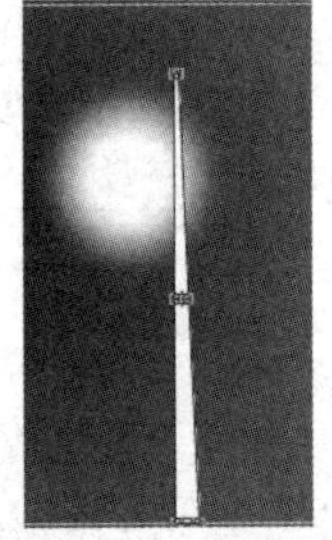
图 5-29 斜切效果

图 5-30 合并图层后的效果

（4）选中“图层”面板中的“星光”图层，按住 Alt 键不放，在“图层”面板中按住鼠标左键拖曳鼠标指针复制出 6 个“星光”图层，并调整其位置与大小，如图 5-31 所示。在如图 5-32 所示图层面板中选择“星光拷贝 5”图层，按住 Shift 键的同时选择“星光”图层右击，在弹出的快捷菜单中执行“合并图层”命令。

（5）新建一个图层并将其命名为“飘带”，在工具箱中选择“钢笔工具”，在工作区中绘制一个不规则形状，按快捷键 Ctrl+Enter 将这个形状转换为选区，在“图层”面板选中“飘带”图层，在工具箱中选择“渐变工具”，打开“渐变编辑器”对话框，在“渐变编辑器”对话框中设置 RGB 值，在左侧“色标滑块”处设置 RGB 值分别为 245、13、114，在中间“色标滑块”处设置 RGB 值分别为 248、90、122，在右侧“色标滑块”处设置 RGB 值分别为 252、124、

179，单击“确定”按钮，按住 Shift 键并拖曳鼠标指针从左到右拖出渐变。按快捷键 Alt+Delete 填充无规则形状，按快捷键 Ctrl+D 取消选区，如图 5-33 所示。

（6）选中“图层”面板中的“飘带”图层，将其拖曳至“图层”面板中的“新建”按钮上，创建两个“飘带副本”图层，并移动位置、变换大小，如图 5-34 所示，最后合并“飘带”图层。

图 5-31　复制“星光”图层后的效果

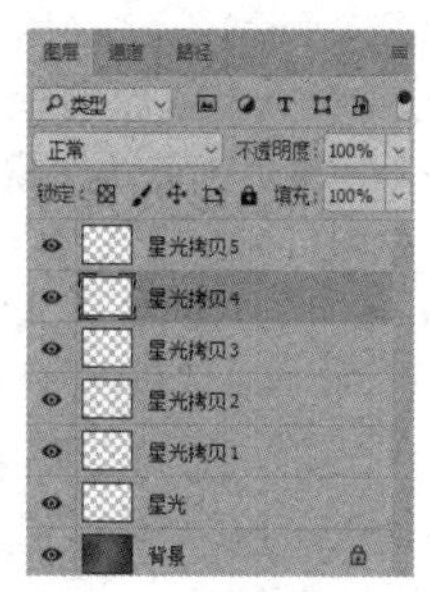

图 5-32　“图层”面板

图 5-33　飘带渐变

图 5-34　复制飘带

选中“图层”面板中的“飘带”图层，在“图层”面板设置图层混合模式为“线性光”，“不透明度”为 50%，效果如图 5-35 所示。

（7）打开“玫瑰”素材文件，使用“快速选择工具”选取图中的玫瑰，使用“移动工具”将其拖曳至“zshb.psd”文件中并调整其大小与移动位置，如图 5-36 所示。

图 5-35　图层混合效果（1）

图 5-36　导入“玫瑰”素材文件

（8）打开“钻石”素材文件，先在“图层”面板中双击背景图层，将其转换为“图层 0”，再使用“魔棒工具”选取图中背景并将其删除。使用“移动工具”将钻石拖曳至“zshb.psd”文件中并调整其大小与移动位置，如图 5-37 所示。

5-4 钻石效果.mp4

（9）执行“视图”→“清除参考线”命令，去除参考线，选中“图层”面板中的“钻石”图层，在“图层”面板设置“图层混合模式”为“线性光”，效果如图 5-38 所示。

图 5-37　导入“钻石”素材文件

图 5-38　图层混合效果（2）

（10）打开“企业标志”素材文件，使用“移动工具”将其拖曳至“zshb.psd”文件中并调整其大小与移动位置，如图 5-39 所示。

（11）在工具箱中选择“横排文字工具”，在工作区中单击，输入文字“伴美珠宝”，设置文字为方正舒体、5.5 点、深蓝色、消除锯齿为“浑厚”、白色描边，效果如图 5-40 所示。

选择工具箱中的“横排文字工具”，在工作区中单击，输入文字“钻石传情珍爱恒久”，设置文字为华文行楷、80 点、白色、消除锯齿为“平滑”，选择工具箱中的“变形”工具，在“变形文字”对话框中设置文字：样式为增加、弯曲为+26%、水平扭曲为-32%、垂直扭曲为 0%，如图 5-41 所示。

图 5-39　导入“企业标志”素材文件

图 5-40　输入文字与设置文字

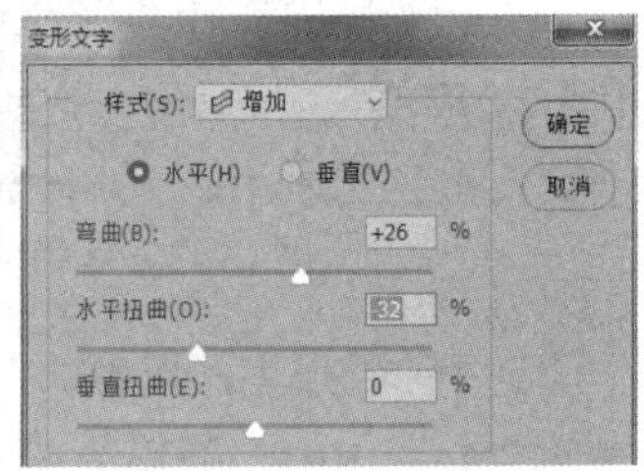

图 5-41　“变形文字”对话框

（12）完成整个海报的制作，最终“图层”面板及海报效果如图 5-42 所示。最后保存“zshb.psd”文件。

图 5-42　最终“图层”面板及海报效果

任务评价

填写任务评价表，如表 5-3 所示。

表 5-3　任务评价表

工作任务清单	完成情况
（1）作品主题表达明确，内容积极向上，清晰完整，准确传达信息	○优　○良　○中　○差
（2）构图整体性强，具有立体感和协调性，作品层次分明	○优　○良　○中　○差
（3）色彩搭配合理，层次分明，美感突出、有视觉冲击力，表现力强，令人过目不忘	○优　○良　○中　○差

任务拓展

【故事引入】“0 和 88、9 碰在一起”以此故事，创作一张公益类海报，体现团队合作精神，自拟海报主题。

【故事内容】88 以为自己最大，盛气凌人，不把 9 和 0 放在眼里。它鼓动 4 张嘴巴，异口同声地对 9 说：“你知道吗？我是你的 10 倍只差 2 呐！”

“我承认你比我大得多。在你面前，我甘拜下风！”9 驼着背，有些自卑。

“敢于承认人长己短，还算有自知之明呀！”88 又转向 0，鄙夷不屑地瞥了它一眼，“你嘛，连计数的资格都不具备，是个‘乌有’先生，岂能跟我相比？”

“你别门缝里看人！”0 摆了摆圆圆的脸蛋，满满的自信，“只要我和 9 团结起来，完全有把握胜过你！”

“哼！”88 冷笑道，“9 加 0 或 0 加 9，还不都等于 9 吗？要胜过我，简直是白日做梦！”

“我们不是相加，而是结合。”0 边说边靠近 9，与它说了一些悄悄话。9 听了，笑着点点头。于是，0 站到了 9 的背后，组成一个崭新的数字——90。这时，0 理直气壮地告诫 88：“变化发展是一切事物的规律。请你睁眼细瞧，我们胜过你，难道是白日梦？”0 舒了口气继续说：“我虽连计数的资格都没有，正如你所说，是个‘乌有’先生，但一旦与其他数字结为同盟，就大大改变了原有的力量。你呀，总是静止、孤立地看待我们，必然落得个孤家寡人，孤军作战落败的结局！”

88 看了 90，惊诧不已，哑口无言。

设计构思是一个有关 0、88 和 9 的故事，用这个故事来设计一张类似图 5-44 的团队合作海报。

图 5-44　团队合作海报

项目总结

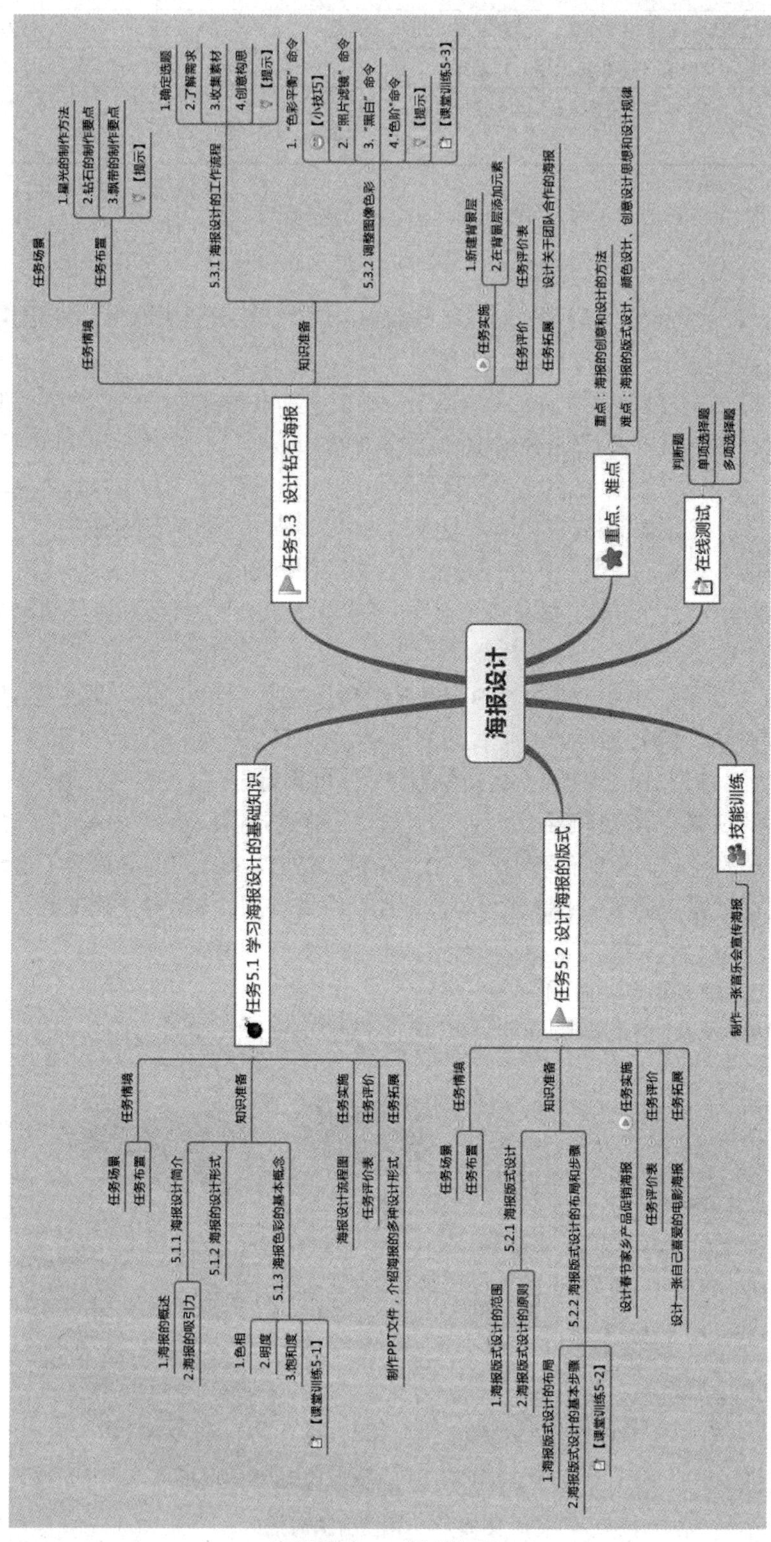

海报设计——思维导图

在线测试

海报设计——在线测试

技能训练

制作一张音乐会宣传海报。

要求：

1．使用图片合成技术制作音乐会宣传广告，要求作品的原创度要高。

2．主题鲜明，内容创新性强，色调柔和、明朗、舒适，布局合理，可以融入多种设计元素。

教学单元设计

海报设计——教学单元设计

项目 6　书籍装帧设计

学习目标

1. 知识目标

•熟悉书籍装帧的构成元素。
•了解书籍的开本与尺度。
•掌握书籍各构成部分之间的关系。
•掌握书籍整体设计的基本规律。
•了解现代制版、出片、印刷、装订等工艺流程的基本原理。

2. 技能目标

•使学生熟悉项目设计流程，并能尝试设计书籍封面、书籍光盘。

3. 能力目标

•培养学生自主学习，终身学习的习惯。

4. 素质目标

•培养学生在书籍装帧设计过程中的创新思维和工匠精神。

任务 6.1　书籍装帧版式设计

任务情境

【任务场景】书籍装帧设计是指从书籍文稿到成书出版的整个设计过程，也是从书籍形式的平面化到立体化的过程。它包括版式设计和插图设计。版式设计是书籍装帧设计的重要组成部分，也是视觉传达的重要手段。插图设计是书籍装帧设计必不可少的重要部分，是对书籍内容的补充。

【任务布置】了解书籍装帧的概念；理解书籍装帧版式设计的要素、种类和风格；掌握书籍装帧插图设计的特点和分类，学会书籍装帧插图设计。

知识准备

6.1.1　书籍装帧设计的概念

书籍装帧设计是书籍造型设计的总称，是书籍生产过程中的综合设计工作，是从书籍形式的平面化到立体化的过程。它是包含了艺术思维、构思创意和技术手法的系统设计。书籍装帧设计一般包括选择纸张、封面材料，确定开本、字体、字号，设计版式，决定装订方法及印刷和制作方法等。书籍的组成如图 6-1 所示。

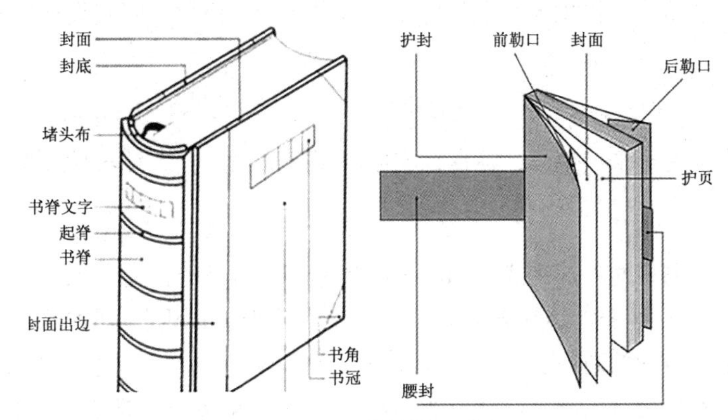

图 6-1　书籍的组成

1. 扉页

在书籍的目录或前言的前面设有扉页。扉页包括扩页、空白页、像页、卷首插页或丛关书名、正扉页（书额）、版权页、赠献题词或感谢等。扉页数量不能被机械地规定，如果数量太多显得喧宾夺主。因此必须根据书籍的特点和装帧的需要而定。目前国内外的书籍往往比较简洁，一般经过护页、正扉页就可直接直进入目录或前言，而版权页的安排则根据具体情况而定。

正扉页上印有书名、作者名字、出版社名称和简练的图案。就人们的阅读习惯而言，正扉页的方向总是和封面方向一致。打开封面、翻过环衬和空白页，文字就出现在右边版心的中间或右上方。除此之外，还有利用左右两面作为正扉页的设计，被称为“双扉页”。扉页上的字号不宜太大，主要采用美术字，与封面的字体保持一致。扉页的设计要非常简练，并留出大量空白，以便读者在进入正文之前有放松的空间。

2. 环衬

当打开正反面封面时，会有一张连接封面和内页的版面，被称为“环衬”，它的作用是使封面和内页牢固不脱离。精装书籍的环衬设计非常讲究，采用抽象的肌理效果、插图、图案，或者用照片进行设计，保证其内容与书籍装帧设计的整体风格保持一致。色彩设计一般需要淡雅些，相对于封面要有所变化。图形的对比应相对弱一些，为了统一效果，可以运用四方连续纹样装饰，以便在视觉上产生由封面到内页的过渡。

【课堂训练 6-1】

如何设计扉页？

6.1.2　书籍装帧版式设计的要素

版式设计是书籍装帧设计的重要组成部分，是视觉传达的重要手段。其宗旨是在版面上将文字、插图、图形等视觉元素进行有机的排列组合，利用整体形成的视觉感染力与冲击力、次序感与节奏感，将理性思维个性化地表现出来，使其成为具有最佳效果的构成技术，最终以优秀的布局来实现卓越的设计。

书籍的版式设计是指在一种既定的开本上，把书稿的结构层次、文字、图表等方面做艺术而又科学的处理，使书籍内部的各个组成部分的结构形式，既能与书籍的开本、装订、封面等外部形式协调，又能给读者提供阅读上的方便和视觉享受，所以说版式设计是书籍设计的核心部分。

【提示】

版式设计应先确定开本、版心、标题、文字与图、版面率、页码与页眉等。

1．开本

书籍的开本决定书籍的外部形式，如图 6-2 所示。其计算方法是：把整张纸对折裁切为两个半张，称为“对开”，再把半张纸对折裁切为两半，称为“4 开”。开本的确定要吻合书籍的内容和风格，体现出版业的科技含量及文化品位。开本确定后，它的宽窄大小就规定了版式设计的基础幅面。开本的绝对值越大，开本实际尺寸愈小，如 16 开本即为全张纸被开切成 16 张大小的开本，以此类推。

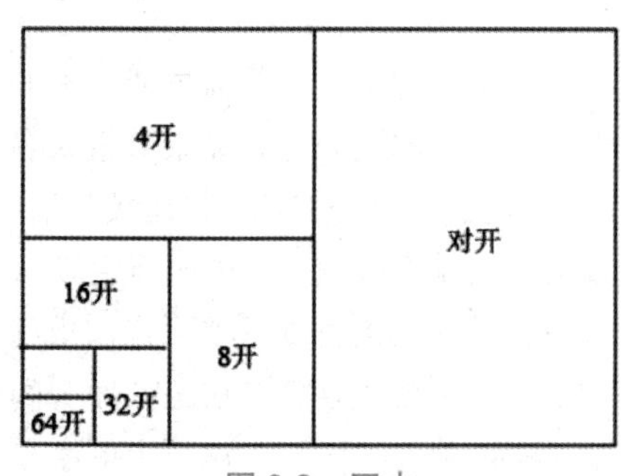

图 6-2　开本

纸张开切有 3 种方法。

（1）几何级数开法：它是最常用的纸张开法。它的每种开法都以 2 为几何级数，开法合理、规范，适用各种类型印刷机、装订机、折页机，工艺上有很强的适应性。

（2）非几何级数开法：每次开法不是上一次开法的几何级数，工艺上只能用全张纸。印刷机印制，在折页和装订时有一定局限性。

（3）特殊开法：又被称为“畸形开本”，用纵横混合交叉的开法，按印刷物的不同需要进行开切、组合。

以 789mm×1092mm 规格的纸作为标准规格用纸，所开切的不同开本的书籍成品净尺寸如下。

- 12 开本 245mm×250mm。
- 16 开本 187mm×260mm。
- 18 开本 175mm×254mm。
- 方 20 开本 185mm×207mm。
- 长 20 开本 149mm×260mm。
- 横 24 开本 185mm×175mm。
- 长 24 开本 124mm×260mm。
- 32 开本 130mm×184mm。

850mm×1168mm 幅面的纸张的常用开本规格成品净尺寸如下。

- 大 16 开 210mm×285mm。
- 大 32 开 140mm×203mm。

以上两种幅面的纸张是目前国内常用的纸张规格，全张纸的幅面规格还有以下几种。

- 880mm×1230mm。
- 690mm×960mm。

- 787mm×960mm。

如果全张纸的幅面规格发生了变动，则开本的尺寸也会随之变动，不同规格的开本形式丰富了书籍的多样化，更适应了各种书籍的不同需求。国外纸张规格较多，设计师有多种选择余地，因此国外书籍的开本形式多种多样。

书籍开本的设计要根据书籍的不同类型、内容、性质来决定。不同的开本会产生不同的审美情趣，不少书籍因为开本选择得当，使书籍形态上的创新与该书籍的内容相得益彰，受到读者的欢迎。

2. 版心

版心是指每一面书页上安排文字和图形的部分，是版面基本形态的要素，用于摆放篇、章、节等标题、文字、注释、插图、图表、公式及辅文、附录、索引等。版心设计的基本规律是先确定视觉中心，再根据视觉中心确定版心的位置，如图 6-3 所示。

在实际生活中，视觉中心一般在版面的偏上方的地方，这是因为视觉误差所致。其次要考虑到版心是由两个对页构成的，为了视觉上的舒适，版心向内靠一些，使四周白边形成上小下大，外白边大于内白边的状态。版心要按照视觉习惯进行设计，新版本应该遵循从左至右，由上至下的视觉习惯。

图 6-3　版心

版心的四周留有一定的空白，上面被称为“上白边”，下面被称为“下白边”，靠近书口和订口的空白被称为“外白边”和“内白边”；又依次被称为“天头”“地脚”“书口”“订口”。这种双页上对称的版心设计被称为“古典版式设计”，是书籍千百年来形成的设计模式和格局。

版心在版面的位置，按照中国直排书籍的传统方式是偏下方的，上白边大于下白边，便于读者在天头加注眉批。而现代书籍绝大部分是横排书籍，版心的设计取决于所选的书籍开本，要从书籍的性质出发，方便读者阅读，寻求高和宽、版心与边框、天地头和内外白边之间的比例关系。

3. 标题

标题是指文章或篇的题目，反映出书籍的内容结构、层次，在版式设计中应注意运用不同的字体及级数使标题排列有序，便于读者阅读。标题有简有繁，一般文学创作仅有章题，而学术性的著作则常常分部分篇，篇下面再分章、节、小节和其他小标题等，层次十分复杂。为了在版面上准确表现各级标题之间的主次性，除对各级字号、字体予以变化外，版面空间的大小、装饰纹样的繁简、色彩的变换等都是可考虑的因素。重要篇章的标题必要时可从新的一页开始，排成占全页的篇章页。

标题的位置一般在版心三分之一到六分之一的上方。也有追求特殊效果把标题放在版心的下半部。应该避免标题放在版心的最下边，尤其在单页码上，注意要使标题不脱离正文。应该把副标题放在正标题的下面，通常使用比正标题小一些的其他字体。

标题在同一本书中应该保持统一的规格，如有多级标题，原则上字号应该逐级缩小。当字号不够选用时，为了加以区别，可使用字号相同而字体不同的字。标题字形不宜有过多变化，以免破坏版面的整体感。标题中一般不用标点符号，当句子较长，中间有语气停顿时，可用对开的标点符号，题尾不排标点。要注意标题不能排在版面末尾，尤其不要排在单页版面末尾，以免造成标题与内容脱节的感觉。

4. 文字与图

文字记叙书籍的内容。文字设计包括定义字体、字号、行间距和行对齐规则等。汉字字体最常用的是宋体、黑体、楷体和仿宋体，有时还用到隶书、魏碑等字体。一般书籍的主要字体都是五号宋体，变形字常用于制作一些特殊文字，以起到标记、装饰、突出重点和引人注目的效果。

书籍正文的字号直接影响到版心容纳字数的多少。在字数不变时，字号和页数的多少成正比。一些篇幅很多的廉价书籍或字典等工具书籍不允许做得很大很厚，可用较小的字体。相反，一些篇幅较少的书籍（如诗集等）可用大一些的字体。一般书籍排印所使用的字体，9 点～11 点的字号对成年人连续阅读最为适宜。8 点字号容易使读者的眼睛过早疲劳，如果使用 12 点或更大的字号，则按正常阅读距离，在一定视点下，读者能见到的字又较少。

大量阅读小于 9 点字号的文字会损伤眼睛，应该避免使用小号文字排印长的文稿。儿童读物须使用 36 点字号。小学生随着年龄的增长，课本所用字体逐渐由 16 点到 14 点或 12 点。老年人的视力比较差，为了保护眼睛，也应该使用较大的字号。图 6-4 所示为不同黑体字号。

黑体:8点　黑体:9点　黑体:10点

黑体:11点　黑体:12点　黑体:36点

图 6-4　不同黑体字号

文字中字间距和行间距都可以扩大或缩小，扩大字间距和行间距可以使版面显得疏朗、轻松些，缩小字间距和行间距可以使版面显得紧密、严整。

插图在书籍装帧设计中起重要作用，在书页版面上使用插图时，插图应该与文字相互协调，形成统一的效果。文字与插图在版式设计中根据其占有的面积来规划，纵观全局，处理文字与插图在版心中的位置，达到赏心悦目的效果。

5. 版面率

版面率是指文字内容在版心中所占的比率。如果版面中文字内容多则版面率高，反之版面率低。从另一角度上看，版面率反映着设计对象在价格方面的定位。在实际设计过程中，要求设计师认真地对设计对象的内容、成本及开本的大小、设计风格等诸多因素进行全面衡量，从而得出最后设计稿的版面率。

6. 页码和页眉

页码是书的每一页面上标明次序的号码或其他数字，反映整本书的前后次序，是读者查检目录和作品布局必不可少的工具。它在版式设计中只是一个点，但设计师并不能忽视这个点，页码设计也能对整本书起到画龙点睛、锦上添花的作用。

页码通常由正文第一页算起，起始页均在右页，它的位置根据版式设计要求不固定，但放在版面下部较为方便。

页眉是指设在书籍天头上比正文字略小的章节名或书名。页码往往排在页眉同一行的外侧，页眉下有时还加一条长直线，这条长直线被称为“书眉线”。页眉的文字可排在居中，也可排在两旁。通常放在版心的上面，也有放在地脚处。

【提示】

文字、图形、色彩在版式设计中是 3 个彼此相关联的表现元素，在一本书中要做到三者相互协调统一。书籍本身具有各种各样形式，所以书籍的版式设计也千变万化。

【课堂训练 6-2】

标题通常位于版面的哪个位置？

6.1.3　书籍装帧版式的种类和风格

1. 文字群体编排

文字群体的主体是正文，全部版面都必须以正文为基础进行设计，如图 6-5 所示。一般正文都比较简单大方，主体性往往容易被忽略，需要用书眉和标题引起注意，通过前文、小标题将读者视线引入正文。

文字群体编排有以下几种类型。

- 左右对齐——将文字从左端至右端的长度固定，使文字群体的两端整齐、美观。
- 行首取齐，行尾随其自然——将文字行首取齐，行尾则随其自然或根据单字情况另起下行。
- 中间取齐——将文字各行的中央对齐，组成平衡对称、美观的文字群体。
- 行尾取齐——固定尾字，找出字头的位置，以确定起点，这种排列奇特、大胆、生动。

图 6-5　文字群体编排

2. 图文配合的版式

图文配合的版式，如图 6-6 所示。这种版式的排列多种多样，但应该遵循先见文后见图的原则，图必须紧密配合文字。

1）以图为主的版式

动漫书籍以图片为主，文字只占版面的很少部分，有的甚至没有文字。在版式设计时，除了图片形象需要统一，还应该把握整个书籍视觉上的节奏，注意整体关系。以图片为主的版式还有画册、画报和摄影集等，如图 6-7 所示。这类书籍版面率比较低，在设计框架时要思考编排的几种变化。有些图片旁边需要使用少量的文字，在编排上与图片在色调上要有区分，构成不同的节奏，还要考虑与图片的统一性。

2）以文字为主的版式

以文字为主的一般书籍配有少量的图片，在设计框架时，根据书籍内容的不同通常采用通栏或双栏的形式，使图片与文字排列在版面上，如图 6-8 所示。

3）图文并重的版式

文艺类、经济类、科技类等书籍多采用图文并重的版式。设计师可以根据书籍的性质及图片面积的大小进行文字编排，可以采用均衡、对称等构图形式，如图 6-9 所示。

图 6-6　图文配合的版式

图 6-7　以图为主的版式

图 6-8　以文字为主的版式

图 6-9　图文并重的版式

在现代书籍版式设计的图文处理和编排方面，设计师大量运用应用软件，综合处理能力更强，同时出现了更多新的表现形式，使书籍的版式设计有了崭新的发展。

3. 版式风格

1）古典版式设计

古典版式设计由 500 年前的德国人古腾堡为代表创建，至今仍处于主要地位，如图 6-10 所示。这是一种以订口为轴心左右页对称的形式。内文版式有严格的限定，字距、行距均有统一的尺寸标准，天头、地脚、内外白边均按照一定的比例关系组成一个保护性的框子。文字油墨深浅和嵌入版心内图片的黑白关系都有严格的对应标准。

2）网格版式设计

网格版式设计产生于 20 世纪初，完善于 20 世纪 50 年代的瑞士，如图 6-11 所示。

风格版式设计具有独特的风格，其特点是运用数学的比例关系，通过严格的计算把版心划分为无数统一尺寸的网格，也就是把版心的高和宽分为一栏、两栏、三栏及多栏，由此规定了一定的标准尺寸，根据标准尺寸安排文字和图片，使版面成为有节奏的组合，产生优美的韵律关系，未被印刷部分成为被印刷部分的背景。

图 6-10　古典版式设计

图 6-11　网格版式设计

网格版式设计运用了比例、力场、中心、方向、对称、均衡、空白、韵律、对比、分割等艺术规律，最终达到理想的设计效果。网格版式设计风格的形成离不开建筑艺术的深刻影响，它运用数学的比例关系，具有紧密连贯、结构严谨等特点。网格版式设计结构灵活，布局多样化，在现代设计中创造性地运用网格设计显得格外重要。

3）自由版式设计

自由版式设计的雏形源于未来主义运动，大部分未来主义平面作品都是由未来主义的艺术家或诗人创作的，他们主张作品的语言不拘泥于任何限制，而是可以随意组合，版面及版面的内容都应该不墨守成规，自由编排。自由版式设计的特点是主要使用文学作为基本材料，组成视觉结构，强调韵律和视觉效果，如图 6-12 所示。

图 6-12　自由版式设计

自由版式设计既不同于古典版式设计的严谨对称，也不同于网格版式设计中栏目的条块分割，而是依照设计对象中字体、图形的内容随心所欲地自由编排，实物所占空间与空白间隙同等重要，无所谓天头、地脚、订口、翻口，可让读者产生丰富的想象空间。

【课堂训练 6-3】

尝试在 Photoshop 中设计网格版式。

6.1.4　插图设计

图形是书籍装帧设计中最具有吸引力的设计元素。通常书籍的封面设计和插图设计都离不开图形设计，封面中的图形是整本书的精华。插图设计是书籍装帧设计必不可少的重要组成部分，是对书籍内容的补充。插图可以吸引读者，增强其阅读的趣味性，也能展现文字语言所表达的视觉形象，帮助读者理解内容。书籍的插图大致分为文艺性插图和科技性插图。

1. 插图的特点

1）从属性

插图的主题思想是由书中内容所规定的，它不能离开书籍而独立存在。设计插图必须正确和深刻地反映作品的思想内容，增强其内容的感染力。插图应该与书中描写的时间、地点、环境、人物等吻合，创造出的插图样式应该与书籍的整体风格保持一致。

2）独立性

一方面，插图依附于书中内容，表达书籍中的特定内容；另一方面，插图本身可以用来表现故事情节。有些插图不需要添加文字说明，仍能使读者看到插图后体会到书中的重点内容，唤起丰富的想象。

2. 插图的分类

1）文艺性插图

文艺性插图以文学为前提，选择书中有针对性的人物和场面描写，采用构图、线条、色彩等视觉因素去完成形象的描绘。它具有与文字相独立的欣赏价值，增加读者阅读的趣味性，能够将可读性和可视性合二为一，增强文学书籍的艺术感染力，给读者以美的启迪，并对书中精彩的描述留下深刻的印象，如图 6-13 所示。

2）科技性插图

这样的插图大多用于科技读物及史地书籍，如图 6-14 所示。

图 6-13　文艺性插图

图 6-14　科技性插图

科技读物或史地书籍有许多内容依靠文字难以描述，是语言所不能表达的，这时科技性插图就可以补充文字表达不出的内容。科技性插图可以使一些深奥的概念得到形象化的解释，使读者轻松、愉快地加深理解。比如，一个水果的照片能帮助读者看到非常客观的形状、颜色、结构和质感；一张桌子的说明图不仅能再现它的形状、结构，而且能把材质充分展现出来。

3. 插图的版式

插图是书籍装帧总体的一部分，要求它的形式在书籍版面上与文字相互协调，形成统一的效果。插图的位置可以和文字在同一页或文字对页或正文的固定位置，称为“文中插图”“独幅插图”“固定位置插图”。

1）文中插图

即图形、文字相互穿插，形成一个整体的版面，如图 6-15 所示。这类版式文字部分除了要受到版心外框限制，还受到插图轮廓的影响。字句要依据插图轮廓形成长短不一的排列，是适合造型的一种版面风格。这时的插图已融入版面之中。这种版面的编排活泼、趣味性强，图文相互依存。但如果图文搭配不当将影响前后文字的连贯，会给读者造成一种混乱感。

2）独幅插图

即翻开书籍时一面为文字，另一面为插图。图文左右版面形成的对应格式，如图 6-16 所示。

这类版式设计的重点在于文字与插图的协调关系。因为文字是按版心统一编排的，所以插图的大小及位置所在均以版心来定，以达到视觉舒适，空间搭配均衡的效果为宜。

3）固定位置插图

即图的比例、大小、尺寸、位置相同，如图 6-17 所示。一般存在于中国的古代书籍版式设计中，如上图下文，有点近似现代的连环画，可同版雕刻印刷，同色同版，统一协调，天然合一，风格一致。

图 6-15　文中插图

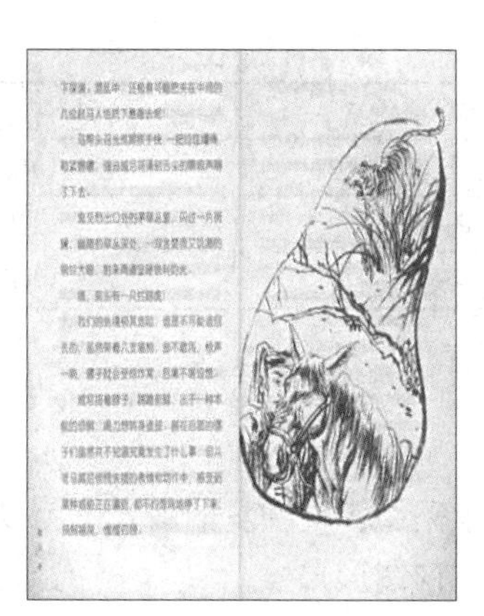

图 6-16　独幅插图

图 6-17　固定位置插图

总之，插图在表现风格上应该与书籍文字内容协调一致，如果书籍是通俗读物，则插图应该倾向于外露易理解；如果书籍是诗集，则插图要赋予读者广泛的意境；如果书籍是儿童类读物，则插图应该生动形象、具备漫画幽默的情趣；如果书籍是科学教育书刊，则插图应该实事求是、语言严谨。插图并不是一成不变，而是依赖设计师的才华，从装帧语言出发，力求插图与书稿精神的统一。

【课堂训练 6-4】

简述插图的分类及特点。

任务实施

设计儿童图书的版式。

1. 任务研究

了解儿童图书版式的特点，画面内容应通俗易懂、简洁明了，富有一定的趣味性。

2. 确定主题

选择合适的主题，明确版式设计的目标与方向，表达此类图书的思想，体现儿童天真活泼的特点。

3. 设计版式风格

在 Photoshop 上进行设计，注意儿童图书版式应较为活泼，视觉冲击力强；表现手法要新颖、独特，具有可观性，能够突出所要表达的文字主题。

4. 修改作品

看最终完成的作品是否满足自己的要求，在设计过程中是否有遗漏的环节，根据情况做出适当修改。

任务评价

填写任务评价表，如表 6-1 所示。

表 6-1 任务评价表

工作任务清单	完成情况
（1）书籍装帧的元素构成、版面构成是否合理	○优　○良　○中　○差
（2）书籍装帧的种类、风格与插图设计是否合理	○优　○良　○中　○差
（3）书籍装帧的版式设计是否工整、创意是否新颖	○优　○良　○中　○差

任务拓展

设计文艺类书籍的版式（要求采用图文并重的版式，可以根据文艺书的性质，以及图片面积的大小进行文字编排，采用对称构图形式）。

任务 6.2　虚拟成品

任务情境

【任务场景】Photoshop CS 是由 Adobe 公司推出的一款图像处理软件，其功能强大、操作方便。使用 Photoshop 的工具及菜单，设计一款教材封面，形成立体书籍效果，并具有大气、简洁、时尚、科技感强、颜色搭配亮丽、不花哨的特点，体现出本教材的专业性质。最终设计效果如图 6-18 所示。

图 6-18　最终设计效果

任务布置

1. 条形码的制作方法

执行“滤镜”→“杂色”→“添加杂色”命令，在打开的“添加杂色”对话框中设置“数量”；勾选“单色”复选框，添加杂点底纹；执行“图像”→“调整”→“色阶”命令，打开“色阶”对话框，制作黑白间隔条纹；使用“矩形选框工具”制作一个矩形选区。

2. 书籍封面中横线的制作要点

设置前景色为纯白色，使用“画笔工具”在图像的中部绘制一些长短不一、粗细不同的水平线（在绘制时可以选用不同粗细的笔刷）。

3. 书籍封面中弧线的制作要点

执行“编辑”→“变换”命令，旋转相应图层；执行“滤镜”→“扭曲”→“极坐标”命令，对每个图层进行大小不同的缩放变形；将这些图层进行旋转变形并排列。

4. 立体书籍封面的制作方法

先执行“编辑”→“自由变换”命令，按住 Ctrl 键并拖曳鼠标指针调整 4 个控制点；再连续多次按快捷键 Ctrl+Shift+Alt+T 为书本增加厚度。

知识准备

书籍封面设计是书籍装帧设计的重要组成部分，也是读者评价书籍好坏的判断依据。书籍封面设计的文字与正文有很大的不同，因为书籍封面的阅读是一个既短暂又复杂的过程。书籍封面设计需要突出主体形象，其设计要素包括文字、图形及色彩三大类，从构思到表现都讲究一种写意美，体现在文字、图形、色彩的设计上。

6.2.1　封面设计的前期准备

1. 封面设计中的文字、图形、色彩

1）文字

封面上简练的文字主要是书名（包括丛书名、副书名）、作者名字和出版社名称，这些留在封面上的文字信息在设计中起着十分重要的作用。

在设计过程中为了丰富封面，可重复书名、加上拼音或外文书名。根据实际封面的需要，在封面上也可以不安排作者名字，但要有出版社名称，作者名字也可以设计在书脊或扉页上，封面上只留下不可缺少的书名。说明（出版意图、丛书的目录、作者简介）、责任编辑、装帧设计者、书号、定价等则根据设计需要安排在勒口、封底和内页上。字体可以根据书籍的体裁、风格、特点而定，如《少年文艺》封面“少”字的大特写，好似飘扬的红领巾，给人一种联想，从构思到形式上都体现了《少年文艺》的个性，如图 6-19 所示。字体作为点、线、面来进行设计，有机地融入画面结构中，参与各种排列组合和分割，产生趣味新颖的形式，使人感到言有尽而意无穷。

封面文字中除书名外，均选用印刷字体，因此下面主要介绍书名使用的字体。常用于书名的字体分三大类：书法体、美术体、印刷体。

书法体笔画之间追求无穷的变化，具有强烈的艺术感染力和鲜明的民族特色及独特的个性，且字迹多出自社会名流之手，具有名人效应，受到读者广泛的喜爱。

美术体又可以分为规则美术体和不规则美术体两种。规则美术体作为美术体的主流，强调外形的规整，点线变化统一，其特点是便于读者阅读且便于设计，但较为呆板。不规则美术体则不同。它强调自由变形，无论从点、笔画处理或字体外形方面均追求不规则的变化，具有变化丰富、个性突出、设计空间充分、适应性强、富有装饰性的特点。不规则美术体与规则美术体及书法体比较，既具有个性又具有适应性，因此许多书刊均选用这种字体。

印刷体沿用了规则美术体的特点，早期的印刷体比较呆板、僵硬，现在的印刷体经过不断地突破，吸纳了不规则美术体的变化规则，极大丰富了印刷体的表现力，而且通过计算机处理印刷体既操作便捷又使印刷体更加丰富，弥补了其个性上的不足。

2）图形

封面上的图形包括摄影、插图和图案，有写实的、抽象的、写意的。写实手法封面设计应用在少年儿童的知识读物、通俗读物和某些文艺读物中较多。因为少年儿童和文化程度低的读者对于具体的形象更容易理解和接受。而科技读物和一些建筑、生活用品之类书籍的封面使用抽象图片，就具备了科学性、准确性和说明性。

有些科技、政治、教育等方面的书籍封面设计，很难用具体的形象来提炼表现，可以使用抽象形式表现，使读者能够意会到其中的含义，在精神上达到共鸣。

在文学类书籍的封面上大量使用写意手法，不只是像具象和抽象形式那样提炼原著内容的写意，而是用似像非像的形式来表现，如图 6-20 所示。

图 6-19　封面上的文字

图 6-20　封面上的图形

中国画中有写意的手法，着重抓住形和神的表现，以简练的手法抒发具有气韵的情调，并让人产生丰富的联想。有人把自然图案的变化方法称为“写意变化”，其在简练的自然形式基础上，发挥想象力，进行夸张、变化和组合，是追求形式美的表现。使用写意手法制作封面，会使封面的表现更具有象征意义和艺术的趣味性，如变形的儿童读物封面，更能引起儿童的兴趣，加深儿童对故事中主人公的印象，甚至自己能从封面中找到童话、神话和寓言故事中知心朋友。使用了写意手法古今中外的图案在体现民族风格和时代特点上也起着很大的作用。

3）色彩

色彩是书籍封面最重要的视觉元素，与构图、造型及其他表现语言相比更具有视觉冲击力和抽象性的特征，也更能表现书籍的立意风格。它又是美化书籍、展现书籍内容的重要元素。要想设计封面的色彩，不仅要系统地掌握色彩的基本理论知识，还应该研究书籍装帧设计的色彩特性，了解地域和文化背景的差异性，熟悉人们使用色彩的习惯和爱好，以满足读者的不同需求。

得体的色彩表现和艺术处理，能在读者的视觉中产生夺目的效果。色彩的运用要针对内容的需要，用不同色彩进行表达。在设计色彩时，要在对比中寻求协调统一，以间色互相搭配为宜，这样能使对比色更加协调统一。在封面上书名的色彩运用要有一定的分量，如果饱和度不够，就不能产生夺目的效果。封面上除了用绘画色彩，还可用装饰性的色彩进行表现。文艺性书籍封面的色彩不一定适合用于教科书，而教科书、理论著作的封面色彩则不一定适合用于儿童读物。要辩证地看待色彩的含义，灵活地加以运用。

一般来说，设计儿童读物封面的色彩，要根据儿童娇嫩、单纯、天真、可爱的特征，往往选择高色调，减弱各种对比的力度，使色彩变得柔和；女性书刊封面的色调可以根据女性的特征，选择温柔、妩媚、典雅的色彩；体育杂志封面的色彩则强调刺激、对比，追求色彩的冲击力；艺术类杂志封面的色彩就要求具有丰富的内涵，要有深度，切忌轻浮、媚俗；科普类书刊封面的色彩可以强调神秘感；时装杂志封面的色彩要新潮，富有个性；专业性学术杂志封面的色彩要端庄、严肃、高雅，体现权威感，不宜使用高饱和度的色相进行对比。

色彩搭配除了要注意协调，还要注意色彩的对比关系，包括色相、饱和度、明度对比。如果封面没有色相冷暖对比，就会使人感到缺乏生气；如果封面没有饱和度鲜明对比，就会使人感到古旧和平庸；如果封面没有明度深浅对比，就会使人感到沉闷而透不过气来。要在封面色彩设计中掌握住明度、饱和度、色相的关系，同时用这三者之间的关系去寻找和认识封面上产生的弊端，并分析其原因，以便提高设计师自身色彩素养。

红色是一种前进色，让人联想到热血、太阳、燃烧的火焰，富有生命活力与视觉冲击力，它象征着积极、冲动、热情、诚恳、喜庆、吉祥、富贵、革命、斗争等。

黄色也是一种前进色，让人联想到金秋时节和果实，象征着成熟、富贵、金钱与成就，但黄色的冲劲远不如红色有力，就像烧过头的火焰。

蓝色是一种后退色，让人联想到天空与海洋，象征着空旷的未来与宁静的思考，也象征着纯净、深沉、严寒、朴实与浪漫。

绿色与青色也是一种后退色，让人联想到生机勃勃的大自然，象征着生命、生存环境、和平、安宁、成长等。

黑色是一种中性色，让人联想到夜晚黑暗的来临，象征着恐惧、死亡、神秘莫测、严肃、庄重、非正义行为。

白色让人联想到出淤泥而不染的莲花，象征着清白、坦诚、高雅、冷漠与哭丧。

色彩在封面设计中绝非单一的存在，不同色彩之间相互搭配可以传达复杂的情感变化。色彩运用的合理性也是建立在色彩之间相互搭配的基础之上的。在设计封面过程中，往往不能用单一的色彩来完成封面设计中的色彩搭配工作，而是需要色彩之间形成有机的联系。因此，在设计封面时应该考虑书名的色彩、封面底色的色彩、图形的色彩，以及各种不同文字内容的色彩的主次、强弱、对比与整个书籍色彩氛围的协调关系。

2. 封面设计的形式

1）表现型

表现型即直接表现形式。在封面设计中，封面的图形、图案以直接的方式表现书籍主题。封面上只显示书名、作者名字、出版社名称等文字，使用普通的白纸，印一至二色。这种封面设计形式大多用于学术书籍和专科著作，要求图形、图案能突出主题，并且要有很强的装饰效果和美感。

2）添加型

添加型在插图封面设计中运用得非常多。它以明快的表达、简洁的说明和基本反映内容要点的图像（绘画或摄影作品）作为要素进行设计，较多用于实用类和娱乐性书籍。

3）构成型

构成型以基本的文字作为构成要素，当遇到难以传达内容的著作时，为了帮助读者便于理解，直接从书籍的内文中选择文字或照片引用于封面上。因此在封面设计中，文字的运用就显得很独特。

4）综合表现型

综合表现型是从内文到封面表现手法全面地运用文字、图像、色彩和构图四大要素，具有创造性的综合设计。这种设计形式较多适用于文化艺术、思想修养读物。内容意味深长，其表现力往往给人们从视觉乃至内心一种无穷意境的品位。

【课堂训练 6-5】

封面上的图形包含哪些内容？

6.2.2 封面的构思设计

封面的设计要为书籍的内容服务，要用最感人、最形象、最易被读者接受的表现形式，因此封面的构思就显得十分重要，要充分了解书籍的内涵、风格、体裁等，做到构思新颖、切题并且有感染力。

1. 想象

想象是构思的基点，想象是以记忆中的表象为起点，借助经验，按照人的感觉和意图对素材进行重新加工塑造，建立一个新形象的过程。设计师进行充分的想象可以获得灵感，而灵感就是知识与想象的结晶，它是设计构思的源泉。

2. 舍弃

构思的过程往往“叠加容易，舍弃难”，在构思时往往想到很多种设计形式，堆砌很多素材，对于不重要的、可有可无的设计形式或素材，要大胆进行舍弃。

3. 象征

象征性的手法是艺术表现最得力的语言，用具象的形象来表达抽象的概念或意境，或者用抽象的形象来表达具体的事物，都能为人们所接受。

4. 探索创新

流行的形式、常用的手法、俗套的语言要尽可能避开不用。熟悉的构思方法、常见的构图形式、习惯性的技巧都是创新构思设计的大敌。构思设计要新颖，就需要不落俗套，标新立异，还要有源源不断探索的精神。

【课堂训练 6-6】

如何对封面进行构思设计？

6.2.3 封面设计的步骤

6-1 欣赏封面设计经典案例.pdf

有计划地安排设计工作是每个设计师在接受设计命题后最先要明确的任务。即总体的设计步骤，合理调配素材和时间，从而达到事半功倍的效果。

图 6-21 所示为封面设计流程图。

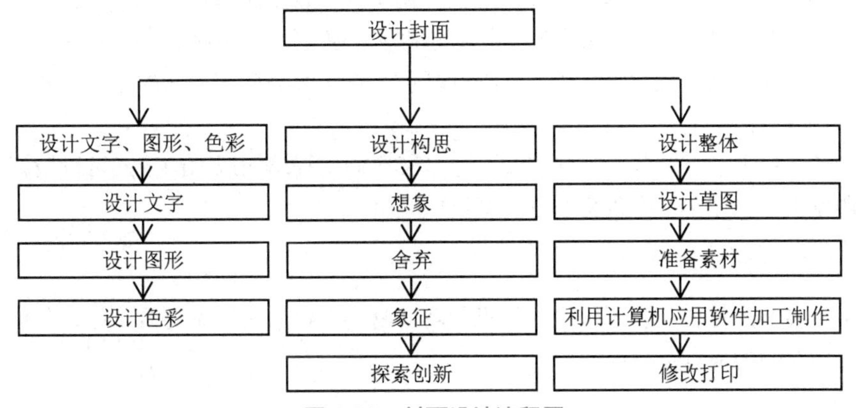

图 6-21　封面设计流程图

在开展设计工作之前，首先需要设计构思，还应该对图形、文字、色彩进行全面衡量；然后进行市场调查，获得准确的第一手资料，为后面的设计过程打下良好的基础。封面设计的基本步骤如下。

1. 草图阶段

明确设计思路，确定需要设计的内容、紧扣要求，绘制简单明了的设计草图。在平时学习设计时就应该多练习手绘草图，为将来更快速准确地记录和表达思维做准备。

2. 素材准备阶段

根据草图收集相关图片和文字素材，即在设计书籍封面时所需要的图片和文字。

3. 利用计算机应用软件加工制作阶段

要求选择合适的应用软件，根据草图和素材，制作电子文件。

4. 修改打印阶段

修改电子文件，并根据具体厂家印刷前的要求，调整电子文件，以保证能有最好的画面效果。

【课堂训练 6-7】

尝试绘制封面设计的流程图。

6.2.4 印刷与封装

1. 印刷制版

1）印刷的种类

现代印刷的分类主要根据印版的结构形式而定，可以分为凸版印刷、凹版印刷、平版印刷、孔版印刷 4 种，这 4 种印刷方式的特性各不相同。

凸版印刷是历史悠久的传统印刷方式，俗称“铅印”。它的原理类似于印章和木刻版画，是一种直接加压印刷的方法，由雕版印刷、活字印刷发展而来。

凹版印刷的原理与凸版印刷的原理相反，文字图像部分凹下低于版面，凹下部位填装油墨，纸张直接接触版面，版面空白部分高于文字图像部位，也属于直接印刷形式。

平版印刷是现代发展最快的一种印刷方式，由单色机发展到目前的八色机，制版采用电子分色版，色彩逼真细腻，印刷速度非常快，套色准确，色彩还原度好。

孔版印刷又被称为“过滤版印刷”“丝网印刷”，是一种类似手工艺的印刷方式。

2）印刷机的种类

在各种印刷机中，虽然分类方法很多，但是其印刷过程施加压力的形式可以概括为 3 种：平压平型印刷机、圆压平型印刷机和圆压圆型印刷机。

2. 材料的运用

书籍装帧离不开材料。要想按照设计意图巧用材料，使书籍装帧更具个性，就必须熟悉各种材料，掌握它们的特点及性能。

1）纸张

印刷离不开承印物。纸张是印刷最主要的承印物。常用纸张有新闻纸、双胶纸、书写纸、铜版纸、单面高级涂布白板纸等，特种纸张有丝光铜版纸、轻质纸系列特种纸、幻彩系列特种纸、花纹纸等。

2）综合性材料

书籍装帧所涉及的材料除了纸张还有许多，如织物材料、塑料等。可用作书籍封面的材料很丰富，特别是精装书籍的封面、封套等，还有用作函套、锦盒的骨插签，用作挂历的圆轴、挂圈，用作书签带的丝带等。

3）印刷油墨

印刷油墨是印刷的主要材料，没有油墨就不可能有印刷品。如果纸张会制造令人意外的效果，则油墨也能产生一些特殊效果。

就平版印刷这一方式来说，油墨品种就很丰富，除了最基本的平版四原色油墨，还有许多特殊品种。另外，还有各种光油。目前，盛行 UV 光油系列，有胶版印刷光油、烫金光油、局部丝印上光油等。

3. 印前制作

印前制作是指印刷前期的工作，是将初始设想转化为印刷品的工作。一般指摄影、设计、制作、排版、出片等。

印前制作主要有图片处理、图形设计、版式设计、定稿制作等。其中定稿制作要求供印刷用的图片格式是 TIFF、EPS。印前制作关于文件的分辨率也有一定要求，彩色的图片的分辨率不能低于 300 像素/英寸，黑白图片的分辨率略低于彩色图片的分辨率，可设置 250 像素/英寸。颜色模式为 CMYK。

4. 印后加工

印后加工是指印刷后期的工作，一般印刷的后期加工包括裁切、覆膜、模切、装裱、装订等。

书籍装帧的印刷工艺主要有上光工艺、覆膜工艺、压痕工艺等。装订工艺有折页、配贴、压平、胶订、骑马订、浏查等。

印刷方式除了常用的 4 种方式，还有根据这 4 种方式演变的一种特殊形式，被称为“特种印刷工艺”。因此，作为书籍装帧设计师，除了要具备现代的审美观念、创新的思维意识和高超的设计技巧，还必须懂得印刷的基本规律，了解和掌握现代印刷技术的特点、工艺流程、印刷材料等，只有把书籍装帧设计与印刷工艺有机地结合起来，才能制作出精致美观的书籍。

【课堂训练 6-8】

简述出印刷的种类。

任务实施

1. 制作书籍封面

（1）启动 Photoshop CS，执行“文件”→“新建”命令，打开“新建文档”对话框，设置图像：宽度为 345mm，高度为 224mm，分辨率为 300 像素/英寸，颜色模式为 CMYK。在制作中成品尺寸 4 条边各加 3mm 的参考线，将图像文件保存为“book.psd”，如图 6-22 所示。

图 6-22　“新建文档”对话框

（2）执行“视图”→“标尺”命令，显示标尺，将鼠标指针移至垂直标尺处，按下鼠标左键拖曳一条参考线到水平标尺为 17cm 处。如果第一次没有在准确位置释放鼠标左键，则可以使用工具箱中的“移动工具”，将其移动到目标位置。使用同样的方法拖曳第二条参考线到水平标尺为 19cm 处，添加其他 3 条参考线，如图 6-23 所示。

（3）确认选中背景图层，单击工具箱中的“前景色”按钮，在打开的“拾色器”对话框中设置前景色为 RGB(0,164,196)。确认后，使用工具箱中的“油漆桶工具”渲染背景图层。

（4）添加选区，使用工具箱中的“矩形选框工具”，在打开的“拾色器”对话框中设置加深前景色，颜色为 RGB(42,131,177)。确认后，使用工具箱中的“油漆桶工具”渲染背景图层，如图 6-24 所示。

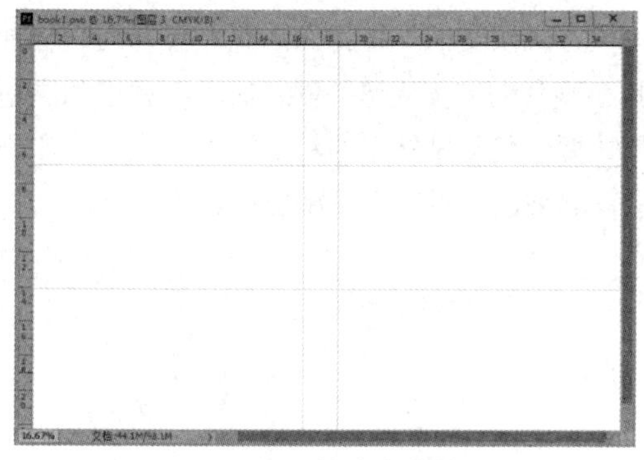

图 6-23　拖曳参考线

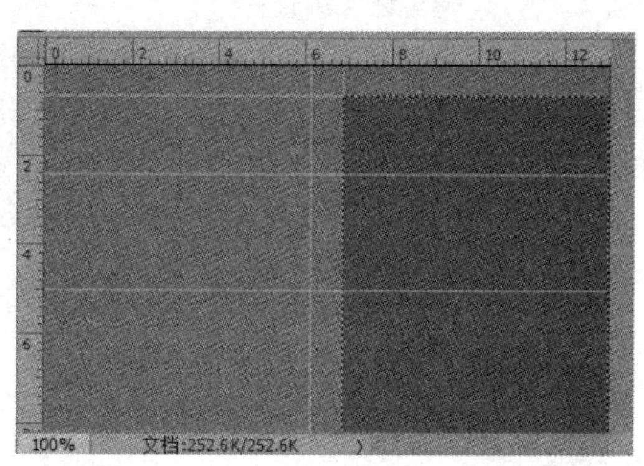

图 6-24　设置背景图层的颜色

（5）单击“图层”面板中的“创建新图层”按钮，新建一个空白图层，将其命名为“bs”，在该图层上渲染白色。

（6）执行“视图”→“对齐”命令，使用工具箱中的“矩形选框工具”，添加如图 6-25 所示的选区（在第一个选区之上添加第二个选区按 Shift 键）。设置前景色为白色，按快捷键 Alt+Delete 为选区添加前景色，效果如图 6-26 所示。完成后，将该图层和背景图层合并。

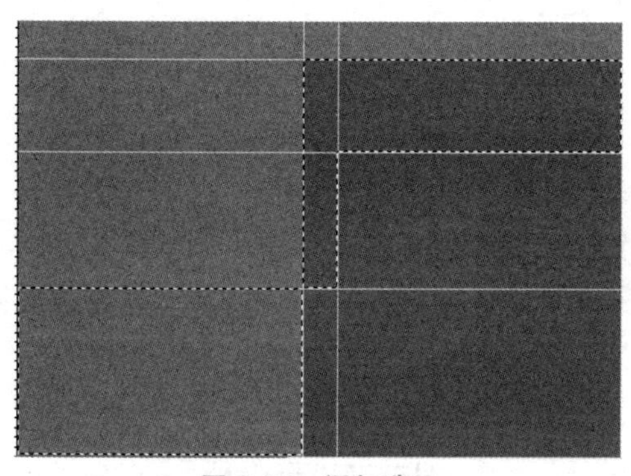

图 6-25　添加选区

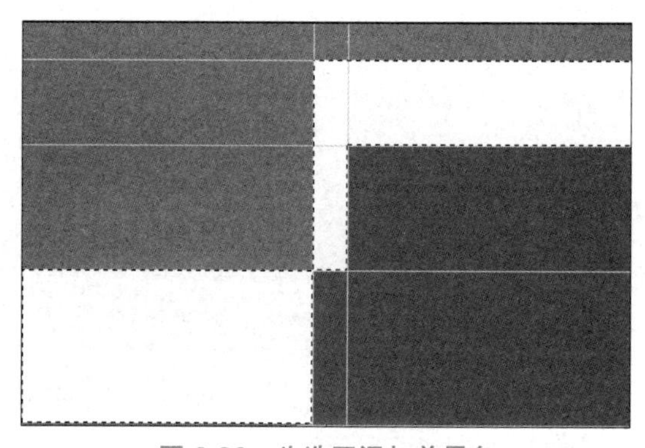

图 6-26　为选区添加前景色

（7）打开“科技”素材文件，使用工具箱中的“魔术棒工具”，选择底部蓝色背景，按 Delete 键删除选区，按快捷键 Ctrl+D 取消选区，如图 6-27 所示。

（8）执行“复制”命令将处理好的图像复制到“tn”文件中，将该图层命名为“nh”，如图 6-28 所示，调整其大小和位置。

图 6-27　选择图像

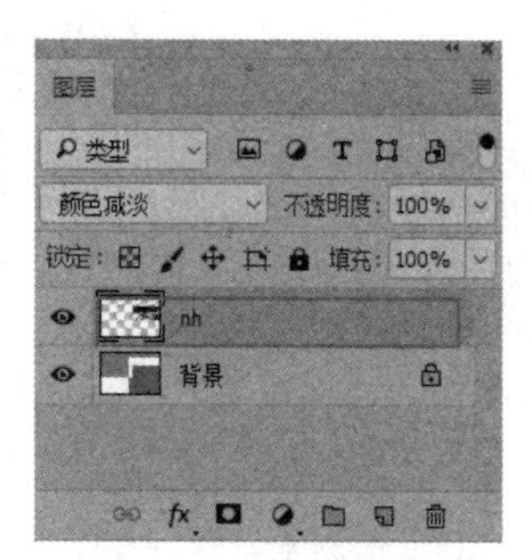

图 6-28　复制图像

（9）选择“nh”图层，选择“图层”下拉列表中的“颜色减淡”选项，如图 6-29 所示。单击“图层”面板左下方的“添加图层样式”按钮，如图 6-30 所示，打开“图层样式”对话框，勾选“内阴影”复选框，打开内阴影样式设置面板，设置各项参数，如图 6-31 所示。

图 6-29　设置图层模式

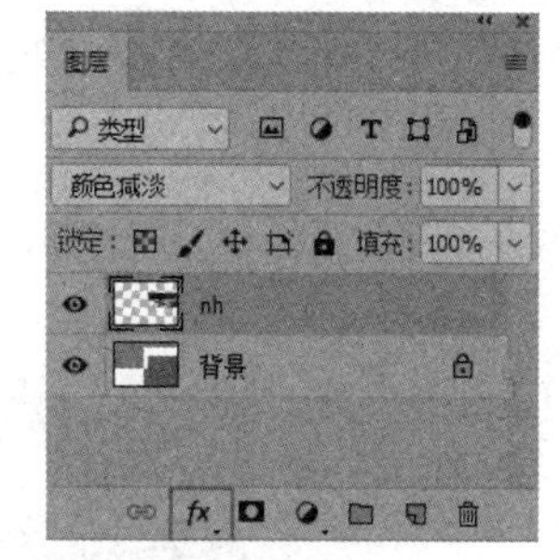

图 6-30　单击“添加图层样式”按钮

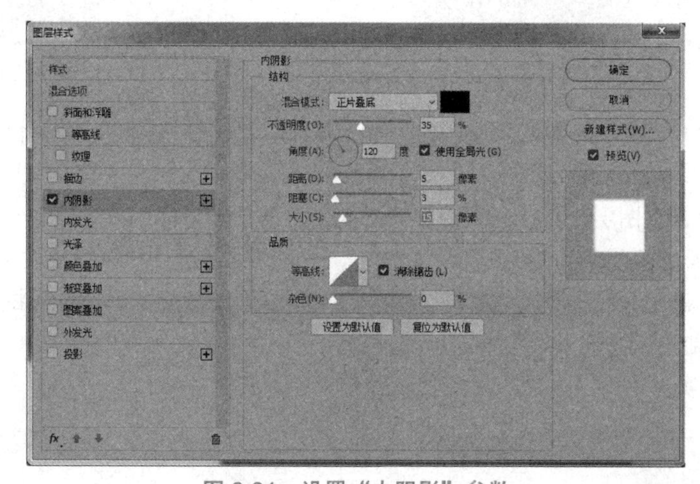

图 6-31　设置“内阴影”参数

（10）单击“图层”面板中的“创建新图层”按钮，新建一个空白图层，将该图层命名为“line”，设置前景色为纯白色，使用工具箱中的“画笔工具”，在图像的中部绘制一些长短不一、粗细不同的水平线（绘制时可选用不同粗细的笔刷），效果如图 6-32 所示。

（11）执行“滤镜”→“模糊”→“动感模糊”命令，打开“动感模糊”对话框，设置各项参数，单击“确定”按钮后图像效果如图 6-33 所示。

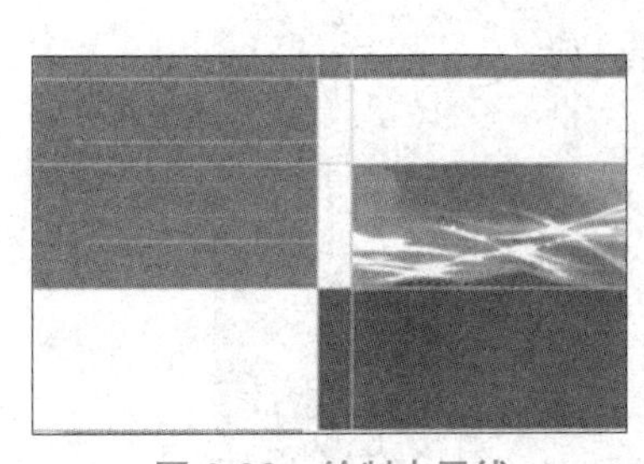

图 6-32 绘制水平线

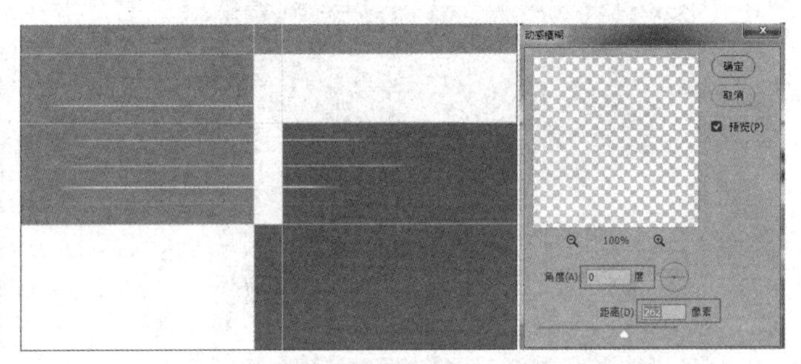

图 6-33 设置“动感模糊”后的图像效果

（12）单击“图层”面板中的“创建新图层”按钮，新建一个空白图层，将该图层命名为“zy”，在工具箱里选择“直线工具”，在图层的中间绘制一条垂直线，如图 6-34 所示，并将其设置为白色执行“图层”→“删格化”→“图层”命令，删格化该形状图层。

（13）选中“zy”图层，执行“滤镜”→“风格化”→“风”命令（或按快捷键 Ctrl+F），打开“风”对话框，设置完相应参数后，单击“确定”按钮，垂直线风格化滤镜效果如图 6-35 所示。

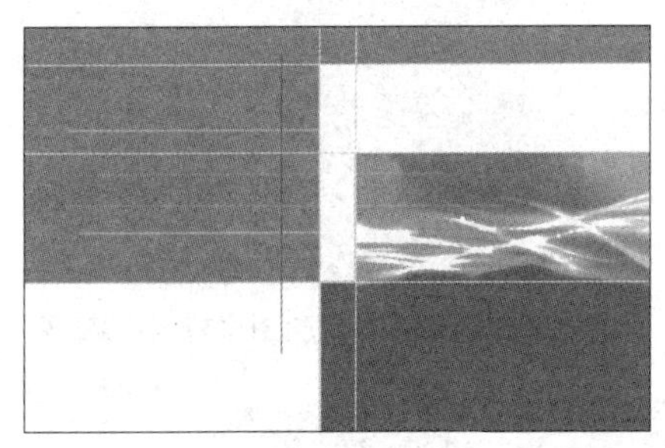

图 6-34 绘制垂直线

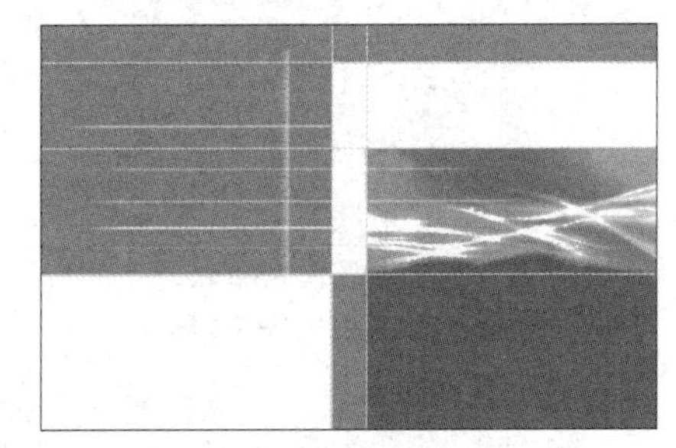

图 6-35 垂直线风格化滤镜效果

（14）选中“zy”图层，执行“编辑”→“变换”→“旋转 90 度（顺时针）”命令，将该图层旋转。

（15）选中“zy”图层，执行“滤镜”→“扭曲”→“极坐标”命令，在“极坐标”对话框中选中“平面坐标到极坐标”单选按钮，单击“确定”按钮，极坐标扭曲滤镜效果如图 6-36 所示。

（16）多次复制“zy”图层，并对每个图层做大小不同的缩放变形，之后将这些图层做旋转变形并排列，得到的弧线效果如图 6-37 所示。链接所有的弧线图层，选择“图层”面板中的“合并链接图层”选项合并弧线图层，并将合并后的图层命名为“hb”。

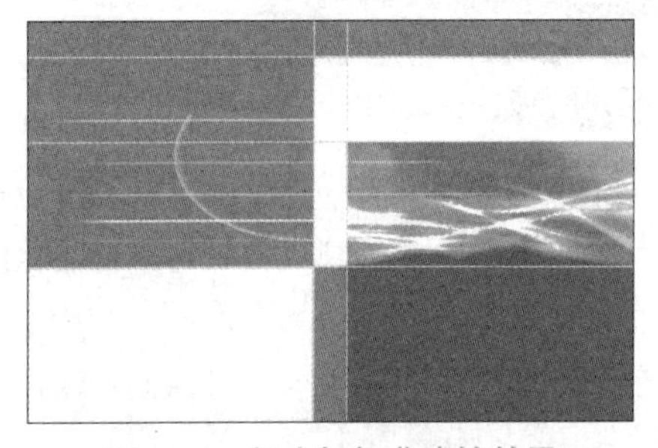

图 6-36 极坐标扭曲滤镜效果

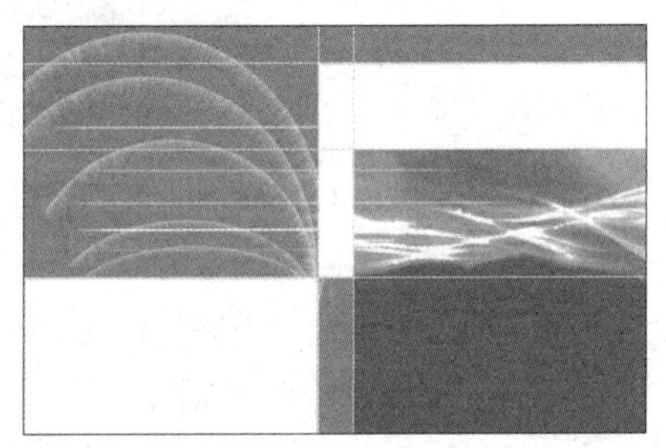

图 6-37 弧线效果

2. 制作条形码

6-2 制作条形码.mp4

（1）执行“文件”→“新建”命令或按快捷键 Ctrl+N，打开“新建文档”对话框，输入图像的名称为“txm”，设置图像：宽度为 250 像素，高度为 150 像素，背景色为黑色，图像颜色模式为 CMYK，完成后单击“确定”按钮。

（2）执行“滤镜”→“杂色”→“添加杂色”命令，打开“添加杂色”对话框，设置参数：数量为 400%，“分布”为“平均分布”。勾选“单色”复选框，完成后单击“确定”按钮，如图 6-38 所示，这样就为图像添加了杂点底纹。

“添加杂色”命令用于产生随机分布的杂点纹理，利用它的这种特点可以通过变形处理，把它转换成间隔随机的条形码效果。

（3）执行“滤镜”→“模糊”→“动感模糊”命令，打开“动感模糊”对话框，如图 6-39 所示，设置参数：角度为 90 度，距离为 999 像素，完成后单击“确定”按钮，效果如图 6-40 所示。杂点滤镜配合动感模糊滤镜能产生疏密不均的平行线条。

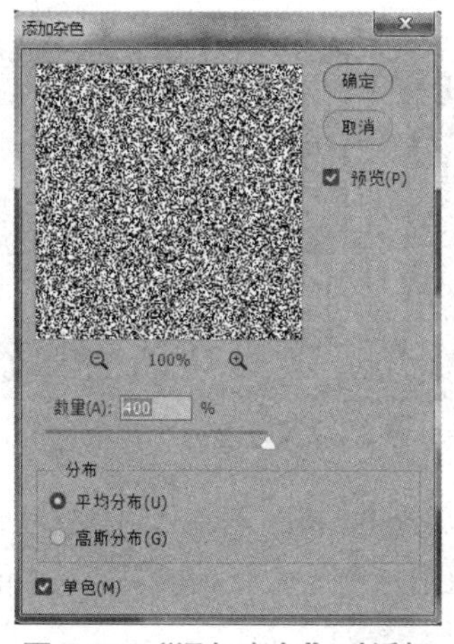

图 6-38　“添加杂色”对话框

图 6-39　“动感模糊”对话框

图 6-40　动感模糊效果

（4）执行“图像”→“调整”→“色阶”命令，或者按快捷键 Ctrl+L，打开“色阶”对话框，分别输入色阶参数值为 20、0.5、145，如图 6-41 所示，完成后单击“确定”按钮，使黑白条纹明显分隔出来，效果如图 6-42 所示。

（5）再次执行“图像”→“调整”→“色阶”命令，这次分别输入色阶参数值为 10、0.55、

115，完成后单击“确定”按钮，加强分隔的效果，如图 6-43 所示。使用“色阶”命令可以有效地实现图像的色域分离。

（6）选择工具箱中的“矩形选框工具”或按 M 键，在图像中按住鼠标左键并拖曳鼠标指针，绘制一个矩形选区，选取最终所需要的范围，如图 6-44 所示。

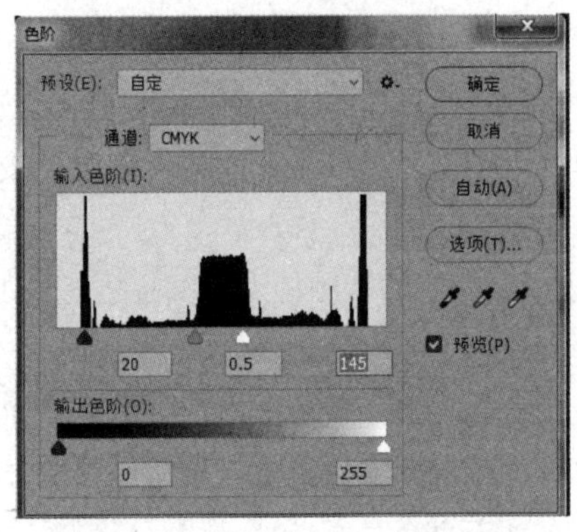

图 6-41　“色阶”对话框

图 6-42　分隔黑白条纹

图 6-43　加强分隔黑白条纹

图 6-44　绘制一个矩形选区

（7）执行“选择”→“反选”命令或按快捷键 Shift+Ctrl+I，将刚才建立的选区反选，然后按 Delete 键删除不需要的图像，随后执行“选择”→“取消选择”命令或按快捷键 Ctrl+D，取消选区，效果如图 6-45 所示。

（8）选择工具箱中的“矩形选框工具”，在图像中选择需要给文字预留挖空的区域，按 Delete 键将相应的区域删除。随后执行“选择”→“取消选择”命令或按快捷键 Ctrl+D，取消选区，效果如图 6-46 所示。

图 6-45　取消选区后的效果（1）

图 6-46　取消选区后的效果（2）

（9）选择工具箱中的“文字工具”或按 T 键，在属性栏中可以根据实际的需要设置文字的字体和字号，并在图像上合适的位置单击鼠标左键添加文字。按快捷键 Ctrl+Enter 完成文字的编辑。条形码的最终效果如图 6-47 所示。

图 6-47　条形码的最终效果

3. 制作书籍立体效果

（1）打开“txm.psd”素材文件，将其复制到“book.psd”中，使用“编辑”→“自由变换”命令改变其大小，如图 6-48 所示。

（2）先使用工具箱里的“文字工具”添加定价、介绍性文字、出版社名称等信息内容，再对其进行排列、处理操作，最终完成文字信息内容的输入。

（3）新建“文字”图层，添加书名文字，为图层添加“描边”“外发光”效果，效果如图 6-49 所示，拼合所有图层并保存图像文件。

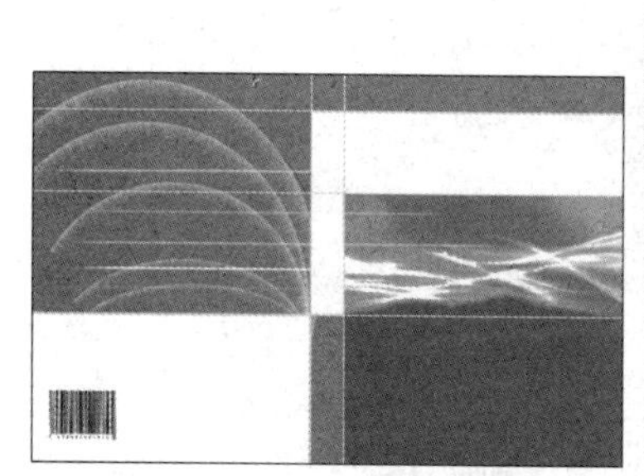

图 6-48　添加条形码

图 6-49　新建与设置“文字”图层

（4）选择封面，使用工具箱中的“矩形选框工具”，按快捷键 Ctrl+N 新建“lttn.psd”文件，使用工具箱中的“移动工具”将封面拖曳至新文件中，得到“图层 1”，如图 6-50 所示。

（5）选择“图层 1”，执行“编辑”→“自由变换”命令，按住 Ctrl 键分别调整 4 个控点，变形效果如图 6-51 所示。

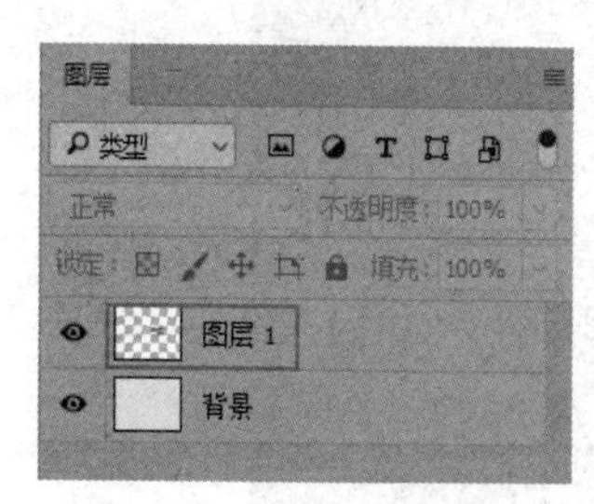

图 6-50　新建“图层 1”

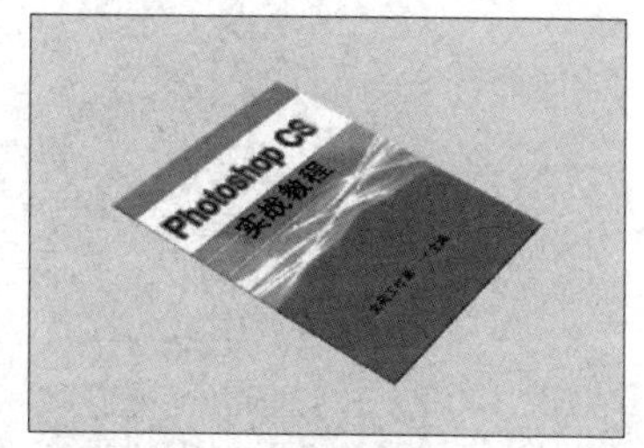

图 6-51　变形效果

（6）新建“图层 2”，载入“xq”选区，设置前景色为白色，按快捷键 Alt+Delete 为选区填充白色，并执行“编辑”→“描边”命令，打开“描边”对话框，设置描边参数，单击“确定”按钮，如图 6-52 所示。

（7）使用工具箱中的“多边形套索工具”制作选区，执行“选择”→“存储选区”命令存储选区，将选区命名为“xq”，如图 6-53 所示。

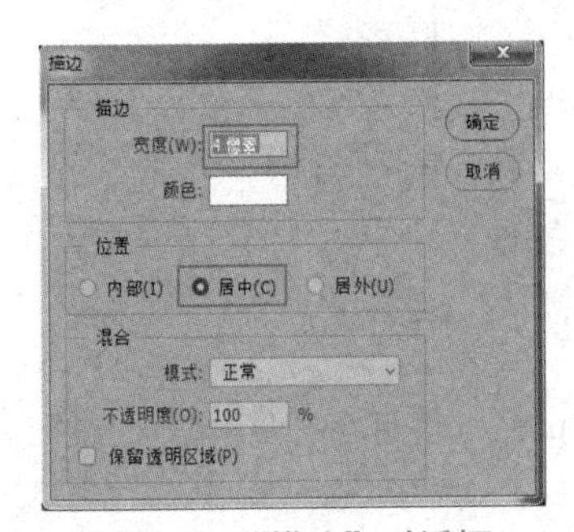

图 6-52 “描边”对话框

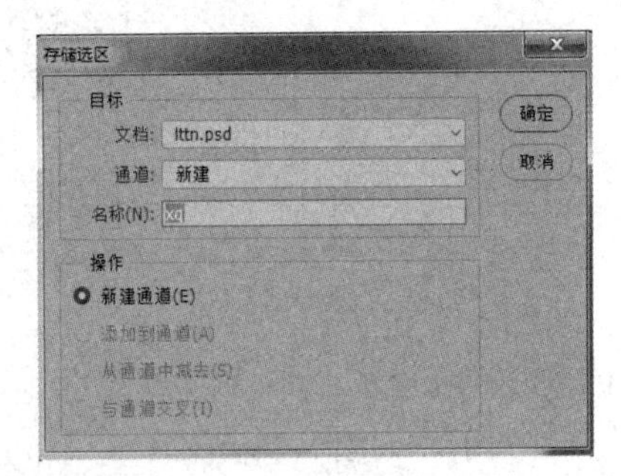

图 6-53 “存储选区”对话框

（8）取消选区，按住 Shift 键将空白纸向下拖曳至如图 6-54 所示位置。

（9）载入“图层 2”选区，执行“编辑”→“自由变换”命令，在出现控制柄时按向上方向键，向上偏移 1 像素，按 Enter 键完成自由变换。连续多次按快捷键 Ctrl+Shift+Alt+T 为书本增加厚度，如图 6-55 所示。

图 6-54 拖曳空白纸

图 6-55 增加书本的厚度

（10）选择“图层 1”，将它拖曳至“图层 2”的上面，分别按向右和向下方向键调整到合适位置。为“图层 1”设置“斜面和浮雕”参数，如图 6-56 所示。

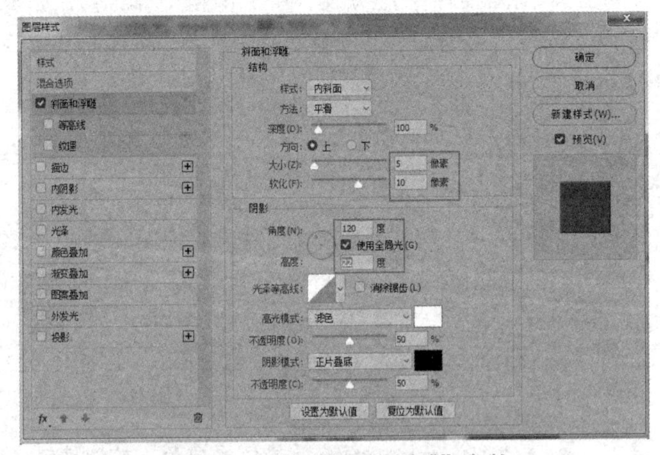

图 6-56 设置“斜面和浮雕”参数

（11）复制“图层 1”，将“图层 1 副本”拖曳至“图层 2”下面，调整位置，效果如图 6-57 所示。

（12）使用工具箱中的“矩形选框工具”选择书脊，使用工具箱中的“移动工具”将书脊拖入文件中，得到“图层 3”，使用“编辑”→“自由变换”命令将书脊拖曳至侧面位置，并保存图像文件，最终效果如图 6-58 所示。

图 6-57　调整图层后的效果

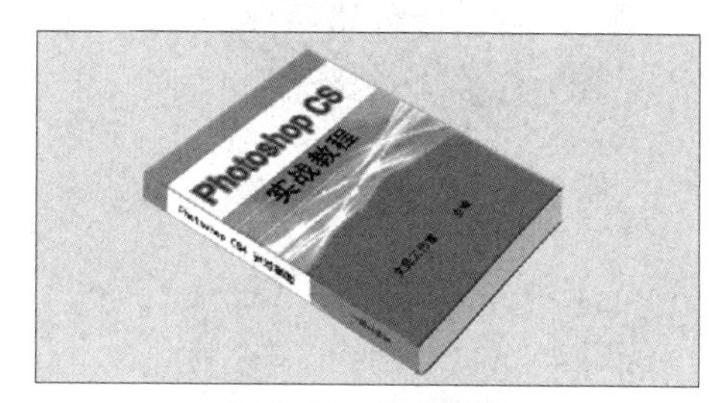

图 6-58　最终效果

任务评价

填写任务评价表，如表 6-2 所示。

表 6-2　任务评价表

工作任务清单	完成情况
（1）封面中的文字、图形、色彩搭配是否合理	○优　○良　○中　○差
（2）封面中的构思是否有创新性	○优　○良　○中　○差
（3）学会绘制封面设计的流程图	○优　○良　○中　○差

任务拓展

制作科技类书籍装帧效果图。

（1）以小组为单位，选择设计主题。

（2）通过市场调查，了解相似图书的设计风格，要避免与之雷同。

（3）设计封面。

（4）形成样书体现书籍的立体效果。

任务 6.3　制作 CD 光盘

任务情境

【任务场景】使用 Photoshop CS 设计书籍后需要印刷制版，书籍中提供了立体化教学资源，包括教学课件、教学视频、案例素材和源文件、拓展训练素材和源文件，CD 光盘内容与书籍中的内容要一一对应，这些资源更有助于强化本书的教学内容，使读者加深理解。立体化教学资源全部存储于 CD 光盘中，CD 光盘最终设计效果如图 6-59 和图 6-60 所示。

图 6-59　CD 光盘最终效果

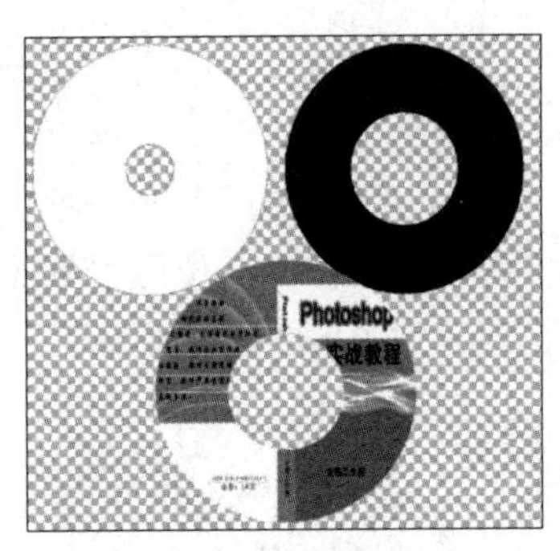

图 6-60　CD 光盘分解图

任务布置

1. 光盘雏形的制作方法

按快捷键 Shift+Alt 制作圆形选区，使用“油漆桶工具”将选区填充为白色，执行“选择”→“载入选区”→“收缩”命令，打开“收缩选区”对话框，设置收缩的像素值。执行“选择”→“载入选区”→“清除”命令删除圆形被选区域，这样就得到了一个光盘的雏形。

2. 黑色空心圆的制作方法

选择“油漆桶工具”使用黑色填充选区，得到光盘封面的背景，删除“图层 1 拷贝”图层，执行“编辑”→“描边”命令描出光盘的边缘。

3. 书籍光盘的制作要点

使用“矩形选框工具”分别选择封面和封底部分的文字，先将选择的图片复制到光盘封面中，再使用“自由变换工具”对其进行调整大小和变形操作。

知识准备

1. 滤镜的基本概念

滤镜是指以特定的方式修改图像文件的像素特性的工具。就像摄影时使用的过滤镜头，能使图像产生特殊的效果。Photoshop 中的滤镜种类丰富，功能强大。用户在处理图像时使用滤镜功能，可以为图像加入纹理、变形、艺术风格和光线等特殊效果。

2. 滤镜的操作步骤

6-3 滤镜效果.mp4

Photoshop CC 提供了非常多的滤镜种类，基本使用方法相似，其主要操作步骤如下。

（1）选择图层。

（2）执行“滤镜”→“扭曲”→“波纹”命令，打开“波纹”对话框，如图 6-61 所示。

（3）根据需要调整波纹滤镜的参数，如设置“数量”为 404%。可以直接在数值框中输入数值，也可以使用鼠标指针拖动数值框下方的滑块进行调节。

（4）单击“波纹”对话框中的“+”按钮或“-”按钮可以放大或缩小预览窗口。

（5）单击“确定”按钮应用波纹滤镜。图6-62所示为应用波纹滤镜前后图像效果。

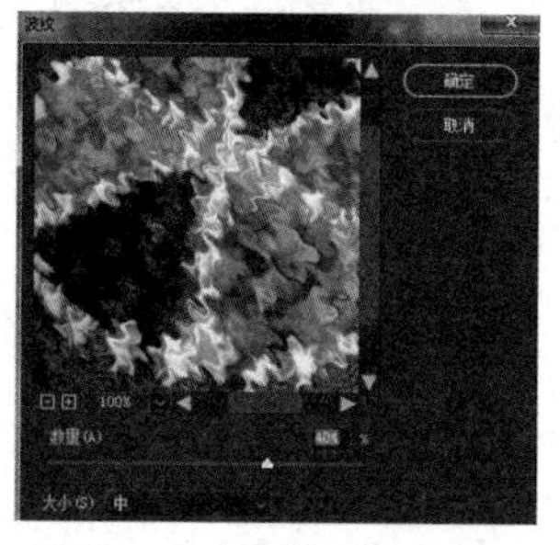

图6-61　“波纹”对话框

图6-62　应用波纹滤镜前后图像效果

（6）在按住Alt键时，“波纹”对话框中的“取消”按钮会变为“复位”按钮，单击“复位”按钮，则该滤镜会恢复到默认状态。

【课堂训练6-9】

尝试举例说出几种常见的滤镜效果。

任务实施

6-4 光盘雏形.mp4

制作与教材配套的光盘

（1）新建一个“文件”，设置画布：宽度为15cm，高度为15cm，分辨率为300像素，颜色模式为CMYK，背景颜色为透明，将文件命名为“gp.psd”。

（2）执行“视图”→“标尺”命令显示标尺，将鼠标指针移至垂直标尺处，按住鼠标左键拖曳一条参考线到水平标尺为7.5cm处。如果第一次没有在准确位置释放鼠标左键，则可以使用工具箱中的“移动工具”将其移动到目标位置。使用同样的方法拖曳第二条参考线到垂直标尺为7.5cm处。

（3）使用“椭圆选框工具”，当起点对准中心点时按住快捷键Shift+Alt拖出一个12cm×12cm的圆形选区，如图6-63所示。

（4）使用“油漆桶工具”将选区填充为白色，得到一个白色的圆形，按快捷键Ctrl+D取消选区，如图6-64所示。

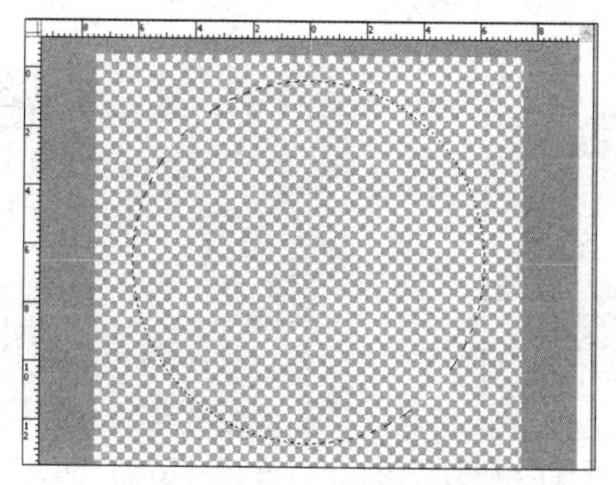

图6-63　拖出一个圆形选区

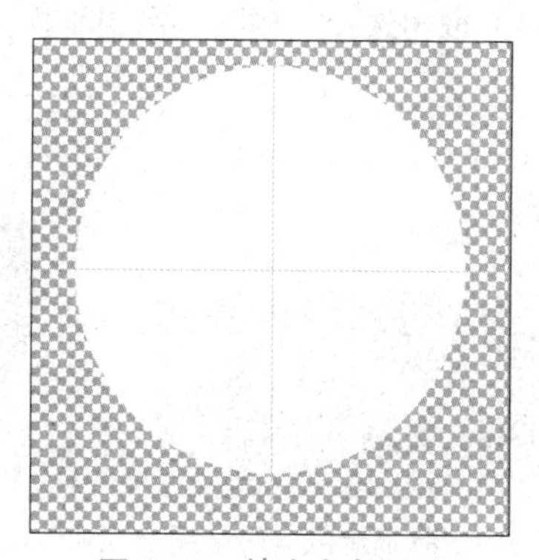

图6-64　填充白色图形

（5）画出一个 1.5cm×1.5cm 的圆形选区，将这个选区作为光盘的内圆，如图 6-65 所示。

（6）执行“编辑”→“清除”命令删除圆形被选区域，这样就得到了一个光盘的雏形。

（7）单击“创建新图层”按钮复制“图层 1”，使用“椭圆选框工具”画出一个直径为 3cm 的圆形选区，如图 6-66 所示。

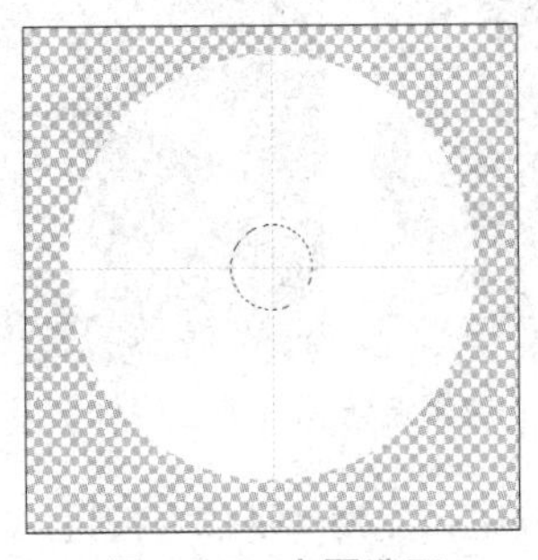

图 6-65　内圆选区

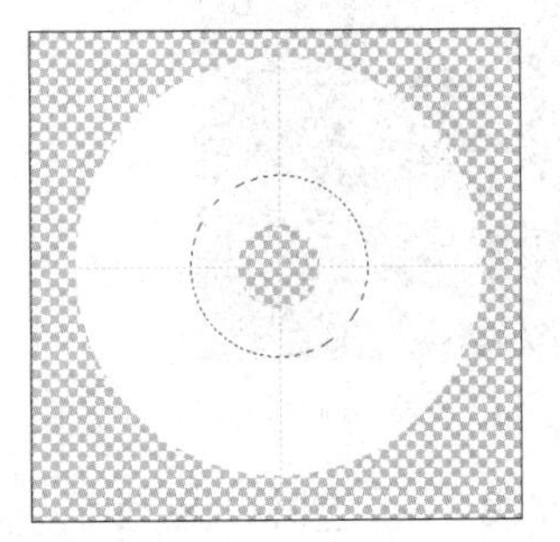

图 6-66　画出圆形选区

（8）执行“编辑”→“清除”命令将选区中的图形删除，执行“选择”→“载入选区”命令，打开“载入选区”对话框，如图 6-67 所示。将“图层 1”副本的图形作为选区载入，如图 6-68 所示。

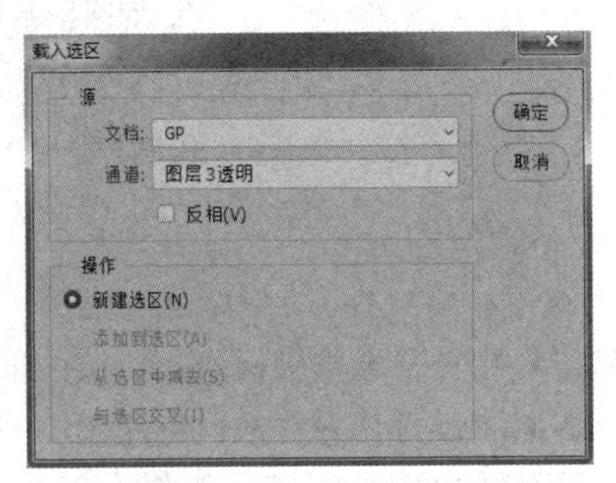

图 6-67　“载入选区”对话框

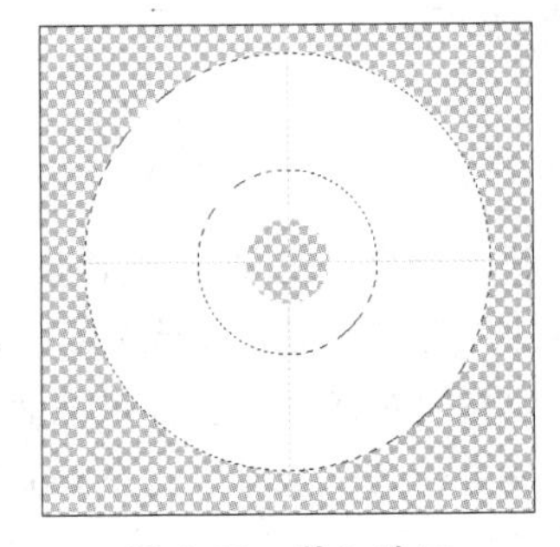

图 6-68　载入选区

（9）向内收缩选区。执行“选择”→“修改”→“收缩”命令，打开“收缩选区”对话框，设置收缩量为 4 像素，如图 6-69 所示。由于印刷需要，光盘的封面需要向内缩进 1mm 的距离。

（10）新建“图层 2”，单击“创建新图层”按钮，使用“油漆桶工具”将选区填充为黑色，得到光盘封面的背景，如图 6-70 所示。

（11）取消选择，删除“图层 1 拷贝”图层，如图 6-71 所示。

图 6-69　“收缩选区”对话框

图 6-70　填充光盘封面的背景

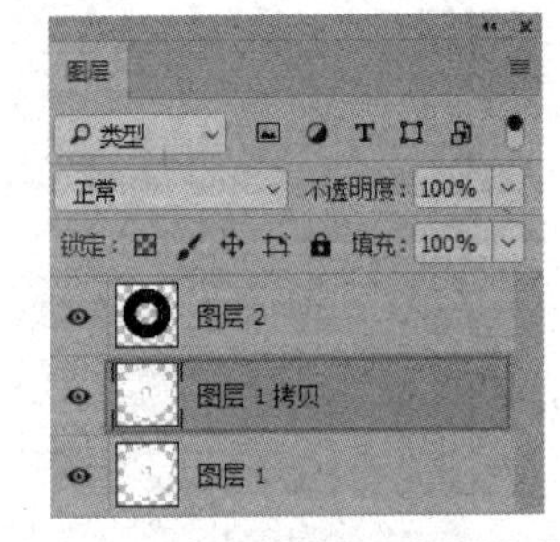

图 6-71　删除“图层 1 拷贝”图层

（12）选中“图层 1”并将“图层 1”的图形作为选区载入，执行“编辑”→“描边”命令描出光盘的边缘，具体参数设置如图 6-72 所示。

6-5 制作光盘封面.mp4

（13）打开“lttn.psd”素材文件，将它作为光盘封面的主题图案，使用“矩形选框工具”分别选择封面和封底部分的文字，并复制选择的图片，将其复制到光盘封面中，使用“自由变换工具”进行调整大小和变形操作，载入“图层 2”的选区，如图 6-73 所示。

（14）按 Shift 键选择封面和封底图层并右击，在弹出的快捷菜单中先执行“合并图层”命令。执行“选择”→“反向”命令，按 Delete 键进行删除操作。

（15）按快捷键 Ctrl+D 取消选区，最终效果如图 6-74 所示。

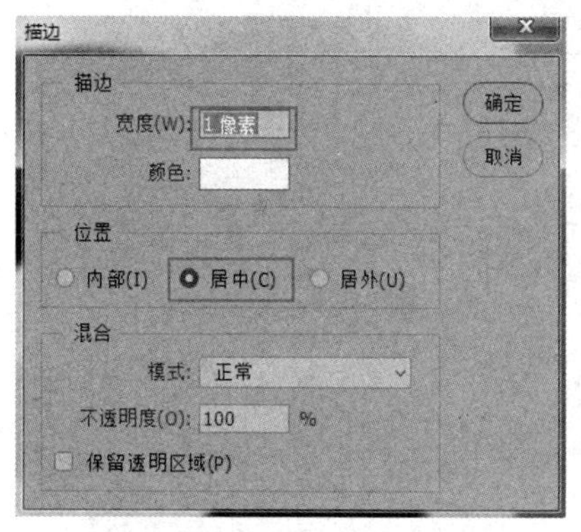

图 6-72　“描边”对话框

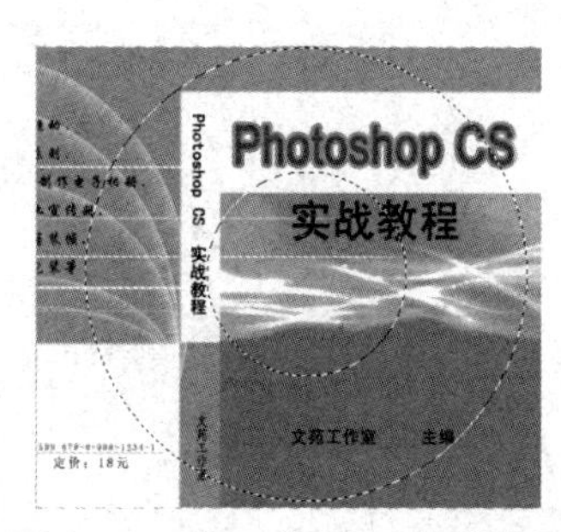

图 6-73　载入“图层 2”的选区

图 6-74　最终效果

任务评价

填写任务评价表，如表 6-3 所示。

表 6-3　任务评价表

工作任务清单	完成情况
（1）光盘主题明确，信息表达准确，清晰完整	○优　○良　○中　○差
（2）光盘外圆和内圆比例合理，具有立体感和协调性	○优　○良　○中　○差
（3）色彩对比鲜明，视觉冲击力强，突出主题	○优　○良　○中　○差

任务拓展

以小组为单位，制作儿童书籍光盘。

（1）通过市场调查，了解相似图书的设计风格，要避免与之雷同。

（2）制作儿童书籍光盘。

项目总结

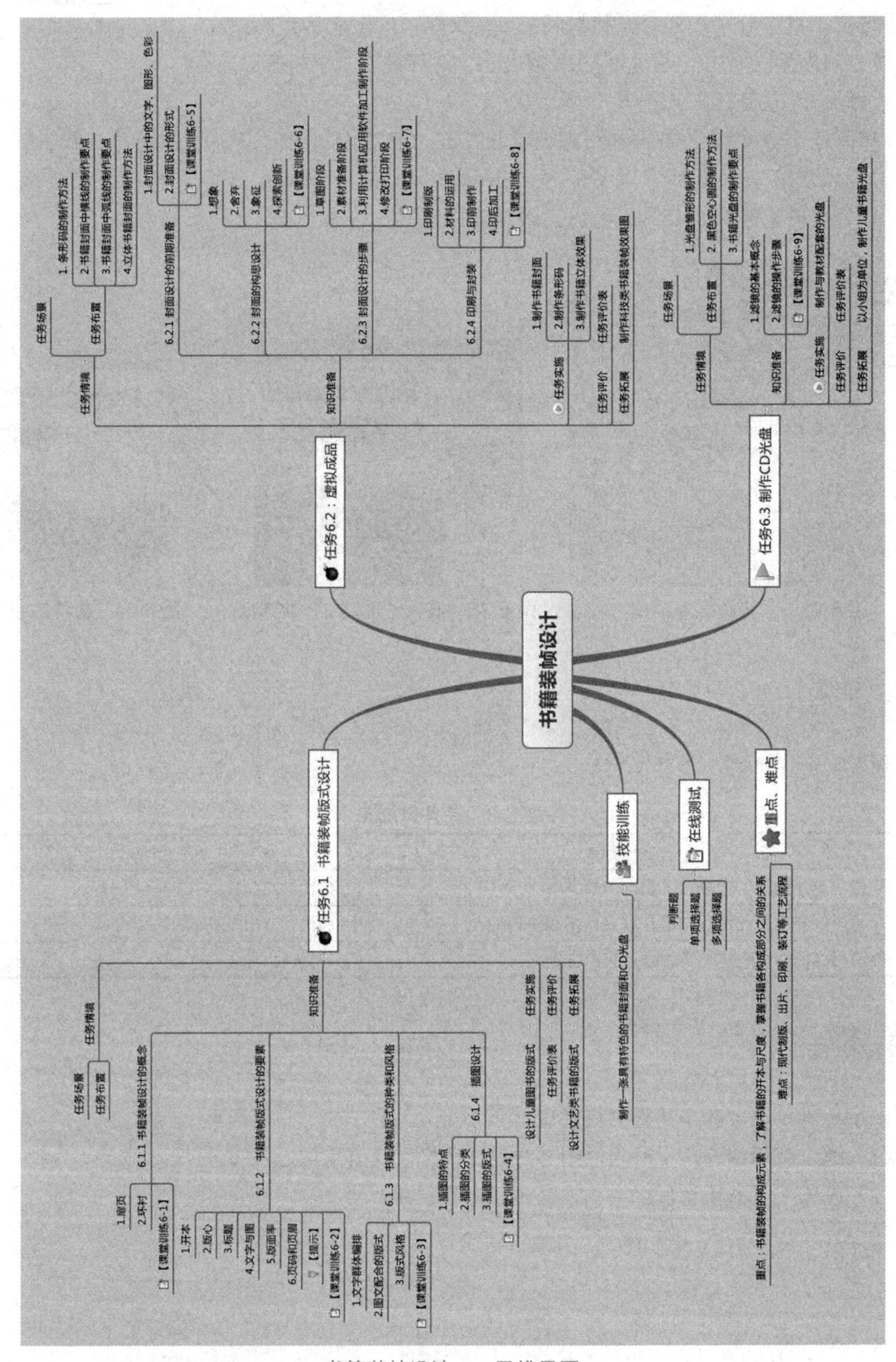

书籍装帧设计——思维导图

在线测试

书籍装帧设计——在线测试

技能训练

制作一张具有特色的书籍封面和CD光盘。

要求：

1．在制作具有特色的书籍封面和CD光盘时，要结合实际情况，选择相关素材，使得创意构思新颖、独特。

2．在进行封面设计前，先要明确该封面的设计主题，再收集相关素材，合理布局，使各素材和元素在版式上相互搭配。

教学单元设计

书籍装帧设计单元设计

项目 7　包装设计

学习目标

1. 知识目标

•掌握包装设计的含义、功能、分类、原则、流程。
•掌握路径的概念和创建方法。
•理解图层样式的概念，熟知图层样式的类型。
•理解图层混合模式的概念。
•熟知图层混合模式的类型。
•理解蒙版的概念和作用。

2. 技能目标

•能熟练创建、调整和变换路径。
•能根据所需正确设置图层混合模式。
•能够为图层添加合适的蒙版。
•能够准确定位包装设计风格，根据设计风格进行设计构思。
•能够根据需要组织、处理素材元素，完成包装作品制作。

3. 能力目标

•培养学生创新意识，提升职业能力。

4. 素质目标

•培养学生深厚的家国情怀和中华民族文化素养。

任务 7.1　学习包装设计的基础知识

任务情境

【任务场景】包装是建立商品与消费者亲和力的桥梁。在经济全球化的今天，包装与商品已融为一体。包装作为实现商品价值和使用价值的手段，在生产、流通、销售和消费领域中，发挥着极其重要的作用，因此在包装设计前要了解包装设计的含义、类型、构成要素、基本原则等。

【任务布置】了解包装设计的含义、类型、构成要素、基本原则等。

知识准备

7.1.1　包装设计简介

1. 包装设计的含义

包装设计是以保护商品、方便消费者使用、扩大销售为目的，将科学的、社会的、艺术的、心理的诸要素综合起来对包装商品进行美化装饰设计，它是产品理念、产品特性、消费心理的综合反映，并能直接影响消费者对商品的购买欲，其内容主要有容器造型设计、结构设计、装潢设计等。

2. 包装设计的作用

包装是建立商品与消费者亲和力的桥梁。在经济全球化的今天，包装与商品已融为一体。包装作为实现商品价值和使用价值的手段，在生产、流通、销售和消费领域中，发挥着极其重要的作用。

【课堂训练 7-1】

以“包装，一个不会说话的推销员”为主题，说明包装设计的重要性，以 PPT 形式展示。

【提示】

这个时代的消费者决策行为已经不同于以往，无趣的包装带不来购买的兴趣，消费者不仅关注食品本身的特点，也关注视觉美感与趣味性。优秀的包装设计能够使人感到愉悦并引发情感共鸣。对包装设计的正确认知，是开启包装设计的第一步。

7.1.2　包装设计的类型

商品种类繁多、形态各异、五花八门，其作用、功能、外观也各有千秋。内容决定形式，为了针对不同商品进行个性化设计，我们对包装设计进行如下分类。

1. 按商品内容分类

包装设计可被分为日用品类、食品类、烟酒类、化妆品类、医药类、土特产类、文体类、工艺品类、化学品类、五金家电类、儿童玩具类、纺织品类等。

2. 按包装材料分类

不同的商品，考虑到它的展示效果与运输过程等，使用材料也不尽相同，如纸包装、木包装、金属包装、塑料包装、玻璃包装、陶瓷包装、布包装、棉麻包装等。

3. 按商品性质分类

1）销售包装

销售包装又被称为“商业包装”，可分为内销包装、外销包装、礼品包装、经济包装等。销售包装是直接面向消费的，因此，在设计时，要有一个准确的定位，符合商品的诉求对象，力求简洁大方，方便实用，而又能体现商品特性。

2）储运包装

储运包装，也就是以商品的储存或运输为目的的包装。它主要在厂家与分销商、卖场之间流通，便于商品的搬运与计数。在设计时，是否美观并不是重点，只要包装上注明商品的数量，发货与到货日期、时间与地点等，也就可以了。

3）军需品包装

军需品的包装，也可以说是特殊用品包装，在设计时很少遇到，因此不进行详细介绍。

7.1.3 包装设计的构成要素

包装设计的构成要素主要包括三大部分：外形要素、构图要素、材料要素。

1. 外形要素

外形要素就是商品包装示面的外形，包括展示面的大小、尺寸和形状。日常生活中常见的形态有 3 种，即自然形态、人造形态和偶发形态。我们在研究商品的形态构成时，必须找到适用于任何性质的形态，即把共同的规律性的东西抽出来，称之为抽象形态。

一个新颖的包装外形可以吸引消费者的目光，让消费者对商品留下深刻的印象。在考虑包装外形要素创新的同时，也要保证符合大众审美。

2. 构图要素

构图要素是指商品包装展示面的商标、图形、文字等。将构图要素组合排列在一起就形成一个完整的画面，构成了商品包装装潢的整体效果。商标、图形、文字和色彩的运用正确、适当、美观，就可设计出优秀的作品。

3. 材料要素

材料要素是指商品包装所用材料表面的质感和纹理，这两个要素将影响到商品包装的视觉效果。商品包装使用的材料种类有很多，如纸类材料、玻璃材料、塑料材料、金属材料、木质材料等，不同的材料有着不同的效果，运用不同的材料并合理地加以组合配置，可以给消费者带来不一样的感觉。

7.1.4 包装设计的基本原则

包装设计应遵循科学、经济、可靠、美观四大原则。这是根据包装设计的规律总结出来的科学原则。

1. 科学原则

科学原则是指包装设计必须首先考虑包装的功能，达到保护商品、提供方便和扩大销售的目的。符合人们日常生产与生活的需要，同时还要符合广大群众健康的审美。

2. 经济原则

经济原则要求包装设计要符合现代先进的工业生产水平，做到以最少的人力、物力、财力和时间来获得最大的经济收益。这就要求商品的包装设计有利于机械化的大批量生产；有利于自动化的操作和管理；有利于降低材料消耗和节约能源；有利于提高工作效率；有利于保护商品、方便运输、扩大销售、使用维修、存储堆垛等各个流通环节。以上这一切都是经济原则所包含的内容。

3. 可靠原则

可靠原则是要求商品的包装设计保护商品可靠，不能使商品在各种流通环节上被损坏、被污染或被偷窃。这就要求对被包装物要进行科学的分析，采用合理的包装方法和合适的材料，并进行可靠的结构设计，甚至要进行一些特殊的处理。

4. 美观原则

美观原则是广大群众的共同要求，商品的包装设计必须在功能、物质和技术条件允许的条件下，为被包装的商品创造出生动、完美、健康、和谐的造型设计与装潢设计，从而激发人们的购买欲望。

任务实施

从身边熟悉的商品包装开启作品赏析之路。

（1）创意包装设计赏析之旺仔民族罐。

（2）创意包装设计赏析之喷雾雪碧。

（3）创意包装设计赏析之脉动双曲线瓶身。

7-1 包装作品赏析.pdf

任务评价

填写任务评价表，如表 7-1 所示。

表 7-1　任务评价表

工作任务清单	完成情况
（1）以“包装，一个不会说话的推销员”为主题，说明包装设计的重要性，以 PPT 形式展示	○优　○良　○中　○差
（2）列举自己喜欢的商品包装并进行赏析	○优　○良　○中　○差

任务拓展

为自己喜欢的物品设计一个简易包装并说明其创意。

任务 7.2　学习包装设计的步骤与流程

任务情境

【任务场景】包装设计占据了品牌形象设计中很重要的一个板块，一个好的品牌包装设计，不但能提升品牌口碑与知名度，还能在市场中创造更好的商业效益，因此在进行包装设计前要了解包装设计的流程。包装的设计流程可归纳为 7 部分：需求分析、调查研究、概念研发、设计生产、提案展示、客户的反馈、修改与确认、印前处理与批量生产。

【任务布置】了解包装设计的步骤和流程。

知识准备

7.2.1 包装设计的步骤

1. 需求分析

在每一个包装设计项目开始之前，设计者都会让客户填写需求调查问卷，目的是便于更清晰地梳理客户需求，详细了解客户资料，前期进行一个更有效更直接的沟通。

2. 调查研究

调查研究环节在设计过程中非常重要，深入的调查与研究，会使设计者的眼界更为开阔，考虑得更为全面。调查研究包括品牌调研、竞争对手调研、媒介调研、实地调研等。

3. 概念研发

概念研发环节可以借助草图清晰地描绘整个设计思路。借助草图可以避免后期在进行绘图时出现的思路不顺、结构尺寸模糊、创意图案不完整等相关问题。

4. 设计生产

设计生产并非印刷制作，而是通过电脑制图来实现创意和主题的设计。

5. 提案展示

提案展示是借助 PPT 的形式，系统、全面地向需求方展示并阐述方案和创意理念。

6. 客户的反馈、修改与确认

这一步作为设计过程的最后环节，对包装方案进行最终的确认。

7. 印前处理与批量生产

包装设计的最后一步，也是最关键的一步，就是印前处理与批量生产。在这之前需要通过打样的形式来确认图案、色彩、工艺、材质展现是否达到设计文件的理想要求，因此要求设计者必须对印刷的材质、工艺、流程要有详细的了解。

【提示】

加强对同类商品包装的了解，及时掌握同类竞争商品的商业信息，对于设计者来说是调研中必不可少的重要环节。

7.2.2 包装设计的流程

图 7-1 所示为包装设计流程图。

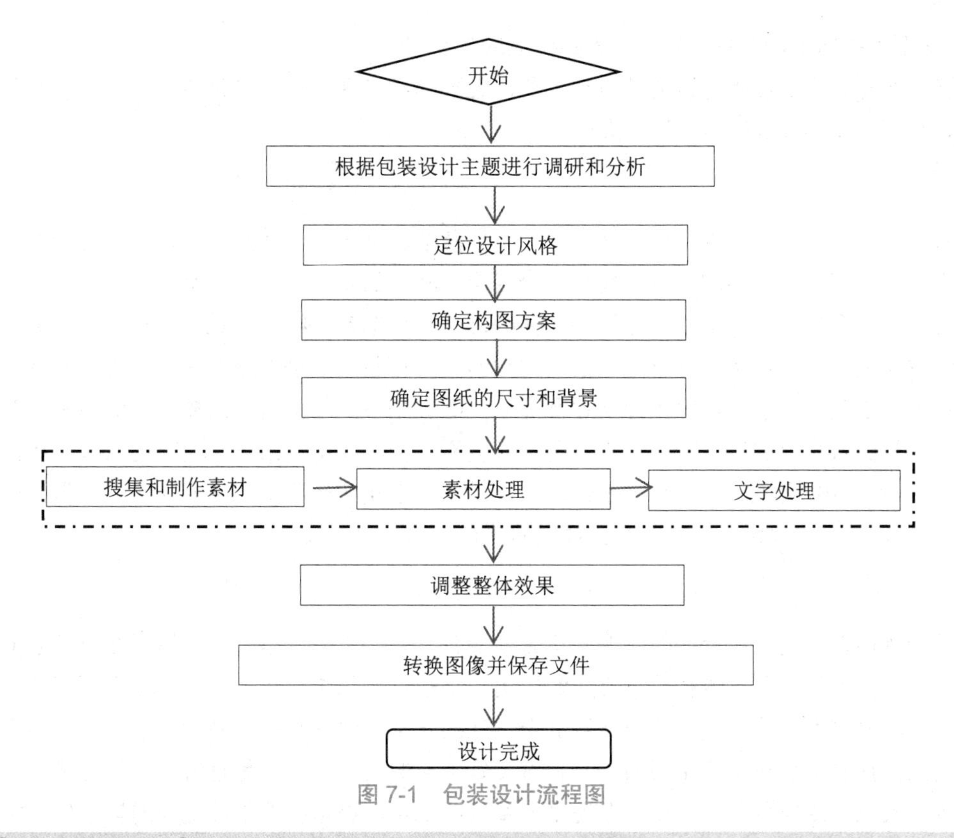

图 7-1　包装设计流程图

【课堂训练 7-2】

根据包装设计的步骤，绘制包装设计流程图。

任务实施

解析包装设计流程。

1. 需求分析

通过与商家沟通，实地走访，了解其需求及企业的相关信息，如企业文化理念、公司发展状况、企业营销策略、产品特性、制作工艺、适用人群及主要消费者地区等，之后对以上信息进行研究分析。

2. 调查研究

黑龙江金麦坊食品科技有限公司始创于清乾隆三十七年（公元 1772 年），是国内食品行业历史最久，影响力最大的知名品牌之一，是公认的民族品牌。该公司出品的漫香月饼被中国食品工业协会授予“中国十佳月饼品牌——国饼十佳”“中国名饼”“中国最佳特色月饼”称号；荣获“全国月饼技术比赛团体金奖”；获得“中国质量万里行质量信誉跟踪品牌”称号。

3. 设计对象定位

黑龙江金麦坊食品科技有限公司出品的漫香月饼被中国食品工业协会授予“中国十佳月饼品牌——国饼十佳”“中国名饼”“中国最佳特色月饼”称号；荣获“全国月饼技术比赛团体金

奖”；获得“中国质量万里行质量信誉跟踪品牌”称号。

除了要充分了解漫香月饼的特点和特色，还要品尝漫香月饼，在月饼的浓香中感受更多的内涵，从而发现和找到更多的设计灵感。

4. 设计背景定位

月饼象征着团圆，是中秋佳节必食之品。中秋节的来历与“嫦娥奔月”的传说有关：传说在远古时代，有一个叫羿的英雄。他有一个美丽、善良的妻子，名字叫嫦娥。他们过着美满、幸福的生活。有一天，羿得到一包能够成仙的神药，他把药交给了嫦娥来保管。这件事让羿的徒弟逢蒙知道了，在农历八月十五这天，他趁羿出去打猎，溜进嫦娥家里，逼她交出神药。为了不让神药落到逢蒙手里，嫦娥把药吞到嘴里，她立刻不由自主地飞出窗口，飘飘荡荡升上天空，一直飘到月亮上的广寒宫。每年农历八月十五这天，羿都拿出嫦娥爱吃的水果，还做了圆圆的月饼，盼望嫦娥回来，农历八月十五这一天成了民间的团圆节。“八月十五月儿圆，中秋月饼香又甜”，这句名谚道出中秋之夜人民吃月饼的习俗。

5. 设计风格定位

设计风格定位是作品设计的灵魂。首先要把客户的要求放在第一位，然后在此基础上，仔细分析研究设计的对象。中秋节有悠久的历史，是很重要的传统节日。月饼是中秋佳节独特的必食之品，在浓重的传统节日色彩下被赋予很深的含义。中秋赏月与品尝月饼，作为家人团圆的象征，寄托着人们对生活无限的热爱和对美好生活的向往，因此将月饼包装设计风格定位为中国风、大气、清新典雅、灵动。在视觉上要赏心悦目，更重要的是被受众理解。作品主要以月饼、圆月、嫦娥等素材为主，将月饼这一包装设计对象融于中秋节这个传统节日中，体现中国传统佳节——中秋节文化的厚重，烘托美好、喜庆、神秘的氛围，整个作品要突显人们对生活无限的热爱和对美好生活的向往。

6. 月饼包装的设计构思

设计构思的核心在于考虑表现什么和如何表现两个问题。回答这两个问题即要解决以下 4 点：表现重点、表现角度、表现手法和表现形式。

本设计的表现重点是月饼，为突显月饼背后厚重的文化底蕴，将月饼这一包装设计对象融于中秋节这个传统节日中，以月饼、圆月、嫦娥等素材为主，以吉祥如意图案、祥云、红飘带、双鱼图案、古文字等中国古典风素材为辅，以红为主的红黑渐变背景下隐隐透着吉祥如意的图案，背景中点缀着的丝带为画面增添一丝柔美，所有元素都在烘托着美好、喜庆、神秘的氛围，让人们在美好的氛围中不知不觉产生购买欲，让其在品味月饼香甜的同时，更是为其献上别具一格的视觉盛宴。当然，商品的商标、产地信息、条形码、防伪标志、质量安全标志等元素在设计中也必不可少。

事物都有不同的认识角度，在表现上应该集中于一个角度，这将有益于表现元素的鲜明性、突出性。重点是否突出是设计成败的关键，切忌画面中的内容太多太杂，给人以堆砌感，什么都想表现，结果什么也没表现出来，事与愿违。

本设计采用的是直接表现法，除了客观地直接表现，还运用了衬托这种辅助性方式。衬托的形象虽然是具象的，但是却是朦胧的，若隐若现的，其目的是既起到陪衬的作用，又不会喧宾夺主。

总之，设计构思如同作战一样，重点是攻击目标，角度是突破口，手法是战术，形式则是武器，其中任何一个环节处理不好都会前功尽弃。

7. 素材收集与处理

8. 制作调整

9. 与客户沟通定稿

任务评价

填写任务评价表，如表 7-2 所示。

表 7-2 任务评价表

工作任务清单	完成情况
（1）根据包装设计的步骤，绘制包装设计流程图	○优 ○良 ○中 ○差
（2）以客户的身份为一个产品，写一个包装设计的需求文档	○优 ○良 ○中 ○差

任务拓展

以一个具体案例分析包装设计流程。

任务 7.3 设计月饼包装效果图

任务情境

【任务场景】黑龙江金麦坊食品科技有限公司是“中华老字号”，位于黑龙江省哈尔滨市双城区工业园区的麦香村食品工业园，车间十万级净化，全自动生产线，全过程监控，为 GMP 模范工厂。该企业通过了 ISO9001 和 HA2020P 管理体系认证，与中国食品发酵工业研究院、国家食品质量监督检验中心联合建立中国糕点食品技术中心。黑龙江金麦坊食品科技有限公司始创于清乾隆三十七年（公元 1772 年），是国内食品行业历史最久，影响力最大的知名品牌之一，是公认的民族品牌，以其深厚的文化底蕴，精湛的制造工艺，卓越的品质信誉，被誉为“饼艺至尊，糕点泰斗”。该公司出品的漫香月饼被中国食品工业协会授予“中国十佳月饼品牌——国饼十佳”“中国名饼”“中国最佳特色月饼”称号；荣获“全国月饼技术比赛团体金奖”；获得“中国质量万里行质量信誉跟踪品牌”称号。

通过与商家沟通，实地走访，了解企业需求及企业的相关信息，如企业文化理念、企业发展状况、企业营销策略、产品特性、产品的制作工艺、适用人群及主要消费者地区等。对以上信息进行研究分析，主要从以下 4 个方面进行分析：一、从共性和个性两个方面了解漫香月饼的自身与同行业其他商品的现状；二、详细分析漫香月饼特点，并与同类商品相比较，明确商品的优势和特色。三、了解不同品牌的月饼的设计特点和货架展示效果，做到知己知彼。四、了解消费者对月饼的需求心理，要及时反馈信息，力求做到供需一致。

【任务布置】为黑龙江金麦坊食品科技有限公司出品的漫香月饼设计简易小包装平面效果图、简易包装立体效果图、包装盒平面效果图、包装盒立体效果图，以及包装手袋平面效果图、包装手袋立体效果图。

知识准备

7.3.1 路径

1. 路径的概念

路径是使用贝塞尔曲线所构成的一段闭合或者开放的曲线段，曲线由多个锚点（两个锚点及以上）进行控制，每个锚点可以通过控制手柄来调整路径的曲度、方向。

2. 路径的创建方法

钢笔工具组是由一组创建、修改编辑路径的工具组成，包括“钢笔工具”“自由钢笔工具”“添加锚点工具”“删除锚点工具”“转换点工具”，此工具组常被用于建立自由曲线和直线路径。

3. 路径的调整

1）路径选择工具

（1）路径的选择：在整体路径处于被选择状态时，路径上所有锚点将全部显示为黑色小方块。

（2）路径的移动：使用“路径选择工具”选择相应路径，使其处于被选择状态，拖曳鼠标移动路径即可。

2）直接选择工具

（1）锚点的选择：使用“直接选择工具”选择相应锚点，被选中的锚点显示为实心小方块，未被选中的锚点将显示为空心小方块，按 Shift 键可连续选择多个锚点。

（2）锚点的移动：使用“直接选择工具”选择相应锚点，选择单独或多个锚点后拖曳鼠标将移动其位置。

3）变换路径

（1）在创建路径后，可以根据要求对路径进行各种变换操作，如“自由变换路径”“缩放”“旋转”“斜切”“扭曲”“透视”“变形”“旋转”“水平翻转”“垂直翻转”。

（2）路径变换的操作：在选择路径后，执行“编辑”→“自由变换路径”命令或执行“编辑”→“变换路径”命令，路径四周将出现变换控制框，拖曳路径变换控制框中的控制句柄即可变换路径。

7.3.2 图层样式

1. 图层样式的概念

图层样式是指图形图像处理软件 Photoshop 中的一项图层处理功能，是后期制作图片以达到预定效果的重要手段之一。图层样式的功能强大，能够简单快捷地制作出各种投影、各种质感及各种光影效果。与不用图层样式的传统操作方法相比较，图层样式具有速度更快、效果更精确、更强的可编辑性等优势。

2. 图层样式的种类

（1）投影：为图层上的对象、文本或形状后面添加阴影效果。投影参数有“混合模式”“不透明度”“角度”“距离”“扩展”“大小”等，通过对这些参数的设置可以得到需要的效果。

（2）内阴影：在对象、文本或形状的内边缘添加阴影，让图层产生一种凹陷外观，内阴影效果对文本对象效果更佳。

（3）外发光：从图层对象、文本或形状的边缘向外添加发光效果。设置参数可以让对象、文本或形状更精美。

（4）内发光：从图层对象、文本或形状的边缘向内添加发光效果。

（5）斜面和浮雕：可以为图层添加高亮显示和阴影的各种组合效果，“斜面和浮雕”面板中参数解释如下。

① 外斜面：沿对象、文本或形状的外边缘创建三维斜面。

② 内斜面：沿对象、文本或形状的内边缘创建三维斜面。

③ 浮雕：创建外斜面和内斜面的组合效果。

④ 枕状浮雕：创建内斜面的反相效果，使对象、文本或形状看起来下沉。

⑤ 描边浮雕：只适用于描边对象，即在应用“描边浮雕”效果时需要打开“描边”效果。

（6）光泽：将对图层对象内部应用阴影，与图层对象的形状互相作用，通常创建规则波浪形状，产生光滑的磨光及金属效果。

（7）颜色叠加：将在图层对象上叠加一种颜色，即将一层纯色填充到应用样式的对象上。选择“设置叠加颜色”选项，打开“选取叠加颜色”对话框可以选择任意颜色。

（8）渐变叠加：将在图层对象上叠加一种渐变颜色，即用一层渐变颜色填充到应用样式的对象上。使用“渐变编辑器”对话框还可以选择使用其他的渐变颜色。

（9）图案叠加：将在图层对象上叠加图案，即用一致的重复图案填充对象。使用“图案拾色器”对话框还可以选择其他的图案。

（10）描边：使用颜色、渐变颜色或图案描绘当前图层上的对象、文本或形状的轮廓，对于边缘清晰的形状（如文本），这种效果尤其有用。

3. 添加图层样式的方法

（1）执行“图层”→“图层样式”命令，在“图层样式”右侧会显示所有图层样式，选择合适的即可添加图层样式。

（2）单击导航栏中“fx”按钮，打开悬浮菜单，菜单里是各种图层样式。

（3）双击导航图层图标的后半部分，双击后会打开图层样式设置界面。

7.3.3 图层的混合模式

1. 图层混合模式的概念

图层混合模式就是指一个图层与其下图层的色彩进行了叠加，除了正常模式，图层混合模式还有很多种，它们都可以产生迥异的合成效果。

2. 图层混合模式的种类

（1）正常模式：正常模式下编辑每个像素，都将直接形成结果色，这是默认模式，也是图像的初始状态。

（2）溶解混合模式：溶解混合模式是用结果色随机取代具有基色和混合颜色的像素，取代的程度取决于该像素的不透明度。

（3）变暗混合模式：变暗混合模式是将绘制的颜色与基色之间的亮度进行比较，亮于基色的颜色都被替换，暗于基色的颜色保持不变。在变暗混合模式中，查看每个通道的颜色信息，并选择基色与混合色中较暗的颜色作为结果色。

（4）正片叠底混合模式：正片叠底混合模式用于查看每个通道中的颜色信息，使用它可以形成一种光线穿透图层的幻灯片效果。其实就是首先将基色与混合色相乘，然后除以 255，便得到了结果色的颜色值，结果色总是比原来的颜色更暗。

（5）颜色加深混合模式：颜色加深混合模式用于查看每个通道的颜色信息，使基色变暗，从而显示当前图层的混合色。

（6）线性加深混合模式：线性加深混合模式同样用于查看每个通道的颜色信息，不同的是，它通过降低其亮度使基色变暗来反映混合色。

（7）深色混合模式：深色混合模式根据当前图像混合色的饱和度直接覆盖基色中暗调区域的颜色。基色中包含的亮度信息不变，混合色中的暗调信息被取代，从而得到结果色。

（8）变亮混合模式：变亮混合模式与变暗混合模式的结果相反。通过比较基色与混合色，把比混合色暗的像素替换，比混合色亮的像素不做改变，从而使整个图像产生变亮的效果。

（9）滤色混合模式：滤色混合模式与正片叠底混合模式相反，它查看每个通道的颜色信息，将图像的基色与混合色结合起来产生比两种颜色都浅的第三种颜色，就是将绘制的颜色与底色的互补色相乘，然后除以 255 得到的混合效果。通过该模式转换后的图像颜色通常很浅，像是被漂白一样，结果色总是较亮的颜色。有时候图片曝光不足，整体偏暗，可使用滤色混合模式对图像进行处理。

（10）颜色减淡混合模式：颜色减淡混合模式用于查看每个通道的颜色信息，通过降低对比度使基色变亮，从而反映混合色。

（11）线性减淡混合模式：线性减淡混合模式与线性加深混合模式的效果相反，它通过增加亮度来减淡颜色，产生的亮化效果比滤色混合模式和颜色减淡混合模式都强烈。工作原理是查看每个通道的颜色信息，然后通过增加亮度使基色变亮来反映混合色。

（12）浅色混合模式：浅色混合模式根据当前图像混合色的饱和度直接覆盖基色中高光区域的颜色。基色中包含的暗调区域不变，混合色中的高光色调被取代，从而得到结果色。

（13）叠加混合模式：叠加混合模式实际上是正片叠底混合模式和滤色混合模式的一种混合模式。该模式是将混合色与基色相互叠加，也就是说底层图像控制着上面的图层，可以使之变亮或变暗。比 50%暗的区域将采用正片叠底混合模式变暗，比 50%亮的区域则采用滤色混合模式变亮。

（14）柔光混合模式：柔光混合模式的效果与发散的聚光灯照在图像上相似。该模式根据混合色的明暗来决定图像的最终效果是变亮还是变暗。

（15）强光混合模式：强光混合模式是正片叠底混合模式与滤色混合模式的组合。它可以产生强光照射的效果，根据当前图层颜色的明暗程度来决定最终的效果变亮还是变暗。如果混合色比基色的像素更亮一些，那么结果色更亮；如果混合色比基色的像素更暗一些，那么结果色更暗。这种模式实质上同柔光混合模式相似，区别在于它的效果要比柔光混合模式更强烈一些。在强光混合模式下，当前图层中比 50%灰色亮的像素会使图像变亮；比 50%灰色暗的像素会使图像变暗，但当前图层中纯黑色和纯白色将保持不变。

（16）亮光混合模式：亮光混合模式通过增加或减小对比度来加深或减淡颜色。如果当前图层中的像素比 50%灰色亮，则通过减小对比度的方式使图像变亮；如果当前图层中的像素比 50%灰色暗，则通过增加对比度的方式使图像变暗。亮光混合模式是颜色减淡混合模式与颜色加深混合模式的组合，它可以使混合后的颜色更饱和。

（17）线性光混合模式：线性光混合模式是线性减淡混合模式与线性加深混合模式的组合。线性光混合模式通过增加或降低当前图层颜色亮度来加深或减淡颜色。如果当前图层中的像素比 50%灰色亮，可通过增加亮度使图像变亮；如果当前图层中的像素比 50%灰色暗，则通过减小亮度使图像变暗。

与强光混合模式相比，线性光混合模式可使图像产生更高的对比度，也会使更多的区域变为黑色或白色。

（18）点光混合模式：点光混合模式其实就是根据当前图层颜色来替换颜色。若当前图层颜色比 50%的灰色亮，则比当前图层颜色暗的像素被替换，而比当前图层颜色亮的像素不变；若当前图层颜色比 50%的灰色暗，则比当前图层颜色亮的像素被替换，而比当前图层颜色暗的像素不变。

（19）实色混合模式：实色混合模式下当混合色比 50%灰色亮时，基色变亮；如果混合色比 50%灰色暗，则会使底层图像变暗。该模式通常会使图像产生色调分离的效果，减小填充不透明度，可减弱对比强度。

（20）差值混合模式：差值混合模式将混合色与基色的亮度进行对比，用较亮颜色的像素值减去较暗颜色的像素值，所得差值就是最后效果的像素值。

（21）排除混合模式：排除混合模式与差值混合模式相似，但排除混合模式具有高对比度和低饱和度的特点，比差值混合模式的效果要柔和、明亮。白色作为混合色时，图像反转基色而呈现；黑色作为混合色时，图像不发生变化。

（22）减去混合模式：减去混合模式是基色的数值减去混合色数值，与差值混合模式类似，如果混合色与基色相同，那么结果色为黑色。

（23）划分混合模式：划分混合模式是查看每个通道的颜色信息，并用基色分割混合色。基色数值大于或等于混合色数值，混合出的颜色为白色。基色数值小于混合色数值，结果色比基色更暗。因此结果色对比非常强。白色与基色混合得到基色，黑色与基色混合得到白色。

（24）色相混合模式：色相混合模式是选择基色的亮度和饱和度值与混合色进行混合而创建的效果，混合后的亮度及饱和度取决于基色数值，但色相取决于混合色数值。

（25）饱和度混合模式：饱和度混合模式是在保持基色色相和亮度值的前提下，只用混合色的饱和度值进行着色。基色与混合色的饱和度值不同时，才使用混合色进行着色处理。若饱和度为 0，则与任何混合色叠加均无变化。在基色不变的情况下，混合色图像饱和度越低，结果色饱和度越低；混合色图像饱和度越高，结果色饱和度越高。

（26）颜色混合模式：颜色混合模式引用基色的明度和混合色的色相与饱和度创建结果色。它能够使混合色的饱和度和色相同时进行着色，这样可以保护图像的灰色色调，结果色的颜色由混合色决定。

（27）明度混合模式：明度混合模式使用混合色的亮度值进行表现，采用的是基色中的饱和度和色相。与颜色混合模式的效果恰恰相反。

3. 设置图层混合模式的方法

打开“图层”面板，选择“正常”下拉列表，根据需要可以选择图层的混合模式。

7.3.4 蒙版

1. 蒙版的概念

蒙版就是选框的外部，选框的内部就是选区，蒙版就是选区之外的部分，负责保护非选区内容。由于蒙版蒙住的地方是编辑选区时不受影响的地方，需要被完整地保留下来，因此，在图层上需要显示出来（在图上看得见），从这个角度来理解则蒙版的黑色（即保护区域）为完全透明，白色（即选区）为不透明，灰色介于之间（部分选区，部分保护区域）。

2. 蒙版的作用

（1）抠图。

（2）做图的边缘淡化效果。

（3）图层间的融合。

3. 创建蒙版的方法

（1）先制作选区，执行“选择”→“存储选区”命令，单击“通道”控制面板中的“将选区存储为通道”按钮。

（2）使用“通道”控制面板，先创建一个 Alpha 通道，再使用绘图工具或其他编辑工具在该通道上编辑，产生一个蒙版。

（3）制作“图层”蒙版。

（4）使用工具箱中的“快速蒙版工具”产生一个快速蒙版。

【课堂训练 7-3】

根据所学，谈谈你对路径、图层样式、图层混合模式、蒙版的理解，以 PPT 形式展示。

【提示】

熟练掌握路径、图层样式、图层混合模式、蒙版等操作方法是进行包装设计的前提。

任务实施

1. 收集整理素材

收集和整理设计作品所需的所有素材（见图 7-2～图 7-8）。一部分素材由公司提供，如产品的 Logo、商标、防伪标志、质量安全标志、条形码等，进行素材的收集与整理要根据设计定位和设计构思，所有的素材均为突显主题服务。

图 7-2　嫦娥奔月

图 7-3　月饼

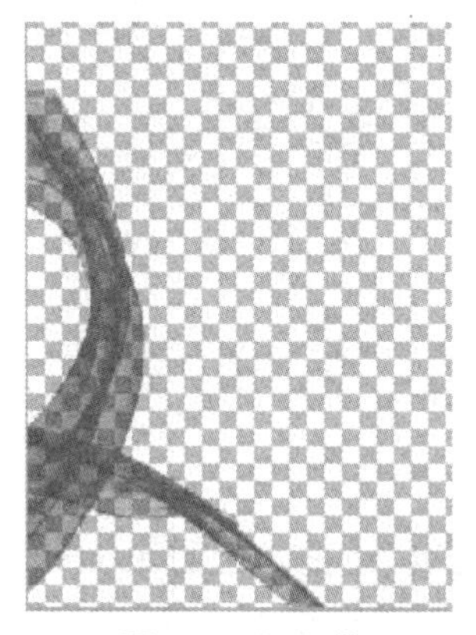
图 7-4　红飘带

图 7-5　吉祥如意图案

图 7-6　祥云

图 7-7　吉祥图案

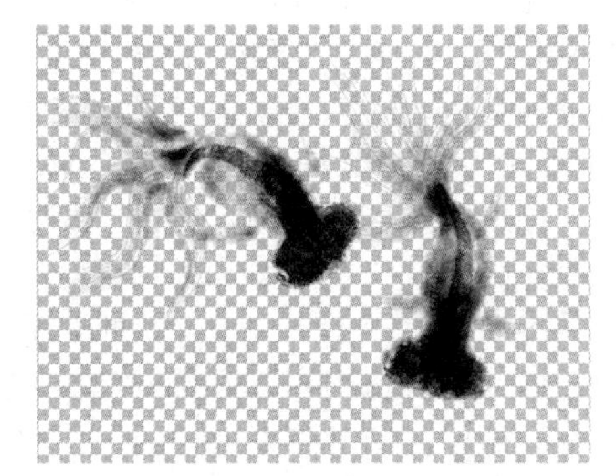
图 7-8　水墨鱼

2. 素材的处理

收集的大部分素材文件可以直接使用，不需处理。仅有 3 张素材图像需要处理，嫦娥奔月、祥云和月饼。

1）处理“嫦娥奔月”素材

（1）打开 Photoshop，执行“文件”→“打开”命令或打开素材文件所在的文件夹，选中“嫦娥奔月”素材图片，将其拖曳至任务栏上的 Photoshop 图标上，这两种常用方法都可以将图片导入 Photoshop 中。

（2）复制“嫦娥”图层得到“嫦娥副本”图层，原图层留作备用，为“嫦娥副本”图层添加图层蒙版，选择“画笔工具”，选择合适的笔刷大小，画笔硬度为0%，将前景色调整为黑色。

（3）在“图层”面板上，单击“嫦娥”图层前面的眼睛图标，隐藏该图层。选中为“嫦娥副本”图层添加的图层蒙版，使用“画笔工具”在“嫦娥”图像上涂抹，把不需要的地方进行涂抹遮盖。在操作过程中要随时根据实际需要调整笔刷的大小，快捷键“[”为增大，快捷键“]”为减小，使用快捷键可提高工作效率，要养成使用快捷键的习惯。如果在操作过程中将遮盖的地方涂抹多了，可将前景色调整为白色再在原地方进行涂抹恢复，注意观察图层蒙版，黑色区域为遮盖部分，即看不见的部分，也是不需要的部分，白色部分为可见部分，是需要的部分，操作过程如图7-9所示，处理后素材图如图7-10所示。

图7-9 “嫦娥奔月”素材抠图方法

图7-10 处理后“嫦娥奔月”图

2）处理“祥云”素材

（1）打开素材文件所在的文件夹，选择“祥云”素材图片，将其拖曳至任务栏上的Photoshop的图标上。

（2）选中“祥云”图层，为“祥云”图层添加图层蒙版，选中为“祥云”图层添加的图层蒙版，使用“画笔工具”在图像上涂抹，把不需要的地方进行涂抹遮盖。利用快捷键“[”和“]”来调整笔刷大小并进行反复涂抹，直到满意为止。

3）处理“月饼”素材

（1）打开Photoshop，导入“月饼”素材图片。

（2）复制“月饼”图层得到“月饼副本”图层，原图层留作备用。

（3）选择“钢笔工具”，在菜单栏的下方可以看到“钢笔工具”的属性栏，“钢笔工具”有两种创建模式：创建新的形状图层和创建新的工作路径。在本例中单击“创建新的工作路径”按钮，在画布上连续单击可以绘制出折线，通过选择工具箱中的“钢笔工具”结束绘制，也可以按住Ctrl键的同时在画布的任意位置单击结束绘制。如果要绘制多边形，最后闭合时，将鼠标箭头靠近路径起点，当鼠标箭头旁边出现一个小圆圈时，单击鼠标，就可以将路径闭合。本例中需要沿月饼和盘子的边缘绘制闭合的曲线，在创建锚点时单击并且拖曳会出现一个曲率调杆，可以调节该锚点处曲线的曲率，从而绘制出路径曲线，最后闭合时，将鼠标箭头靠近路径起点，当鼠标箭头旁边出现一个小圆圈时，单击鼠标左键，将曲线路径闭合。

（4）右击“钢笔工具”可以显示出钢笔工具所包含的5个按钮，通过这5个按钮可以完成路径的前期绘制工作。再右击“钢笔工具”上方的按钮又会出现两个选择按钮，通过这两个按钮结合前面“钢笔工具”中的部分按钮可以对绘制后的路径曲线进行编辑和修改，完成路径曲线的后期调节工作，最终绘制好的路径如图 7-11 所示。

图 7-11 绘制好的路径

（5）按快捷键 Ctrl+Enter 将路径变为选区，如图 7-12 所示，按快捷键 Ctrl+C 进行复制，按快捷键 Ctrl+V 进行粘贴，这样所需部分就被抠取下来，如图 7-13 所示。

图 7-12 路径转换为选区

图 7-13 “月饼”素材抠图

3. 制作月饼简易小包装平面效果图

7-2 月饼简易小包装平面效果图制作要点解析.mp4

（1）打开 Photoshop，执行“文件”→“新建”命令或按快捷键 Ctrl+N 新建一个文件，打开“新建文档”对话框。在该对话框中设置文档名称为“月饼简易小包装平面效果图设计”。设置画布：宽度为 32.6cm，高度为 14.6cm，分辨率为 300 像素，颜色模式为 CMYK，背景为白色。

其他选项为系统默认，设置完成后，单击“确定”按钮，具体操作如图 7-14 所示。

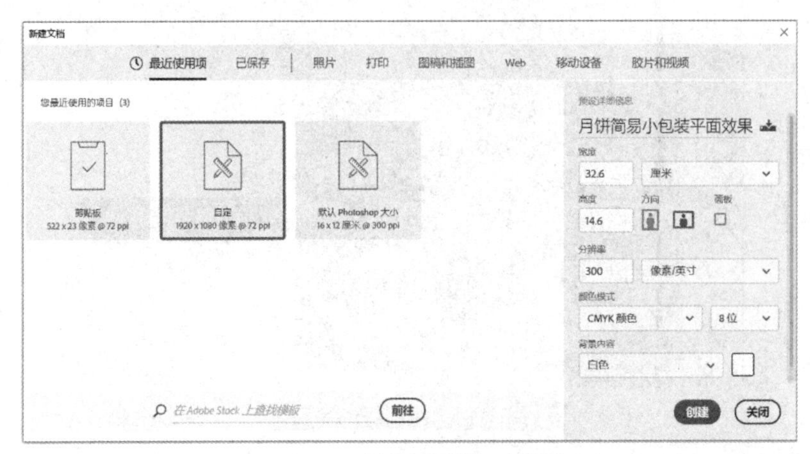

图 7-14　“新建文档”对话框

（2）执行“视图”→“标尺”命令或按快捷键 Ctrl+R 将标尺显示出来，为接下来制作参考线做准备。

（3）执行“视图”→“新建参考线”命令，打开“新建参考线”对话框，在对话框中可设置新建的参考线是水平的还是垂直的及参考线的具体位置。为了保证参考线能对齐到标尺的刻度上，执行“视图”→“对齐”命令。本例中分别在 3mm、73mm、113mm、213mm、253mm、323mm 处建立垂直参考线，在 3mm、23mm、123mm、143mm 处建立水平参考线，如图 7-15 所示。

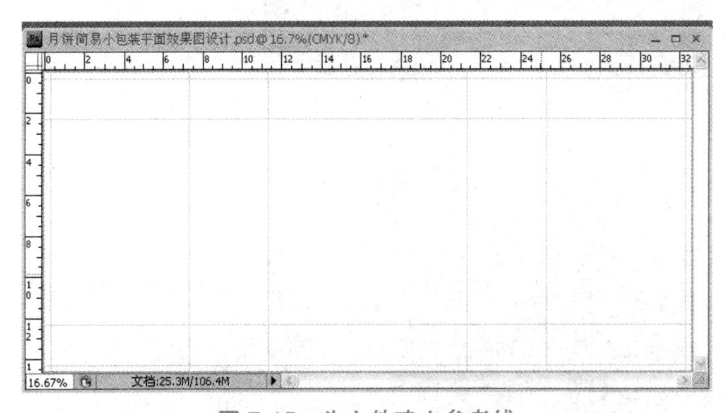

图 7-15　为文件建立参考线

（4）按快捷键 Shift+Ctrl+Alt+N，新建一个图层，选择“渐变工具”，将前景色设置为红色，背景色设置为黑色，在“渐变工具”属性栏中选择“从前景色到背景色渐变”，单击“渐变工具”属性栏的“径向渐变”按钮，在“图层”面板中选中新建的“图层 1”，从画布中央水平向画布外拖曳鼠标，效果如图 7-16 所示。

（5）选择“矩形选框工具”，用鼠标拖曳选取要加深颜色的上半部分，按住 Shift 键的同时，再选取下半部分，这是选择不连续的选区的方法之一，选取结果如图 7-17 所示。

（6）执行“编辑”→“复制”命令或者按快捷键 Ctrl+C 进行选区复制，执行“编辑”→“粘贴”命令或按快捷键 Ctrl+V 进行选区粘贴。注意观察“图层”面板的变化，会发现进行完这样的操作后，会将复制的内容粘贴到一个新的图层中，得到“图层 2”，为“图层 2”添加“正片叠底”效果，系统默认为“正常”模式，将图像的上部和下部的颜色加深，效果如图 7-18 所示。

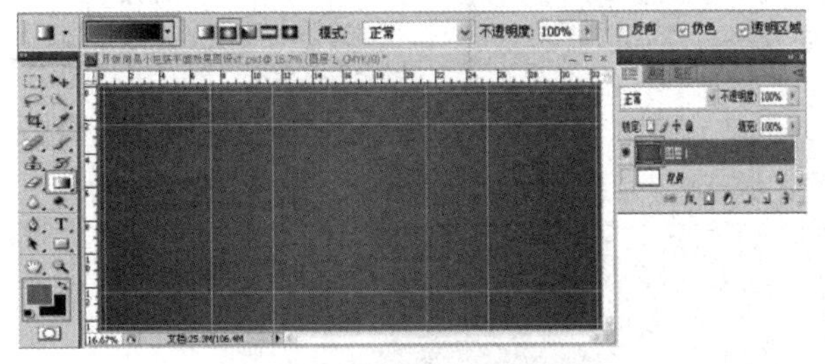

图 7-16　“径向渐变”效果

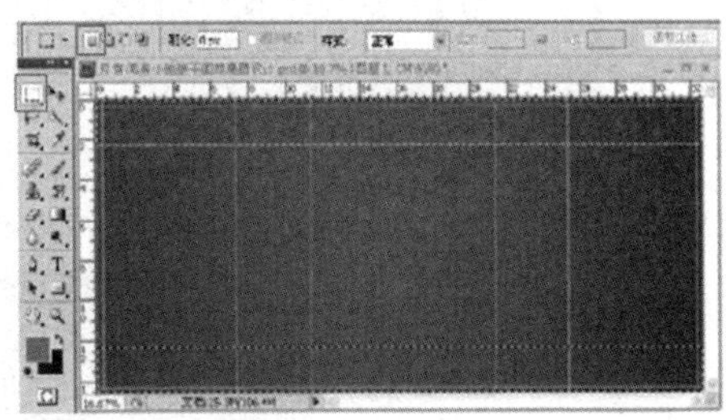

图 7-17　选区的创建

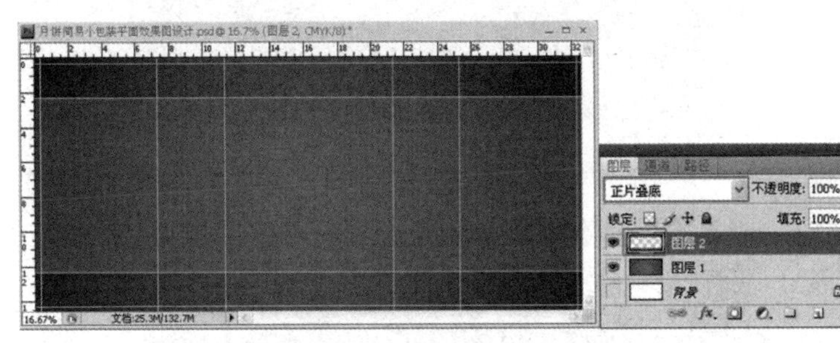

图 7-18　“正片叠底”效果

（7）打开“吉祥如意.psd”素材文件，将“吉祥如意”图层直接拖曳至“月饼简易小包装设计.psd”文件中，或在“吉祥如意”图层上右击，在弹出的快捷菜单中执行“复制图层”命令，在打开的如图 7-19 所示的对话框中将目标文档名称设置为“月饼简易小包装平面效果图设计.psd”，单击“确定”按钮即可，设置图层的混合模式为“正片叠底”。

（8）选中“吉祥如意”图层，按快捷键 Ctrl+T 或执行“编辑”→“自由变换”命令，在图像周围会出现如图 7-20 所示的变形框角点，按住 Shift 键的同时按住鼠标左键拖曳变形框角点，实现等比例放大或缩小，根据设计需求对图像进行缩放和位置的移动，直到达到满意效果，按 Enter 键确认。

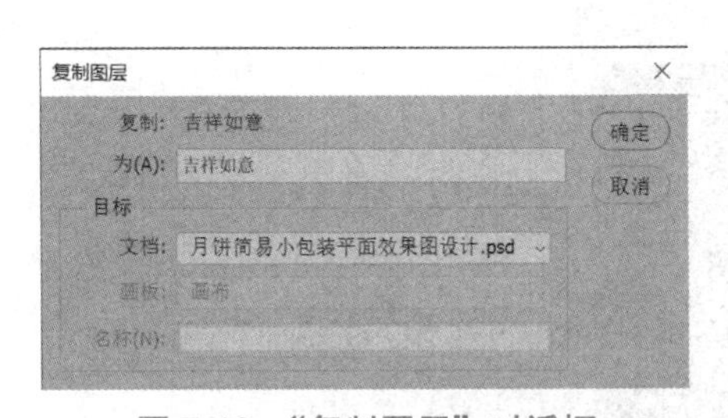

图 7-19　“复制图层”对话框

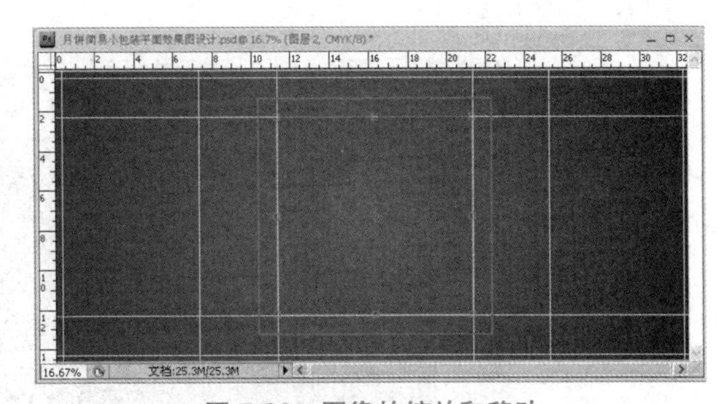

图 7-20　图像的缩放和移动

（9）复制“吉祥如意”图层两次，得到“吉祥如意副本”图层和“吉祥如意副本 2”图层，将两个图层的图像设计需求移动到指定地点，并分别设置这两个图层的混合模式为“正片叠底”，效果如图 7-21 所示。

（10）打开“红飘带.psd”素材文件，将“红飘带”图层拖曳至“月饼简易小包装平面效果图设计.psd”文件中，图层的混合模式为“正常”，选中该图层，按快捷键 Ctrl+T 或执行“编辑”→“自由变换”命令，实现“红飘带”图像的缩放、旋转和位置的移动，将第一个红飘带放在左下角。复制“红飘带”图层，出现“红飘带副本”图层，按快捷键 Ctrl+T 或执行“编辑”→“自由变换”命令，实现“红飘带”图像的缩放、旋转和位置的移动，将第二个红飘带放在右上角，效果如图 7-22 所示。

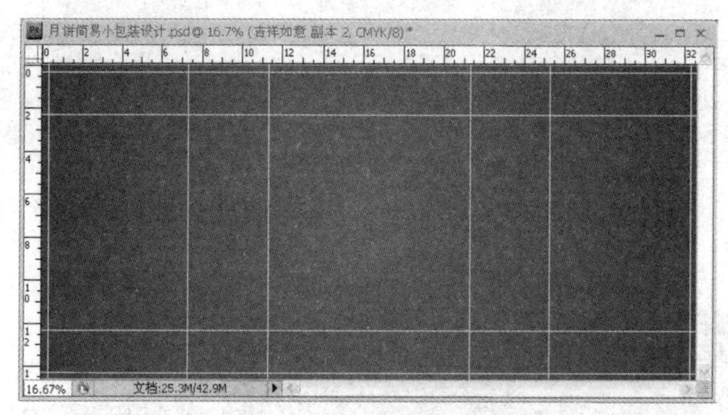

图 7-21　复制图层后的效果

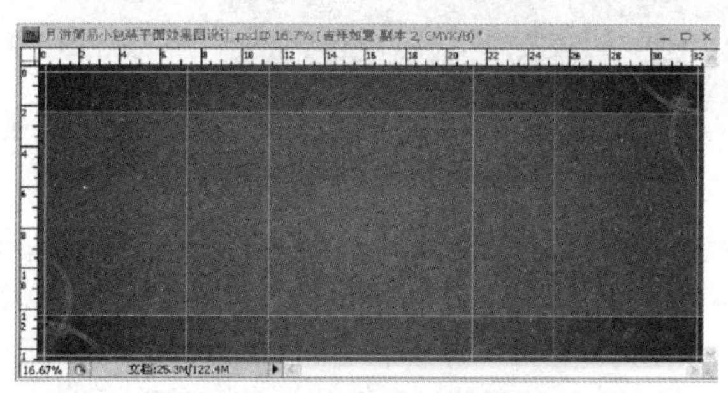

图 7-22　加上红飘带效果

（11）打开之前处理完的“嫦娥.psd”素材文件，将“嫦娥”图层拖曳至“月饼简易小包装平面效果图设计.psd”文件中，图层的混合模式为“正常”，选中该图层，按快捷键 Ctrl+T 或执行“编辑”→“自由变换”命令，实现“嫦娥”图像的缩放并将它移动到包装正面的适当位置，效果如图 7-23 所示。

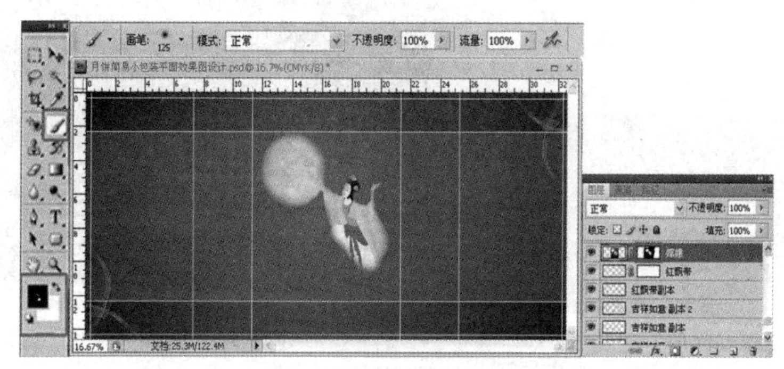

图 7-23　加上嫦娥效果

（12）打开之前处理完的“月饼.psd”素材文件，将“月饼”图层拖曳至“月饼简易小包装平面效果图设计.psd”文件中，图层的混合模式为“正常”，选中该图层，按快捷键 Ctrl+T 或执行“编辑”→“自由变换”命令，实现“月饼”图像的缩放并将它移动到包装正面的适当位置。

由于该素材的处理应用的是“钢笔工具”，抠下来的图的边缘是比较生硬的，因此要为“月饼”图层添加图层蒙版，使用“画笔工具”进一步修正图像，效果如图 7-24 所示。

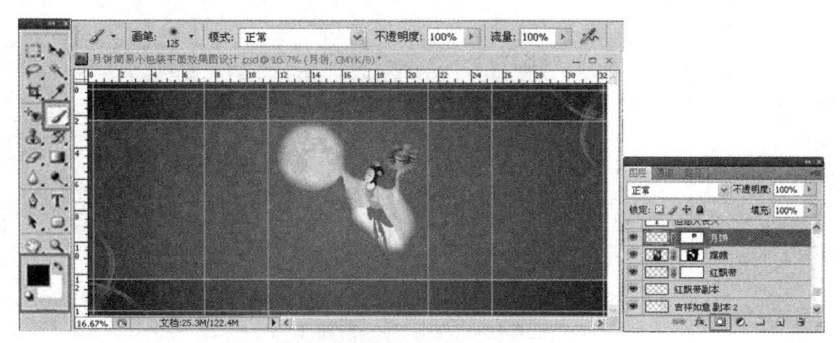

图 7-24　加上月饼效果

（13）单击“文字工具组”右下角的三角按钮，在弹出的下拉列表中选择“直排文字工具”，在菜单栏的下面会出现“文字工具”属性栏，在属性栏中设置文字为方正古隶繁体、16 点、浑厚、黑色。对文字和段落的详细设置可单击“文字工具”属性栏中的“切换字符和段落面板”按钮，在打开的“字符和段落”面板中按设计需要进行设置。设置完毕后，在要添加文字的地方单击，出现光标闪烁，输入文字“但愿人长久”，按快捷键 Ctrl+T 或执行“编辑”→“自由变换”命令，实现文字的缩放并将它移动到月亮的适当位置。观察“图层”面板，此时生成了一个新的“文字”图层，将图层的不透明度设置为 30%，降低文字的清晰度，产生一种相对朦胧的感觉，与月亮自成一体，突显中秋氛围。用同样的方法，输入文字“千里共婵娟”，进行与文字“但愿人长久”图层一样的设置，得到“千里共婵娟”“文字”图层，在月亮图像上加“但愿人长久，千里共婵娟”这两句诗词的效果和具体操作如图 7-25 所示。

（14）单击“文字工具组”右下角的三角按钮，在弹出的下拉列表中选择“直排文字工具”，在菜单栏的下面会出现“文字工具”属性栏，在属性栏中设置文字为方正舒体简体、30 点、浑厚、白色。在要添加文字的地方单击，出现光标闪烁，输入文字“漫香”，按快捷键 Ctrl+T 或执行“编辑”→“自由变换”命令，实现文字的缩放并将它移动到适当位置，在包装正面加上月饼名称。

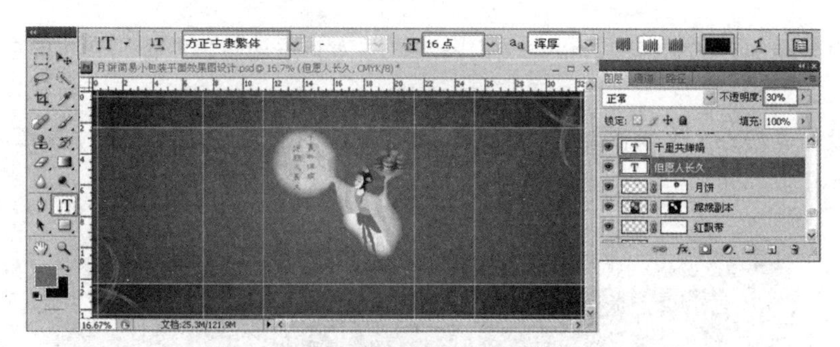

图 7-25　月亮中加上诗词效果和制作要点

（15）选择“漫香”文字图层，执行“图层”→“图层样式”命令，打开如图 7-26 所示的快捷菜单，执行“斜面和浮雕”命令，打开“斜面和浮雕”对话框，具体参数设置如图 7-27 所示。再执行“图层”→“图层样式”命令，打开如图 7-26 所示的快捷菜单，执行“外发光”命令，打开“外发光”对话框，具体参数设置如图 7-28 所示，为“漫香”文字图层添加图层样式，使其更加美观。

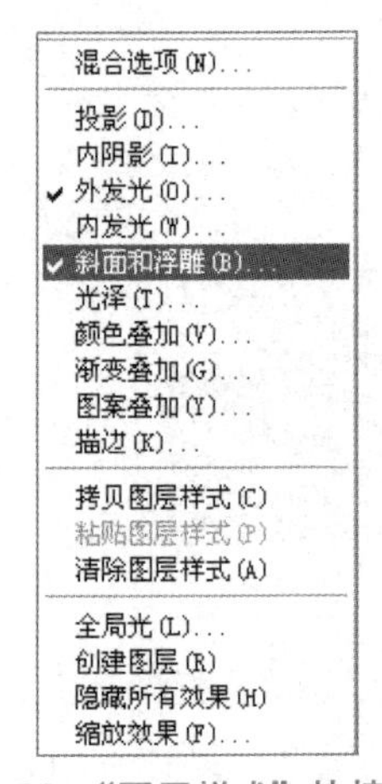

图 7-26 “图层样式”快捷菜单

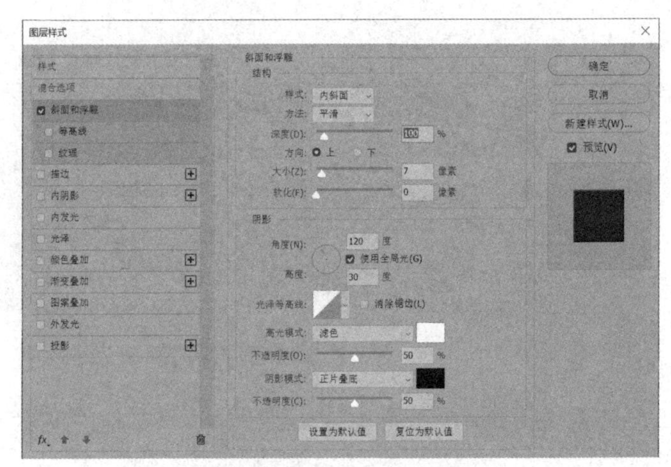

图 7-27 “斜面和浮雕”对话框

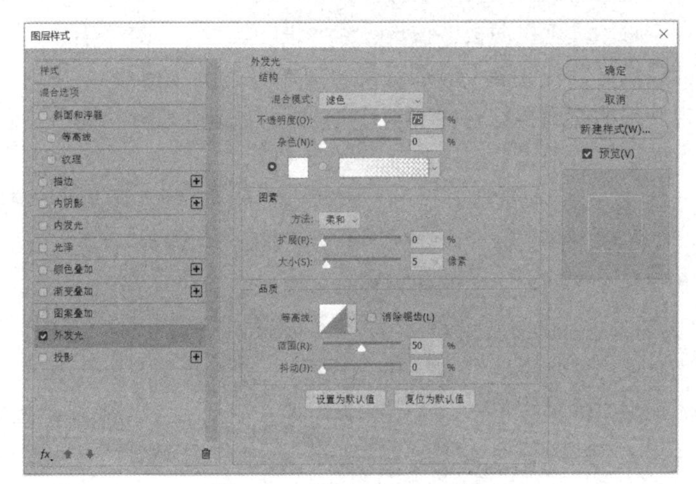

图 7-28 “外发光”对话框

（16）用同样的方法创建“月饼”文字图层，并为其添加与“漫香”文字图层同样的图层样式。

（17）设置“漫香”文字图层和“月饼”文字图层的混合模式为“正片叠底”，最终效果如图 7-29 所示。

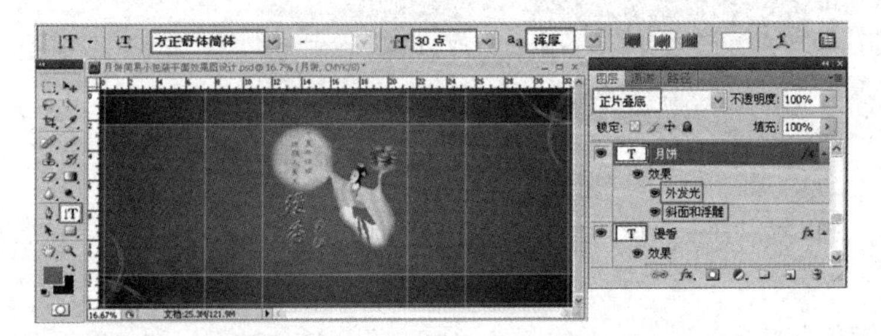

图 7-29 “漫香”和“月饼”文字图层的最终效果和制作要点

（18）单击“文字工具组”右下角的三角按钮，在弹出的下拉列表中选择“横排文字工具”，在“横排文字工具”的属性栏中设置文字为方正宋黑简体、16 点、浑厚、黑色。在要添加文字的地方单击，出现光标闪烁，输入文字“金麦坊食品科技有限公司”，选择“移动工具”，将它移动到包装正面适当位置。

（19）打开“月饼简易小包装平面效果图设计.psd”和“Logo.jpg”这两个文件，选中“Logo.jpg”文件，选择“移动工具”，直接将“Logo.jpg”文件拖曳至“月饼简易小包装平面效果图设计.psd”文件中，注意观察“图层”面板的变化，形成了一个新的图层“图层 3”，将“图层 3”重命名为“Logo”，将“Logo.jpg”文件导入后发现效果并不理想，Logo 的白色背景是多余的，需要去掉，单击工具箱中的“选择、魔棒工具组”右下角的三角按钮，在弹出的下拉列表中选择“魔棒工具”，为了便于操作，按住快捷键 Ctrl+“+”键放大图像，接下来按住 Shift 键，在 Logo 的白色背景上一一单击，如图 7-30 所示，将白色背景全部选择后，按 Delete 键删除，这样一个干净的 Logo 就做好了，按快捷键 Ctrl+T 或执行“编辑”→“自由变换”命令，实现 Logo 的缩放并将它移动到文字“金麦坊食品科技有限公司”的左边。在“Logo”图层上右击，在弹出的快捷菜单中执行“复制图层”命令，得到“Logo 副本”图层，按快捷键 Ctrl+T 或执行“编辑”→“自由变换”命令，实现 Logo 的缩放并将它移动到文字“金麦坊食品科技有限公司”的右边，添加公司名称和 Logo 后的效果如图 7-31 所示。

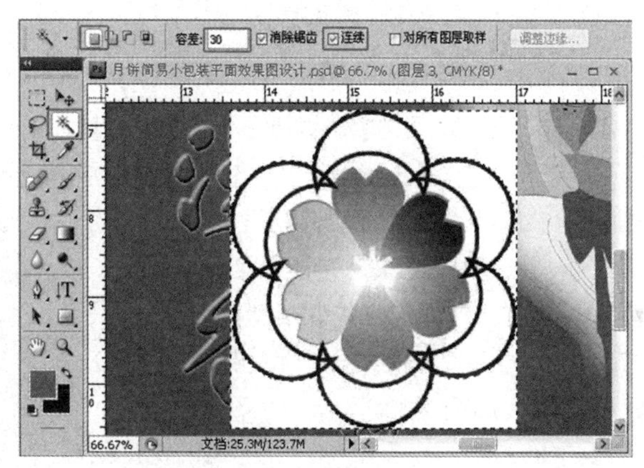

图 7-30　魔棒选取效果

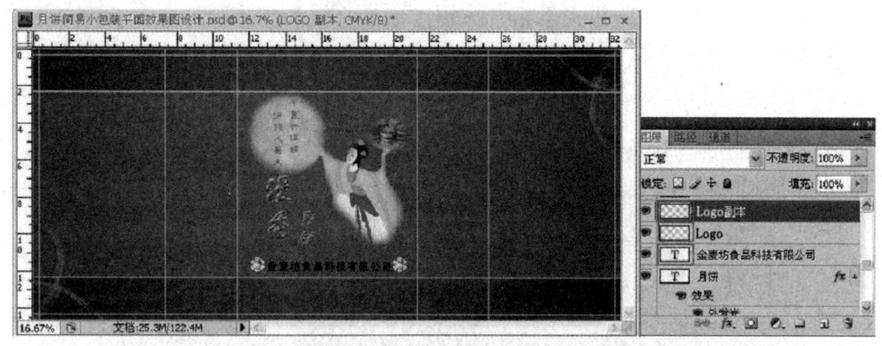

图 7-31　添加上公司名称和 Logo 效果

（20）打开“文字底纹.psd”素材文件，将“文字底纹”图层拖曳至“月饼简易小包装平面效果图设计.psd”文件中，图层的混合模式为“正常”，选中该图层，按快捷键 Ctrl+T 或执行“编辑”→“自由变换”命令，实现“文字底纹”图像的缩放并将它移动到包装侧面的适当位置，根据设计需求对“文字底纹”图层、“漫香”文字图层和“月饼”文字图层进行复制，分别形成“文字底纹副本”图层、“漫香副本”图层和“月饼副本”图层，将这3个图层的混合模式均设置为“正常”。按快捷键 Ctrl+T 或执行“编辑”→“自由变换”命令，再结合使用工具箱中的“移动工具”，将这3个图层内容调整为合适的大小并将它移动到包装侧面的适当位置。

（21）单击“文字工具组”右下角的三角按钮，在弹出的下拉列表中选择“横排文字工具”，在“文字工具”属性栏中设置文字为方正宋黑简体、13点、浑厚、黑色。在要添加文字的地方单击，出现光标闪烁，输入文字“净含量：80克”，选择“移动工具”，将它移动到包装侧面适当位置，效果如图7-32所示。

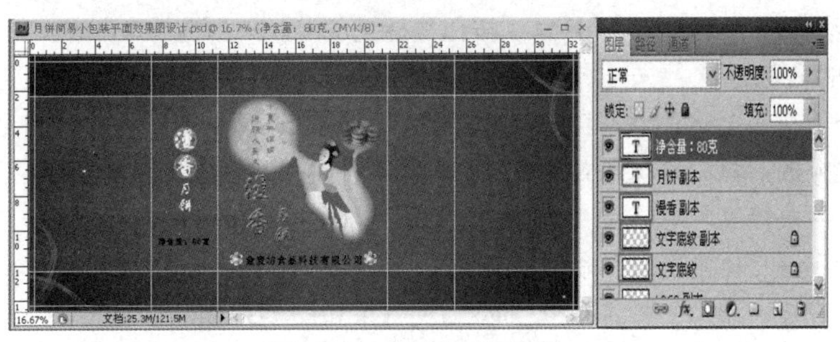

图7-32　包装左侧面效果

（22）执行“图层”→“新建”→“组”命令，新建一个组，打开“新建组”对话框，然后使用鼠标左键拖曳“文字底纹”图层、“文字底纹副本”图层、“漫香副本”图层、“月饼副本”图层和“净含量：80克”图层这5个图层到组里，注意组里的图层顺序不要弄错。也可以同时选中“文字底纹”图层、“文字底纹副本”图层、“漫香副本”图层、“月饼副本”图层和“净含量：80克”图层这5个图层，选取的方法为先选中第一个图层，按住 Shift 键，再单击最后一个图层，这样连续的5个图层都被选取了。选取之后，按快捷键 Ctrl+G 或执行“图层”→“图层编组”命令，在“图层”面板中出现“组1”，如图7-33所示。

图7-33　图层编组

（23）在“图层”面板中右击“组1”名称，在弹出的快捷菜单中执行“复制组”命令，打开“复制组”对话框，在该对话框中按实际情况进行设置，设置完毕，单击“确定”按钮，形成“组1副本”，选中“组1副本”，选择工具箱中的“移动工具”，将这一组图像拖曳至包装的右侧面位置，包装两个侧面做好的效果如图7-34所示。

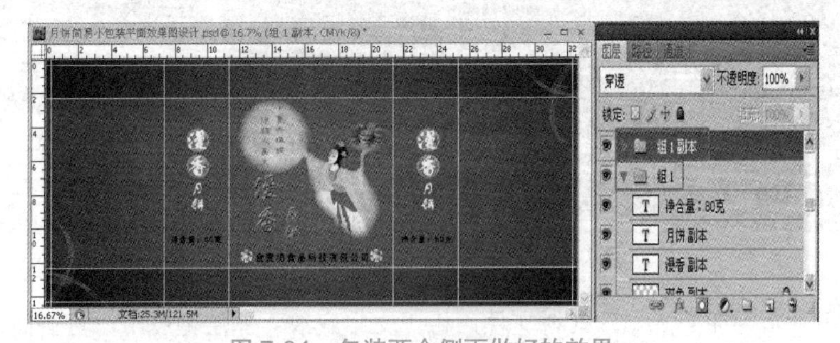

图7-34　包装两个侧面做好的效果

（24）取消图层编组的方法是按快捷键 Shift+Ctrl+G 或右击组名称，在弹出的快捷菜单中执行“取消图层编组”命令或者“删除组”命令，紧接着会打开如图 7-35 所示的警告对话框，单击“仅组”按钮。

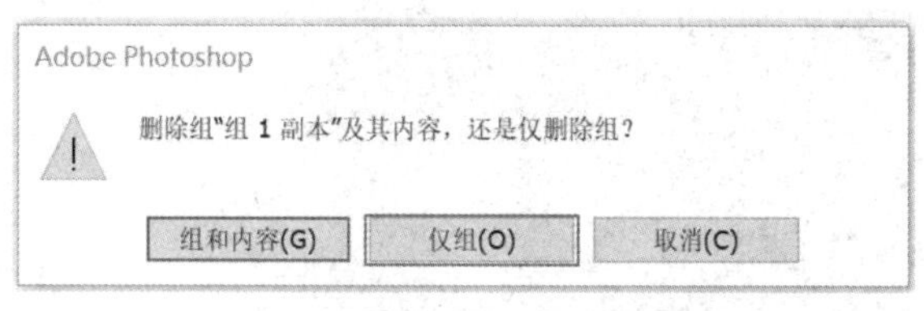

图 7-35　“删除组”对话框

（25）单击“文字工具组”右下角的三角按钮，在弹出的下拉列表中选择“横排文字工具”，在“文字工具”属性栏中设置文字为方正宋黑简体、13 点、浑厚、黑色。在要添加文字的地方单击，出现光标闪烁，输入文字“生产日期：2011 年 8 月 15 日；保质期：10 天”，选择“移动工具”，将它移动到包装正面的上部适当位置。

（26）单击“文字工具组”右下角的三角按钮，在弹出的下拉列表中选择“直排文字工具”，在“文字工具”属性栏中设置文字为方正宋黑简体、10 点、浑厚、白色。在要添加文字的地方单击，出现光标闪烁，输入文字“保存方法：密封置于阴凉干燥处；生产许可证号：QS2377 077 7717；食卫准字：（黑）卫食证字（1999）第 7-7 号；执行标准：GB/T1777-007；包材生产许可证号：QS23-10107-00107；生产日期和保质期：见封口处；地址：黑龙江省双城市迎宾路 165 号；电话：0451-53126888；邮编：150100；服务热线：800 777 0777”，选择“移动工具”，将它移动到包装背面的适当位置。

（27）单击“形状工具组”右下角的三角按钮，在弹出的下拉列表中选择“圆角矩形工具”，在该工具属性栏中将形状图层改为路径，半径设置为 30 像素，在刚才添加的文字周围绘出圆角矩形。如果矩形大小和位置不满意的话，可以按快捷键 Ctrl+T 或执行“编辑”→“自由变换”命令进行调整。在“路径”面板上出现了“工作路径”，如图 7-36 所示，为刚才添加的文字加上白色的边框。在“路径”面板的空白处单击一下可隐藏路径。

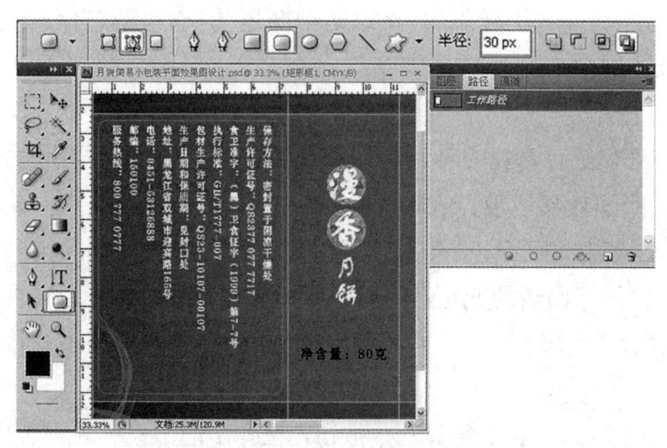

图 7-36　添加矩形路径效果

（28）按快捷键 Shift+Ctrl+Alt+N 新建一个图层，将图层命名为“矩形框 1”，按快捷键 Ctrl+Enter 或者在“路径”面板中单击下面的“将路径变为选区载入”按钮，路径变为如图 7-37

所示的选区，执行“编辑”→“描边”命令，打开“描边”对话框，在该对话框中设置描边：宽度为 2 像素，颜色为白色，最终效果如图 7-38 所示。

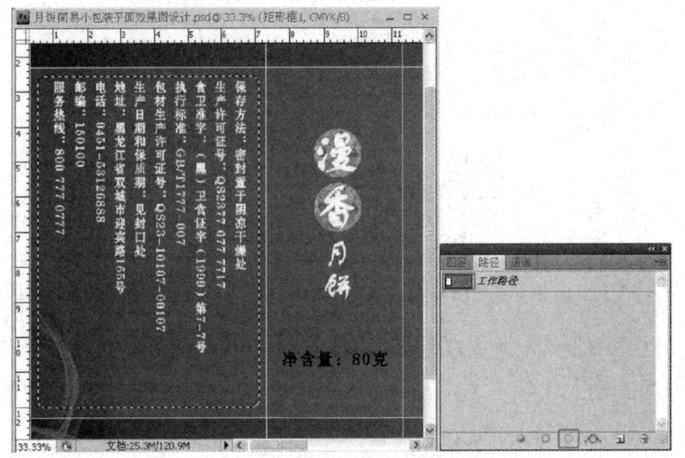

图 7-37　路径变为选区效果

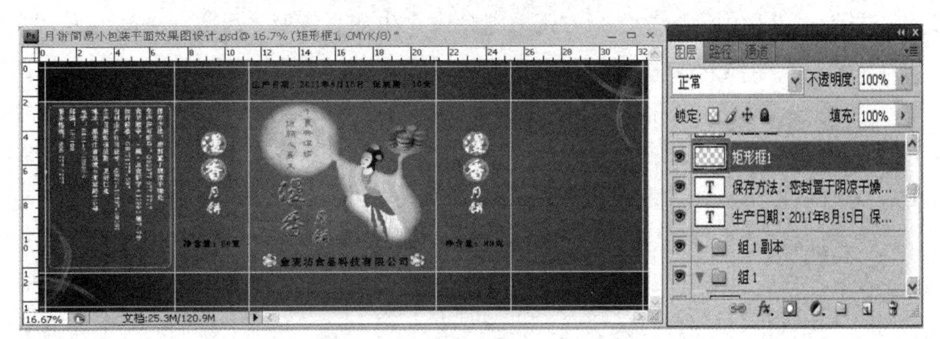

图 7-38　为文字添加矩形框效果

（29）打开“防伪标志.psd”和“质量安全.psd”两个素材文件，分别将这两个素材文件导入“月饼简易小包装平面效果图设计.psd”文件中，形成两个新的图层，并将这两个图层重命名为“质量安全”和“防伪标志”。将这两个图层的混合模式都设置为“正常”，按快捷键 Ctrl+T 或者执行“编辑”→“自由变换”命令，调整图像的大小并将它移动到包装背面的适当位置。

（30）打开“条形码.jpg”素材文件，注意它是 JPG 格式的，将图片的导入方法就是同时打开“月饼简易小包装平面效果图设计.psd”文件和“条形码.jpg”文件，选择“条形码.jpg”文件，选择“移动工具”，直接将“条形码.jpg”文件拖曳至“月饼简易小包装平面效果图设计.psd”文件中，注意观察“图层”面板的变化，形成了一个新的图层，将图层重命名为“条形码”，按快捷键 Ctrl+T 或者执行“编辑”→“自由变换”命令，调整图像的大小并将它移动到适当位置，效果如图 7-39 所示。

（31）单击“文字工具组”右下角的三角按钮，在弹出的下拉列表中选择“直排文字工具”，在“文字工具”属性栏中设置文字为方正综艺简体、22 点、平滑、黄色。在要添加文字的地方单击，出现光标闪烁，输入文字“饼艺至尊”，选择“移动工具”，将它移动到包装背面的适当位置，如图 7-40 所示。

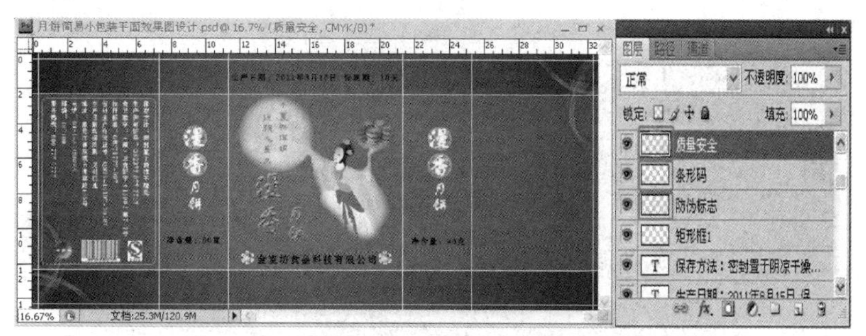

图 7-39　添加质量安全标志、条形码和防伪标志效果

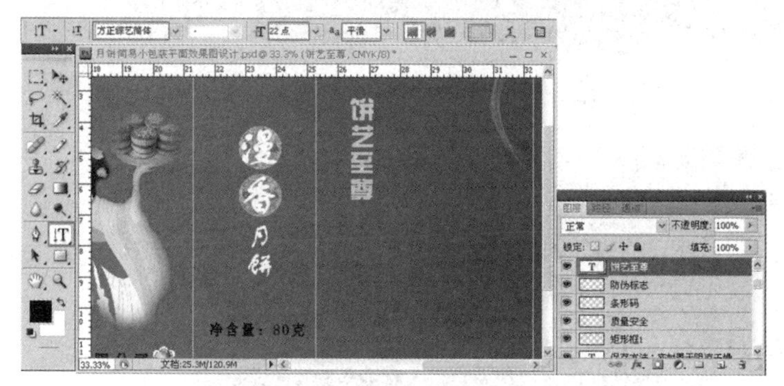

图 7-40　添加“饼艺至尊”文字效果

（32）执行“图层”→“图层样式”命令，在弹出的快捷菜单中执行“外发光”命令，打开“外发光”对话框，具体参数设置如图 7-41 所示，效果如图 7-42 所示，对比图 7-40，可以看到加上外发光的效果之后与之前的变化是很大的。为“饼艺至尊”文字图层添加图层样式，使其更加美观。

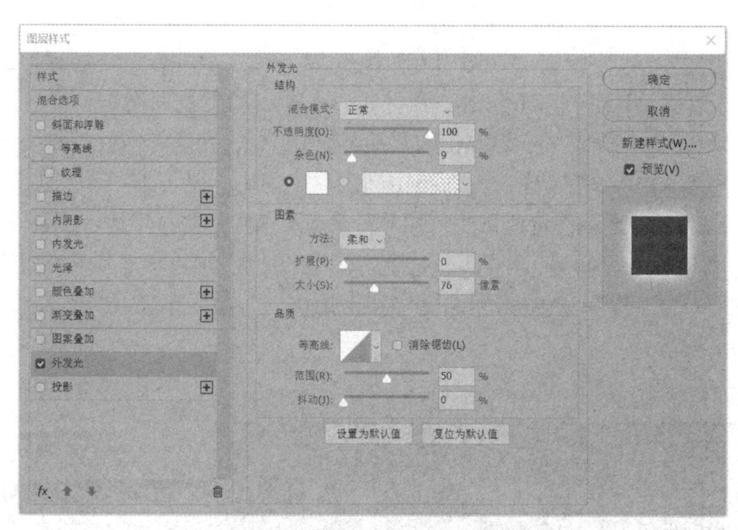

图 7-41　“外发光”对话框及参数设置

（33）单击的“画笔工具组”右下角的三角按钮，在弹出的下拉列表中选择“铅笔工具”，在“铅笔工具”属性栏中选择笔刷大小为 9，硬度为 100%。在按住 Shift 键的同时，在文字“饼艺至尊”的下面的合适位置画一条垂直线，如图 7-43 所示。

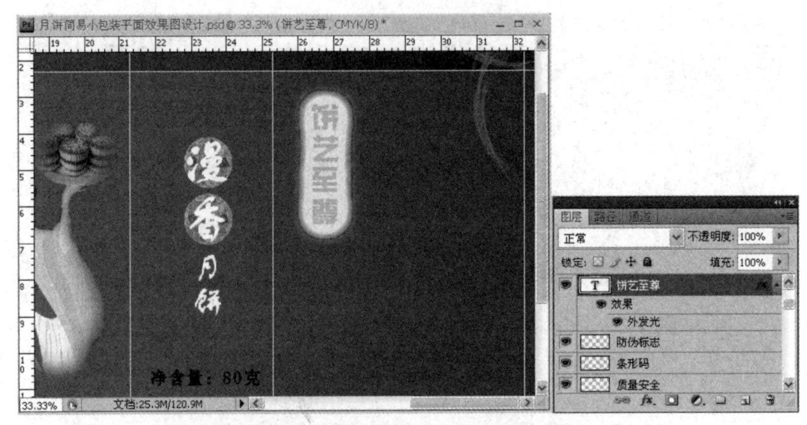

图 7-42　为文字添加“外发光”效果

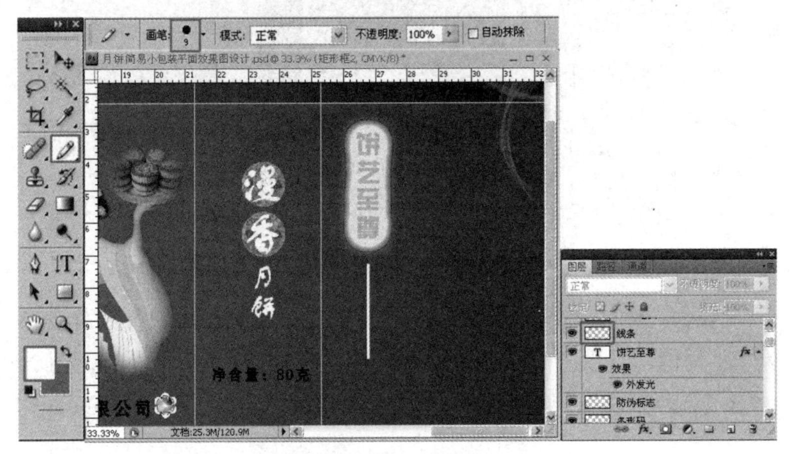

图 7-43　添加直线效果

（34）再次复制“Logo”图层，形成“Logo 副本 2”图层，在直线的下面加上公司 Logo 图像。

（35）单击“文字工具组”右下角的三角按钮，在弹出的下拉列表中选择“直排文字工具”，在“文字工具”属性栏中设置文字为方正宋黑简体、10 点、浑厚、白色。在要添加文字的地方单击，出现光标闪烁，输入文字，漫香月饼被中国食品工业协会授予“中国十佳月饼品牌——‘国饼十佳’‘中国名饼’‘中国最佳特色月饼’称号；荣获‘全国月饼技术比赛团体金奖’；获得‘中国质量万里行质量信誉跟踪品牌’称号”。选择“移动工具”，将它移动到包装背面的适当位置。

（36）选择“矩形工具”，为刚添加的文字加上边框，方法同步骤（27）和步骤（28），最终效果如图 7-44 所示。

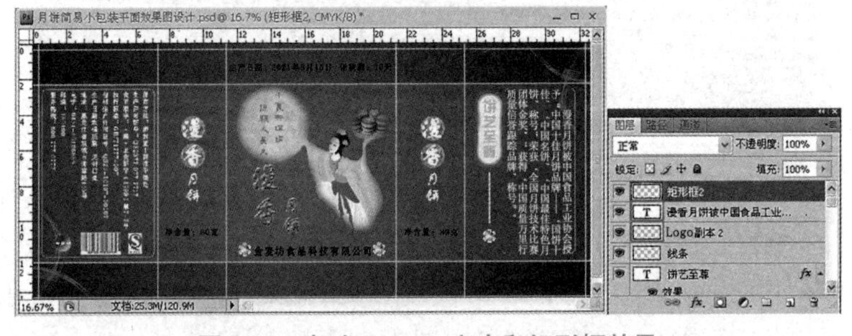

图 7-44　加上 Logo、文字和矩形框效果

（37）执行“文件”→“存储”命令进行最后一次保存，注意在操作过程中要进行多次保存，文件存储格式为系统默认的 PSD 格式，经过以上 36 个步骤，“月饼简易小包装平面效果图设计.psd”文件制作完成。

7-3 月饼简易小包装立体效果图制作要点解析.mp4

4. 制作月饼简易小包装立体效果图

（1）打开 Photoshop，执行“文件”→“新建”命令或按快捷键 Ctrl+N 新建一个文件，打开“新建文档”对话框。在该对话框中设置文档，名称为“月饼简易小包装立体效果图设计”，宽度为 29.1cm，高度为 21.6cm，分辨率为 300 像素，颜色模式为 CMYK，背景为白色。其他选项为系统默认，设置完成后单击“确定”按钮，具体操作如图 7-45 所示。

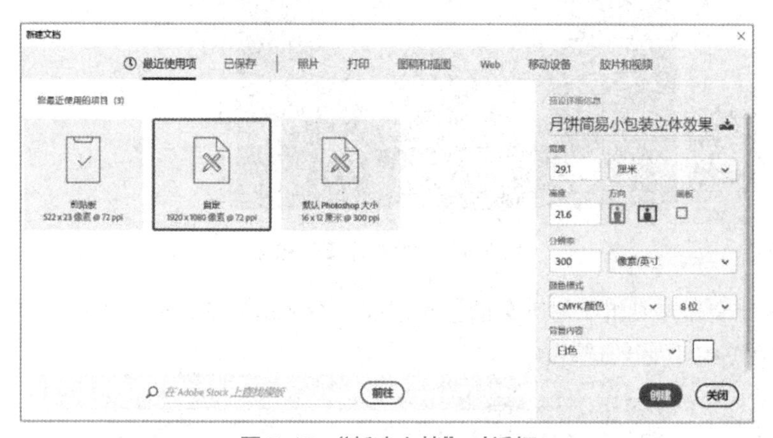

图 7-45　“新建文档”对话框

（2）执行“视图”→“标尺”命令或按快捷键 Ctrl+R 将标尺显示出来，为接下来的制作参考线做准备。

（3）执行“视图”→“对齐”命令，在本例中需建立的参考线较少，所以采用从标尺中直接拖出的方法将光标拖入标尺内部，在画布的上、下、左、右边缘 3mm 处向图像内部拖出两条垂直参考线和两条水平参考线，作为出血线，如图 7-46 所示。

（4）执行“文件”→“存储”命令进行第一次保存，会打开如图 7-47 所示的对话框。注意在以后的操作过程中要进行多次保存，文件存储格式为系统默认的 PSD 格式。

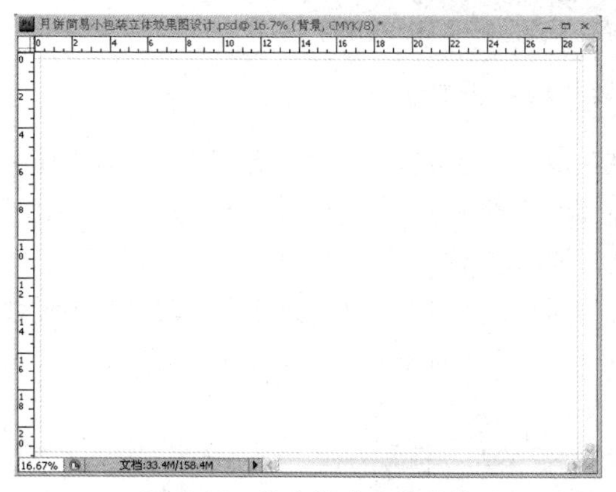

图 7-46　为文件建立参考线

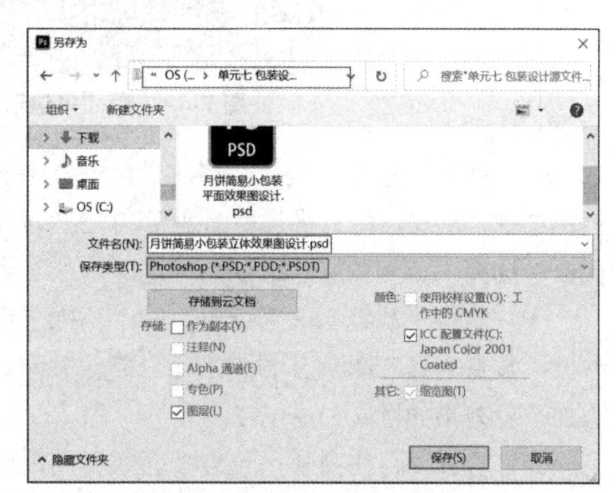

图 7-47　“另存为”对话框

（5）按快捷键 Shift+ Ctrl+ Alt+N，新建一个图层，将图层命名为“渐变图层”，选择“渐变工具”，将前景色设置为白色，背景色设置为蓝色，在“渐变工具”属性栏中选择从前景色到背景色渐变，单击“渐变工具”属性栏的“径向渐变”按钮，在“图层”面板中选择刚建立的“渐变”图层，从画布中央水平向画布外拖动，效果如图 7-48 所示。

图 7-48 “径向渐变”效果

（6）单击“套索工具组”右下角的三角图标，在弹出的下拉列表中选择“多边形套索工具”，做出如图 7-49 所示的选区。

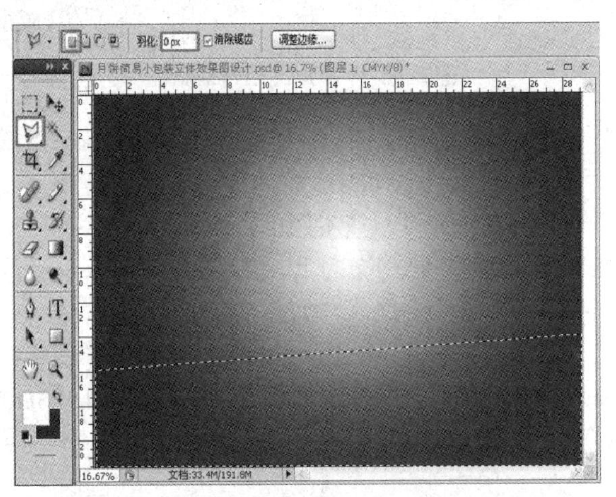

图 7-49 用“多边形套索工具”建立选区

（7）选择“渐变”工具，将前景色设置为黑色，背景色设置为白色，在“渐变工具”属性栏中选择“从前景色到背景色渐变”，单击“渐变工具”属性栏的“线性渐变”按钮，在“图层”面板中选择“渐变图层”选项，在选区内从上到下拖动，效果如图 7-50 所示。

（8）执行“滤镜”→“杂色”→“添加杂色”命令，在打开的“添加杂色”对话框中设置参数：数量为 12.5%，分布为平均分布，并勾选“单色”复选框，完成后单击“确定”按钮，添加杂色效果如图 7-51 所示。

（9）打开“月饼简易小包装平面效果图设计.psd”文件，将其另存一份，在另存的文件中，选中除背景以外的所有图层，按快捷键 Ctrl+E 将这些图层合并。

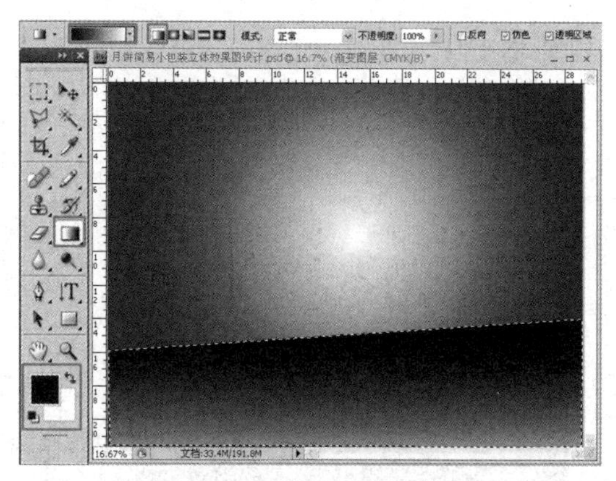

图 7-50　“线性渐变”效果

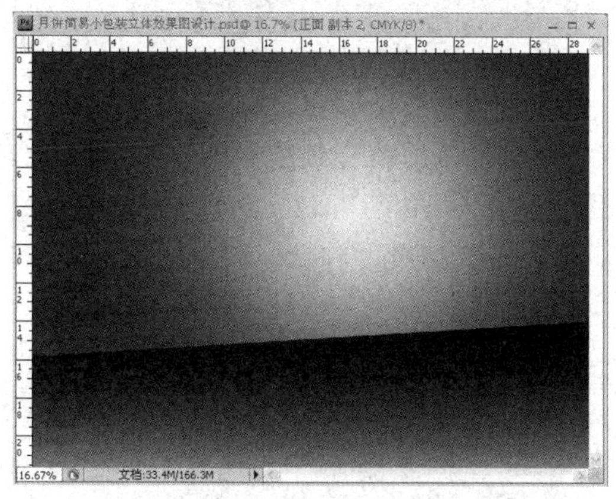

图 7-51　添加杂色效果

（10）按快捷键 Ctrl+“;”，将参考线显示出来，在参考线的帮助下，选取“月饼简易小包装平面效果图”正面部分，执行“编辑”→“复制”命令或者按快捷键 Ctrl+C 复制选区，打开“月饼简易小包装立体效果图设计.psd”文件，执行“编辑”→“粘贴”命令或按快捷键 Ctrl+V 进行选区粘贴。将得到的新图层重命名为“正面”。再用同样的方法将“月饼简易小包装平面效果图”侧面部分导入“月饼简易小包装立体效果图设计.psd”文件中。同时选中这两个图层，按快捷键 Ctrl+T 或执行“编辑”→“自由变换”命令，实现图像的缩放并将它们移动到适当位置，正面和侧面导入文件及调整后的效果如图 7-52 所示。

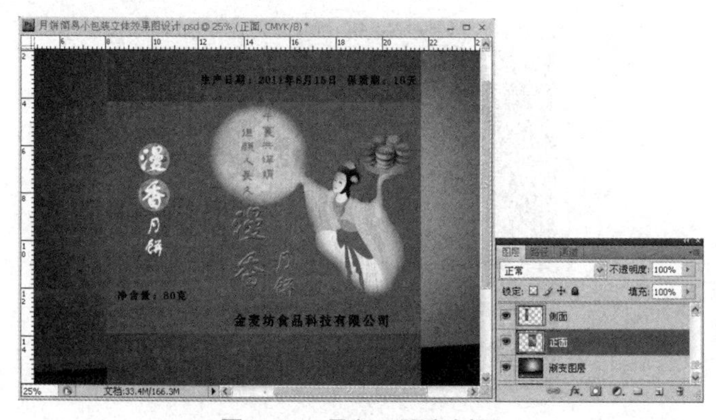

图 7-52　导入正面和侧面

（11）选择工具箱中的“矩形工具”，在“矩形工具”属性栏中单击“路径”按钮，如图 7-53 所示，紧贴“正面”和“侧面”图像的上下边缘，左右无所谓，绘制一个矩形路径，按快捷键 Shift+ Ctrl+ Alt+N，新建一个图层，将图层重命名为“描边”。

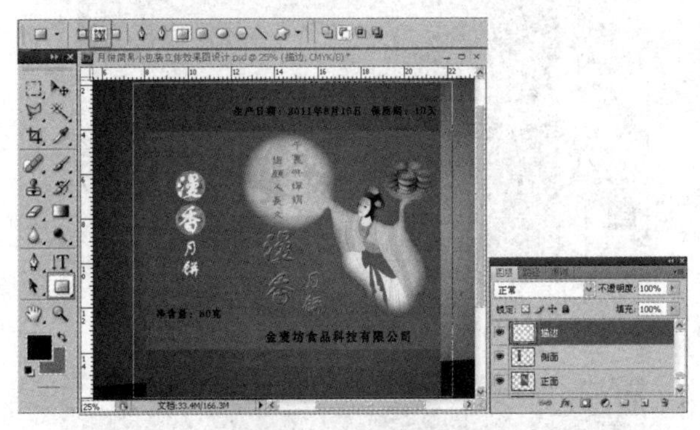

图 7-53　矩形路径

（12）选择工具箱中的“画笔工具”，在“画笔工具”属性栏中选择画笔的主直径为 35，硬度为 100%，前景色为黑色，再打开“画笔”面板，单击画笔笔尖形状，调整间距为 79%。

（13）选择“描边”图层，打开“路径”面板，单击“画笔描边路径”按钮，描边效果如图 7-54 所示。

图 7-54　“描边”效果

（14）按住 Ctrl 键的同时，单击“描边”图层，再单击“描边”图层前面的“眼睛”图标，隐藏该图层，形成一个如图 7-55 所示的选区。

图 7-55　选区

（15）选择“正面”图层，按 Delete 键清除，用同样的方法，选择“侧面”图层，按 Delete 键清除，得到如图 7-56 所示的效果，“正面”和“侧面”两个图像的上下边缘变为锯齿状。注意“描边”图层只是一个中间过程，目的是利用它制作如图 7-55 所示的选区，因此得到最终效果后要隐藏或删除这个图层。

（16）选择“正面”图层，执行“滤镜”→“扭曲”→“切变”命令，打开“切变”对话框，如图 7-57 所示。在对话框中进行设置，改变曲线的弧度，查看预览效果，直到效果满意为止，单击“确定”按钮。

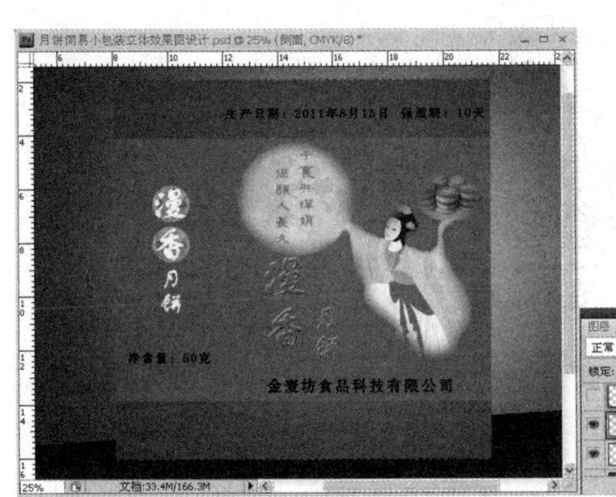

图 7-56　“锯齿”效果

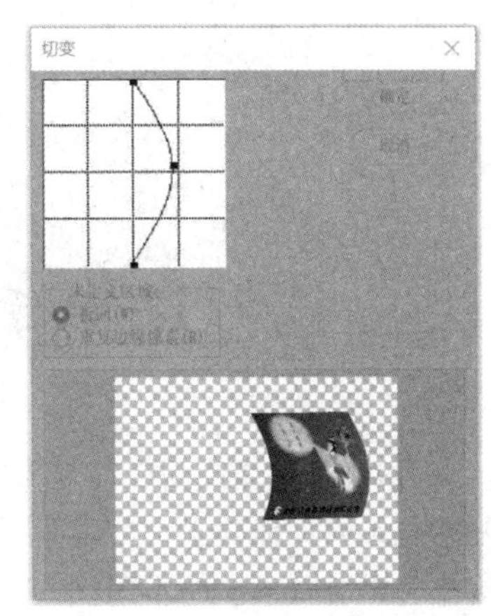

图 7-57　“切变”对话框

（17）选择“侧面”图层，按快捷键 Ctrl+T 或执行“编辑”→“自由变换”命令，将侧面图像进行缩放并将它移动到“正面”左侧的合适位置。再按快捷键 Ctrl+T 或执行“编辑”→“自由变换”命令，接下来在侧面图像上右击，在弹出的快捷菜单中执行“变形”命令，在图像周围出现如图 7-58 所示的控制点，通过拖曳控制点对其实现变形，直到达到满意效果按 Enter 键，变形效果如图 7-59 所示。

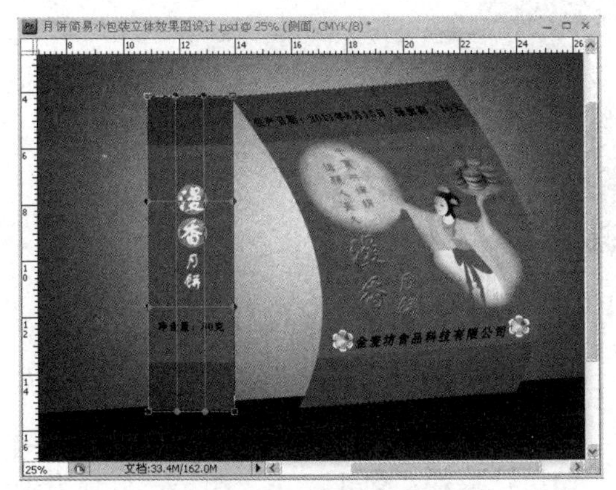

图 7-58　变形调整

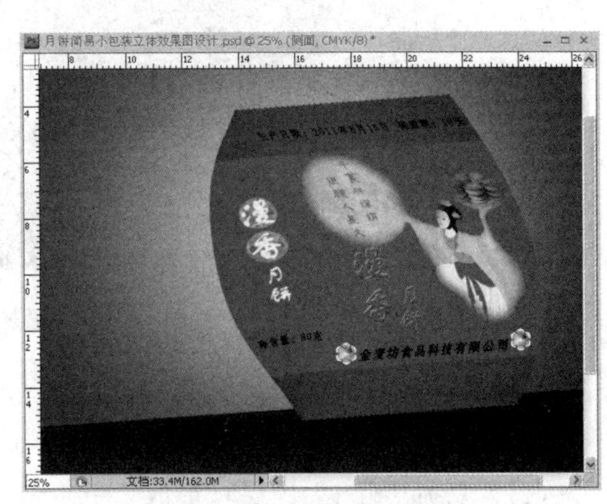

图 7-59　变形之后效果

（18）按住 Ctrl 键的同时，单击“侧面”图层，得到选区，按快捷键 Shift+ Ctrl+ Alt+N，新建一个图层，将图层命名为“侧面立体效果”。使用工具箱中的“渐变工具”将前景色设置为白色，背景色设置为灰色，在“渐变工具”属性栏中选择“从前景色到背景色渐变”，单击“渐变工具”属性栏的“线性渐变”按钮，在“图层”面板中选择“侧面立体效果”图层，在选区内从上到下拖动，为“侧面”加上立体效果，如图 7-60 所示。

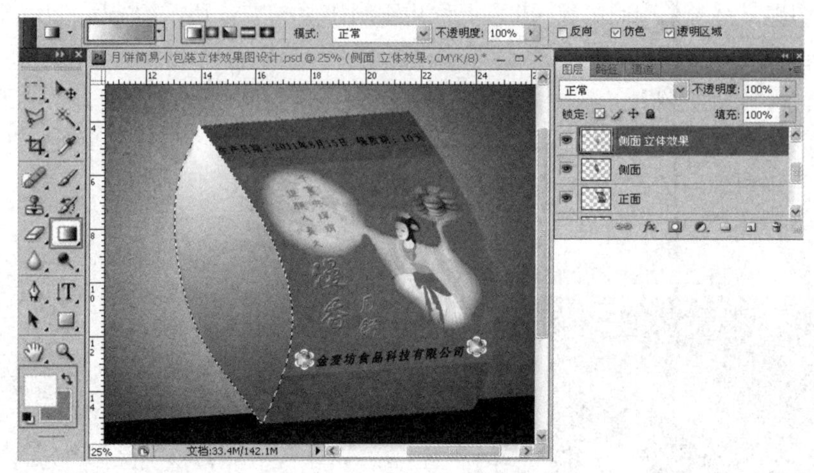

图 7-60　为侧面添加立体效果图层

（19）设置“侧面立体效果”图层的图层混合模式为“正片叠底”，这样一个简单的月饼简易小包装的立体效果图就做好了，最终效果如图 7-61 所示，对比图 7-60，变化还是挺明显的，观察并感受效果图的不同。

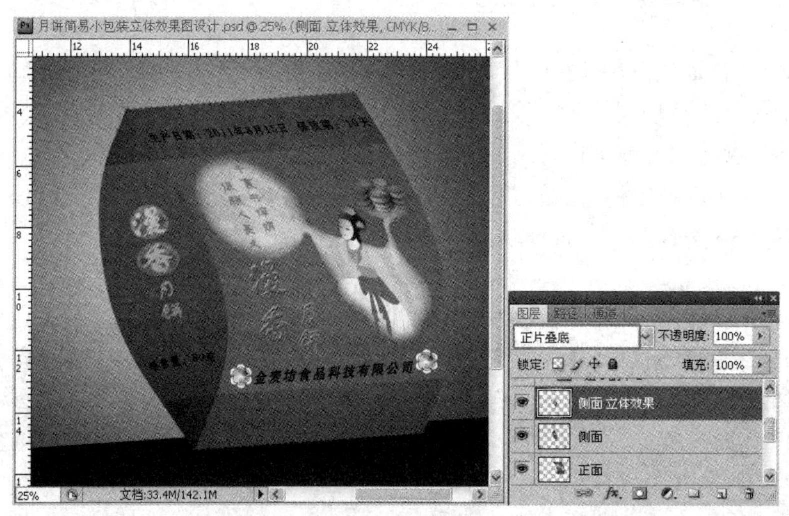

图 7-61　侧面加上立体效果之后

（20）同时选取“正面”图层、“侧面”图层、“侧面立体效果”图层，按快捷键 Ctrl+G 对所选图层进行编组，命名为“组 1”，为图像制作倒影，以增强效果图的真实感。

（21）复制“组 1”图层，形成“组 1 副本”图层，选择“组 1 副本”图层，执行“编辑”→“变换”→“垂直变换”命令，效果如图 7-62 所示。

（22）设置“组 1 副本”的不透明度 50%，为“组 1 副本”添加图层蒙版，选择“渐变工具”，前景色自动变为白色，背景色自动变为黑色，在“渐变工具”属性栏进行如图 7-63 所示的设置，选择“从前景色到背景色渐变”，单击“线性渐变”按钮，再将“反向”复选框勾选上（这一步尤为重要)，在倒影上从下向上拖动，可反复拖动，直到效果满意为止，做出越远离越淡，直至消失的效果，如图7-63所示。

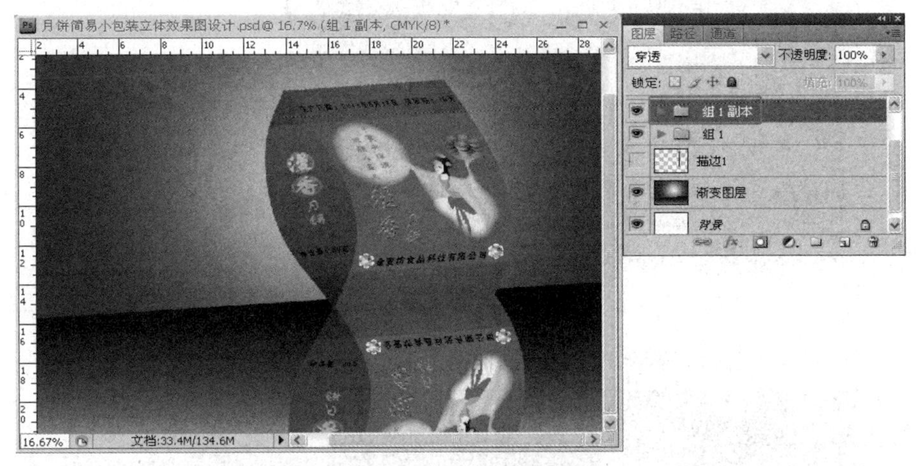

图7-62　“垂直变换”效果

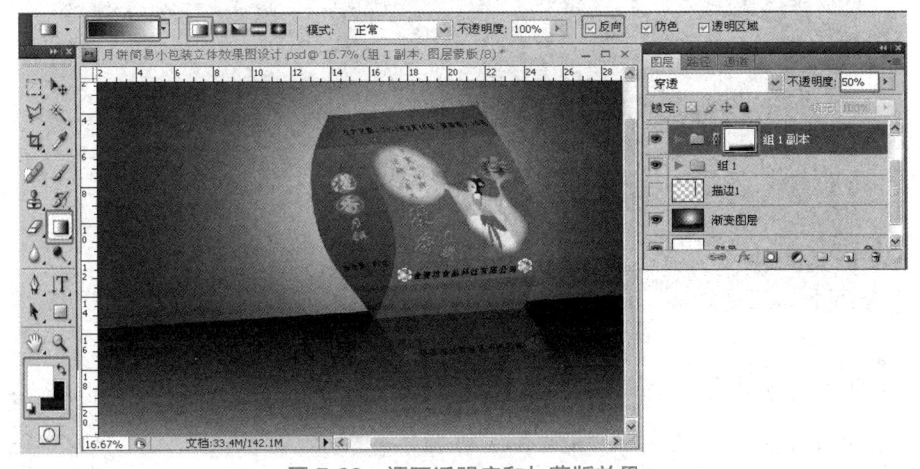

图7-63　调不透明度和加蒙版效果

（23）复制“组1”，形成“组1副本2”，按快捷键Ctrl+T或执行“编辑”→“自由变换”命令，将复制的图像缩放为合适的大小，移动到合适的位置，在按Ctrl键的同时，拖曳图像周围的控制点，实现图像的透视效果，注意做透视效果要遵循近大远小的常理，满意后按Enter键。最后调整图层顺序，将“组1副本2”拖曳至“组1”的后面，最终效果如图7-64所示。

（24）再次复制“组1”，形成“组1副本3”，选中“组1副本3”，执行“编辑”→“变换”→“垂直变换”命令，对图像进行垂直翻转。将“组1副本3”的不透明度设置为50%，降低清晰度。为“组1副本3”添加图层蒙版，选择“渐变工具”，前景色自动变为白色，背景色自动变为黑色，在“渐变工具”属性栏进行如图7-65所示的设置，选择“从前景色到背景色渐变”，单击“线性渐变”按钮，再将“反向”复选框勾选上，在倒影上从下向上拖动，可反复拖动，直到效果满意为止，为第二个包装效果图，也就是为上一步的“组1副本2”图像加上倒影。月饼简易小包装立体效果图的最终效果如图7-65所示。

图 7-64　加上第二个包装效果图的效果

图 7-65　月饼简易小包装立体效果图

5. 制作月饼包装盒平面效果图

7-4 月饼包装盒平面效果图制作要点解析.mp4

（1）打开 Photoshop，执行“文件”→“新建”命令或按快捷键 Ctrl+N 新建一个文件，打开“新建文档”对话框。在该对话框中设置文件名称为“月饼包装盒平面效果图设计”，宽度为 67.6cm，高度为 45.6cm，分辨率为 300 像素，颜色模式为 CMYK，背景为白色。其他选项为系统默认，设置完成后单击“确定”按钮。

（2）执行“视图”→“标尺”命令或按快捷键 Ctrl+R 将标尺显示出来，再执行“视图”→“对齐”命令，为接下来的制作参考线做准备。

（3）执行“视图”→“新建参考线”命令，打开“新建参考线”对话框，在该对话框中可设置新建的参考线是水平的还是垂直的，以及参考线的具体位置。本例中分别在 3mm、33mm、103mm、353mm、423mm、673mm 处建立垂直参考线，在 3mm、33mm、103mm、353mm、423mm、453mm 处建立水平参考线。

（4）明确月饼包装盒展开之后的各个面的位置，为不同的面组织不同的设计内容，各个面的位置如图 7-66 所示。

（5）按快捷键 Shift+ Ctrl+ Alt+N，新建一个图层，将图层命名为“渐变图层”。选择“渐变工具”，将前景色设置为红色，背景色设置为黑色，在“渐变工具”属性栏中选择“从前景色到背景色渐变”，单击“渐变”工具属性栏的“径向渐变”按钮，在“图层”面板中选中新建的“渐变”图层，从画布中央水平向画布外拖动，效果如图 7-67 所示。

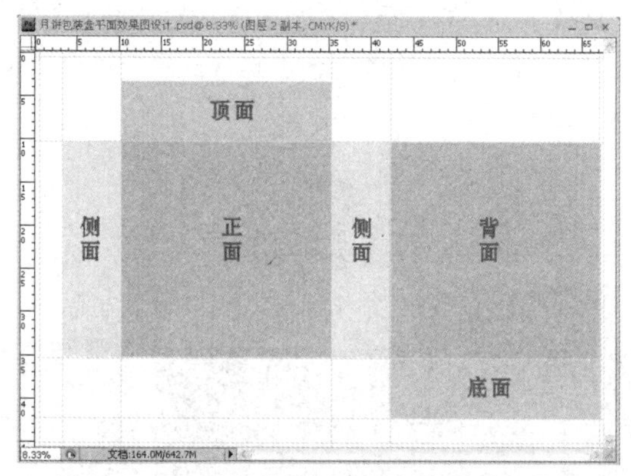

图 7-66 月饼包装盒展开后各个面位置图解

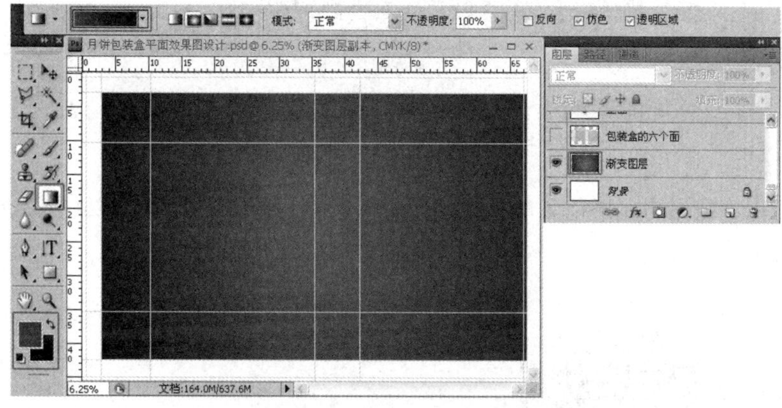

图 7-67 “径向渐变”效果

（6）在按 Ctrl 键的同时，单击“包装盒的六个面”图层，建立一个选区，再选择“渐变”图层，按快捷键 Shift+Ctrl+I 键或执行“选择”→“反向”命令，按 Delete 键清除，把“渐变”图层多余的部分去掉，效果如图 7-68 所示。

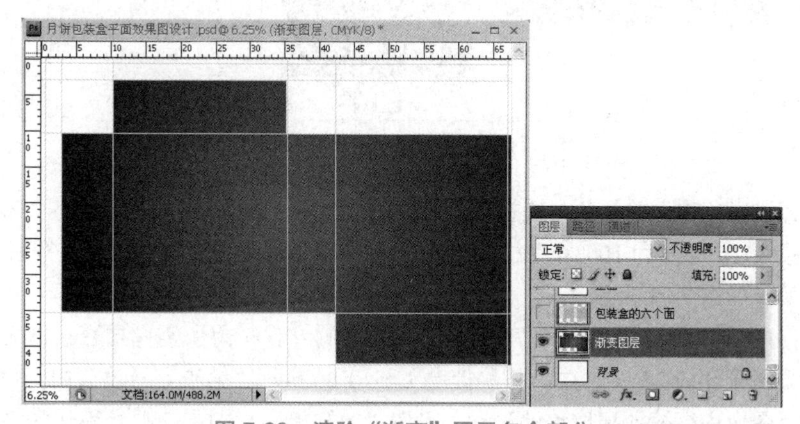

图 7-68 清除“渐变”图层多余部分

（7）选择工具箱的“钢笔工具”，在“钢笔工具”属性栏中单击“路径”按钮，在合适的位置绘制第一条路径，在“路径”面板中将其重命名为“路径 1”，在“路径”面板中选择“创建新路径”选项，用同样的方法，创建“路径 2”“路径 3”“路径 4”，为了保证对称部位路径的一致性，可以对路径进行复制，将“路径 3”复制 3 次，分别形成“路径 3 副本”“路径 3 副本 2”“路径 3 副本 3”，执行“编辑”→“变换”→“垂直变换”命令或使用“移动工具”将它们移动到合适的位置，如图 7-69 所示。

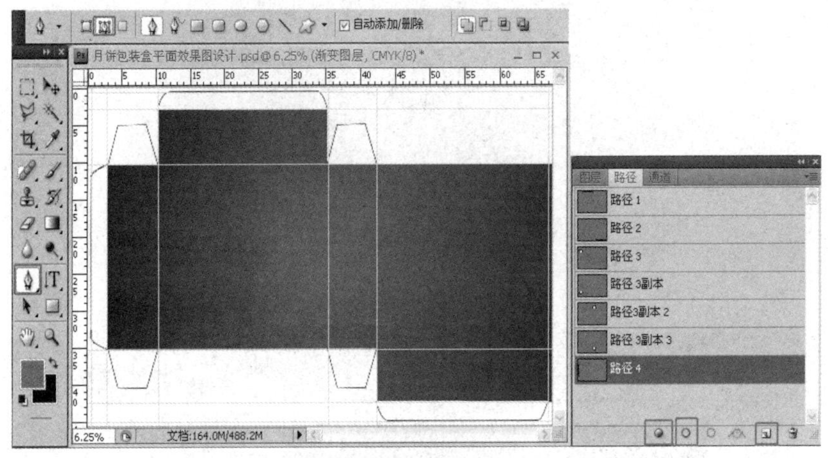

图 7-69 创建模切路径

（8）选择浅黄色作为前景色，在“路径”面板中单击“用前景色填充路径”按钮，为路径填充颜色，效果如图 7-70 所示。

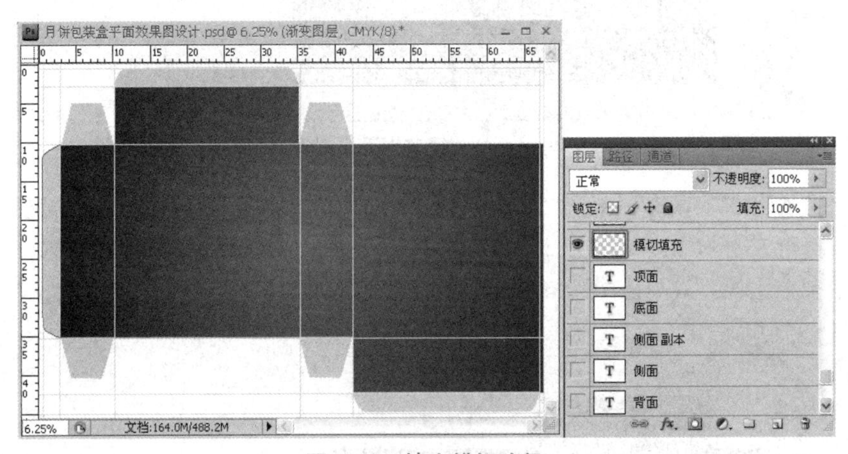

图 7-70 填充模切路径

（9）选择浅黑色作为前景色，选择工具箱中的“画笔工具”，在“画笔工具”属性栏中选择画笔的主直径为 2，硬度为 100%，在“路径”面板中单击“用画笔描边路径”按钮，为“模切”路径描边的效果如图 7-71 所示。

（10）打开“吉祥如意.psd”和“红飘带.psd”素材文件，将所需图层直接拖曳至“月饼包装盒平面效果图设计.psd”文件中，按快捷键 Ctrl+T 或执行“编辑”→“自由变换”命令，根据设计需求对图像进行缩放和位置的移动。设置“吉祥如意”图层的混合模式为“正片叠底”，不透明度为 60%，设置“红飘带”图层的混合模式为“正常”，不透明度为 100%。再分别对这两个图层进行复制，将复制的图像移动到合适的位置，效果如图 7-72 所示。

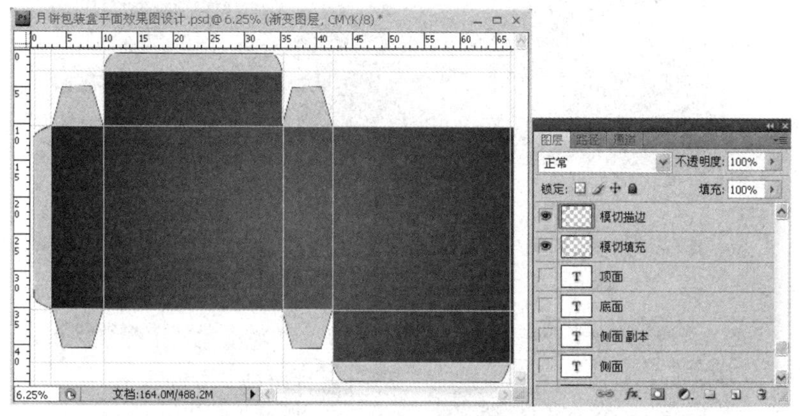

图 7-71　描边“模切”路径

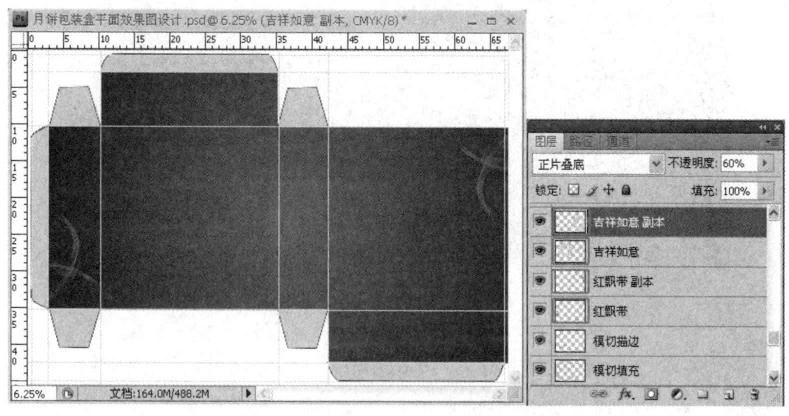

图 7-72　添加吉祥如意图案和红飘带效果

（11）打开“嫦娥.psd”和“月饼.psd”素材文件，将所需图层直接拖曳至“月饼包装盒平面效果图设计.psd”文件中，再打开“月饼简易小包装平面效果图设计.psd”文件，将“但愿人长久”和“千里共婵娟”文字图层拖曳至“月饼包装盒平面效果图设计.psd”文件中。按快捷键 Ctrl+T 或执行“编辑”→“自由变换”命令，根据设计需求对这些图像进行缩放和位置的移动。将“但愿人长久”和“千里共婵娟”文字图层的不透明度调整为 60%。按快捷键 Ctrl+G 或执行“图层”→“图层编组”命令，对“嫦娥副本”图层、“月饼”图层、“但愿人长久”图层和“千里共婵娟”图层进行编组，形成“组 1”，最终效果如图 7-73 所示。

（12）导入之前准备的“祥云.psd”和“鱼.psd”素材文件，再将之前制作的“月饼简易小包装平面效果图设计.psd”文件中的“漫香”和“月饼”这两个文字图层导入，按快捷键 Ctrl+T 或执行“编辑”→“自由变换”命令，根据设计需求对这些图像进行缩放和位置的移动。再选择“文字工具”，在文字“漫香”的下面加上拼音“manxiang”，设置文字为方正舒体简体、20 点。对“祥云”图层、“漫香”图层、“月饼”图层和“manxiang”图层添加“斜面和浮雕”和“颜色叠加”效果，将“鱼”图层的混合模式设置为“正片叠底”，不透明度为 30%。再对“祥云”图层、“漫香”图层、“月饼”图层和“manxiang”图层进行编组，形成“组 2”，效果如图 7-74 所示。

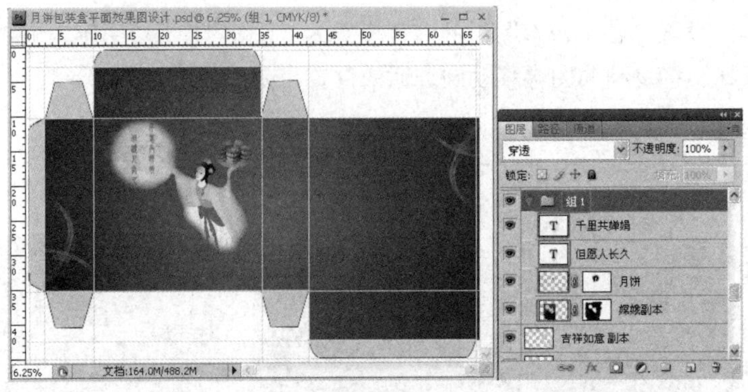

图 7-73　添加“嫦娥”和“月饼”的效果

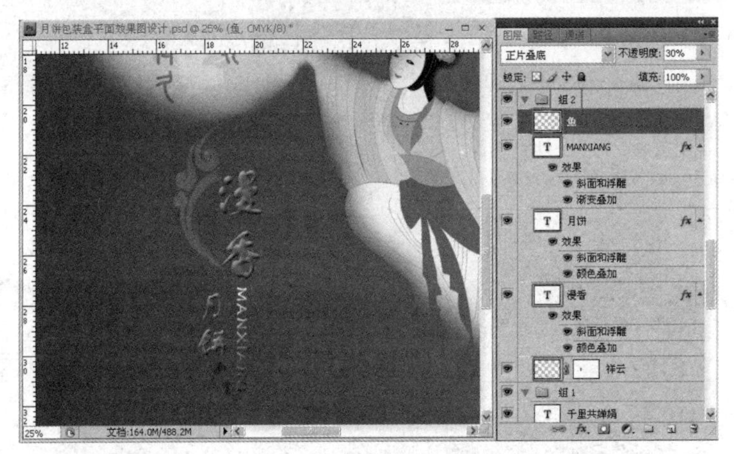

图 7-74　商品名称效果

（13）在月饼包装盒平面效果图中导入“Logo.jpg”素材文件，按快捷键 Ctrl+T 或执行“编辑”→“自由变换”命令，对它进行缩放和移动，再为它加上“外发光”效果。选择“文字工具”，在 Logo 后面加上公司名称，设置文字为方正宋黑简体、45 点。在包装正面的下部加上公司 Logo 和公司名称，效果如图 7-75 所示。

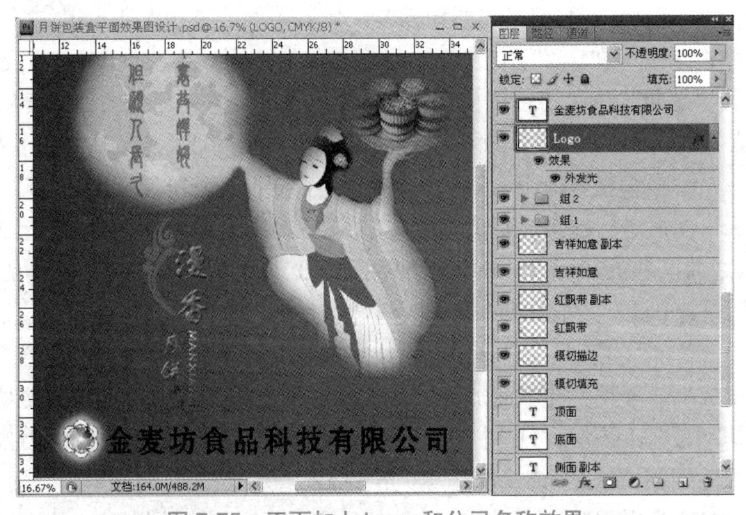

图 7-75　正面加上 Logo 和公司名称效果

（14）对“组 2”进行 3 次复制，形成“组 2 副本”“组 2 副本 2”“组 2 副本 3”，按快捷键 Ctrl+T 或执行“编辑”→“自由变换”命令，分别对 3 组图像按设计需求进行缩放、旋转和移动，在两个侧面和顶面加上商品名称，效果如图 7-76 所示。

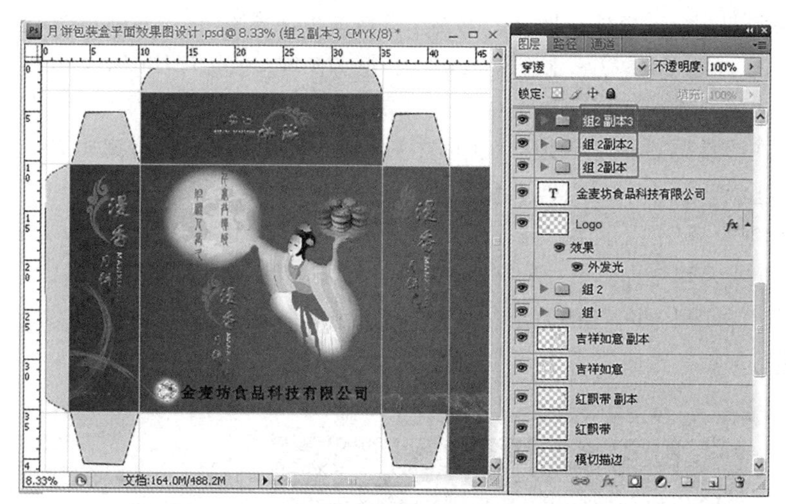

图 7-76　为两个侧面和顶面加上商品名称

（15）选择“文字工具”，设置文字为方正宋黑简体、25 点。在包装盒的顶面添加文字“生产日期：2011 年 8 月 15 日”“保质期：10 天”。在包装盒右侧面添加文字“净含量：240 克”。将素材图像条形码、防伪标志、质量安全标志导入“月饼包装盒平面效果图设计.psd”文件中，按快捷键 Ctrl+T 或执行“编辑”→“自由变换”命令，对它们进行缩放并且按照设计需求将它们移动到包装底面的合适位置，在防伪标志上面的合适位置添加文字“请认准镭射烫膜防伪标志”，设置文字为方正宋黑简体、25 点。对“条形码”图层、“防伪标志”图层、“质量安全”图层和“请认准镭射烫膜防伪标志”文字图层进行编组，形成“组 3”，这样包装盒正面、侧面、顶面和底面制作完成，效果如图 7-77 所示。

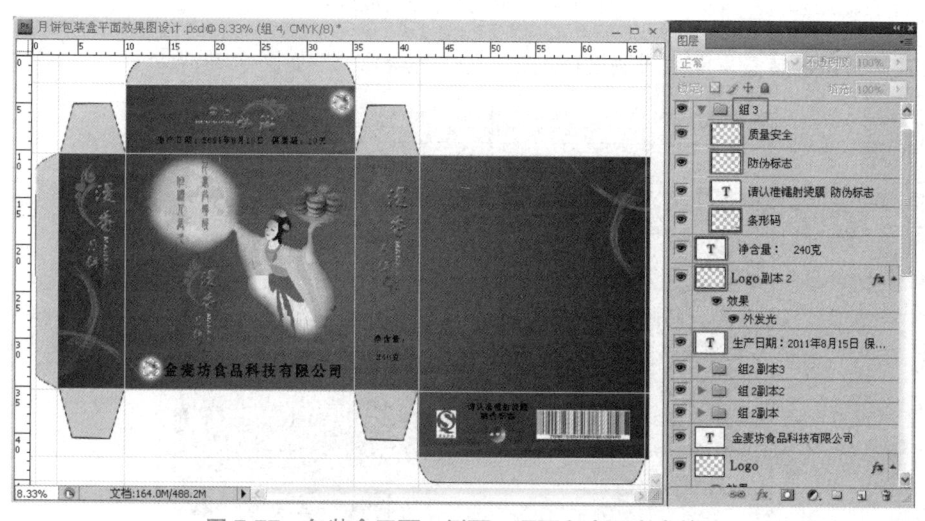

图 7-77　包装盒正面、侧面、顶面和底面完成效果

（16）新建一个图层，命名为“长线条”，在背面左侧位置用“铅笔工具”制作一条白色的

垂直细线，选择笔刷大小为2，硬度为100%。使用“直排文字工具”在垂直细线的右边添加文字“保存方法：密封置于阴凉干燥处；生产许可证号：QS2377 077 7717；食卫准字：（黑）卫食证字（1999）第7-7号；执行标准：GB/T1777-007；包材生产许可证号：QS23-10107-00107；生产日期和保质期：见封口处；地址：黑龙江省双城市迎宾路 165 号财富名苑大厦；电话：0451-53126888　13936045777；邮编：150100；服务热线：800 777 0777　800 777 0999”，设置文字为方正宋黑简体、23点、白色。复制“长线条”图层，形成“长线条副本”图层，将复制的长线条放在该段文字右边。使用“直排文字工具”在背面靠右位置添加文字“饼艺至尊”，设置文字为方正综艺简体、46点、平滑、黄色。为“饼艺至尊”文字图层添加“外发光”的效果，在文字“饼艺至尊”的下面用“铅笔工具”加一条垂直线，选择笔刷大小为9，硬度为100%。在直线的下面加上公司 Logo，复制“Logo”图层，形成“Logo 副本”图层，再为该图层添加“外发光”效果。再用上面介绍的方法在文字“饼艺至尊”的右边加一段直排文字和线条，再将这部分图层进行编组，形成“组 4”，包装盒背面完成效果如图 7-78 所示。

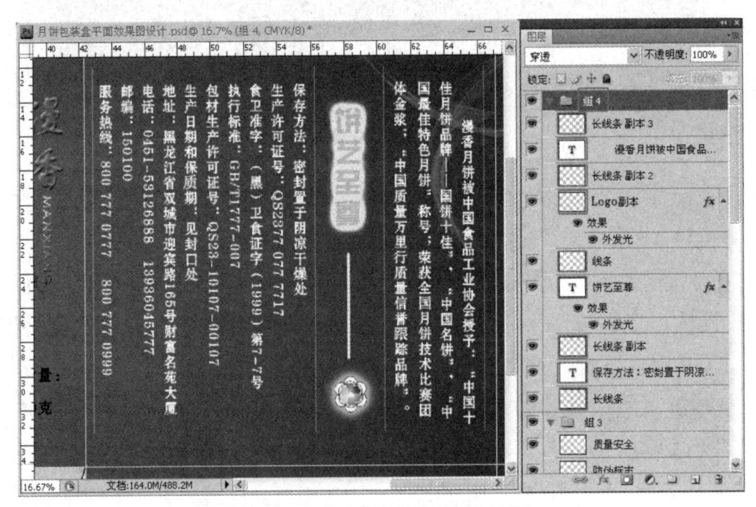

图 7-78　包装盒背面完成效果

（17）“月饼包装盒平面效果图设计.psd”文件的最终效果如图 7-79 所示。

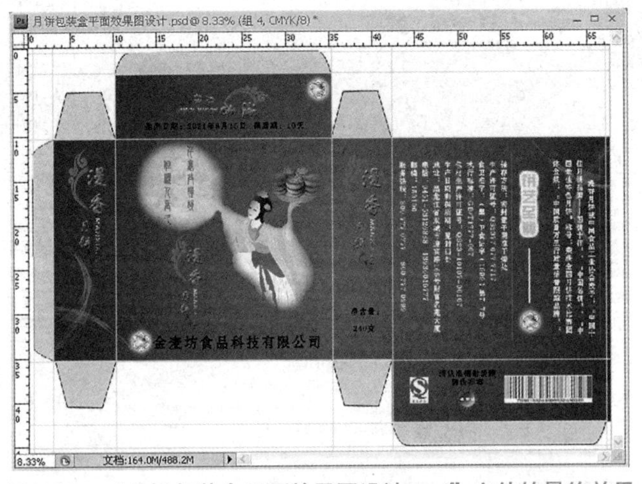

图 7-79　“月饼包装盒平面效果图设计.psd”文件的最终效果

6. 制作月饼包装盒立体效果图

7-5 月饼包装盒立体效果图制作要点解析.mp4

（1）打开 Photoshop，执行“文件”→“新建”命令或按快捷键 Ctrl+N 新建一个文件，打开“新建文档”对话框。设置文件名称为“月饼包装盒立体效果图设计”，宽度为 29.1cm，高度为 21.6cm，分辨率为 300 像素，颜色模式为 CMYK，背景为白色。其他选项为系统默认，设置完成后单击“确定”按钮。

（2）执行“视图”→“标尺”命令或按快捷键 Ctrl+R 将标尺显示出来，执行“视图”→“对齐”命令，在画布的上、下、左、右边缘 3mm 处向图像内部拖出两条垂直参考线和两条水平参考线，作为出血线。

（3）按快捷键 Shift+ Ctrl+ Alt+N，新建一个图层，将图层命名为“渐变”，选择“渐变工具”，将前景色设置为白色，背景色设置为蓝色，在“渐变工具”属性栏中选择“从前景色到背景色渐变”，单击“渐变工具”属性栏的“径向渐变”按钮，在“图层”面板中选择刚建立的“渐变”图层，从画布中央水平向画布外拖动。单击“套索工具组”右下角的三角按钮，在弹出的下拉列表中选择“多边形套索工具”，做出多边形选区，选择“渐变工具”，将前景色设置为黑色，背景色设置为白色，在“渐变工具”属性栏中选择“从前景色到背景色渐变”，单击“渐变工具”属性栏的“线性渐变”按钮，在“图层”面板中选择“渐变图层”选项，在选区内从上到下拖动。对“渐变”图层进一步处理，为其添加杂色。执行“滤镜”→“杂色”→“添加杂色”命令，在打开的“添加杂色”对话框中设置参数：数量为 12.5%，分布为平均分布。勾选“单色”复选框，完成后单击“确定”按钮，效果如图 7-80 所示。

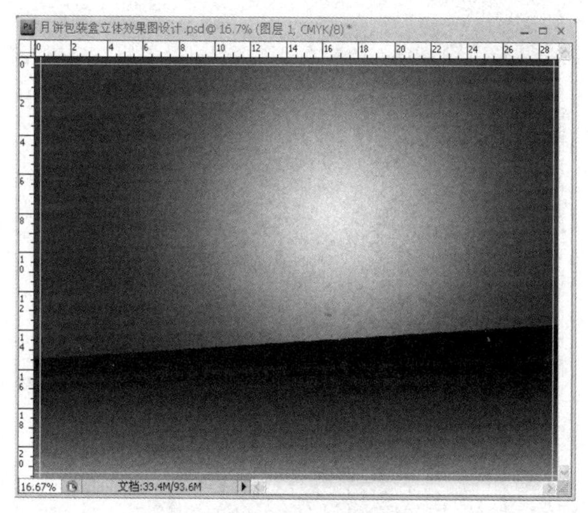

图 7-80　渐变图层效果

（4）打开“月饼包装盒平面效果图设计.psd”文件，将其另存一份，在另存的文件中，选择除背景以外的所有图层，按快捷键 Ctrl+E 将这些图层合并。选取“月饼简易包装盒平面效果图”正面部分进行复制，把它粘贴到“月饼包装盒立体效果图设计.psd”文件中，形成一个新的图层，将图层重命名为“正面”，选择该图层，按快捷键 Ctrl+T，当图像周围出现变形框时，按住 Ctrl 键的同时，使用鼠标向左上的方向拖曳变形框右边中间的控制点，对图像进行斜切和透视处理，再用同样的方法将顶面和侧面导入“月饼包装盒立体效果图设计.psd”文件中，将这两个图层重命名为“顶面”和“侧面”，分别对正面和侧面图像进行斜切和透视处理，效果如图 7-81 所示。

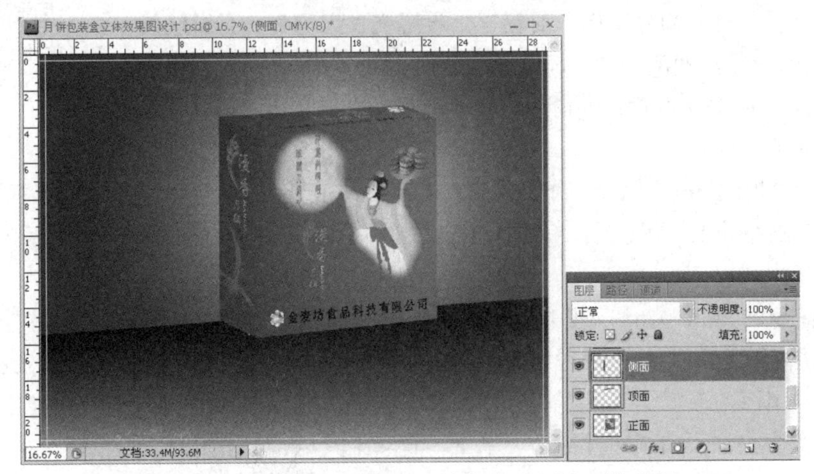

图 7-81　正面、顶面和侧面“斜切”和“变形”效果

（5）选择“顶面”图层，执行“图像”→“调整”→“亮度和对比度”命令，在打开的对话框中将亮度和对比度值调大一些。用同样的方法将“侧面”图层的亮度和对比度值调小一些，效果如图 7-82 所示。

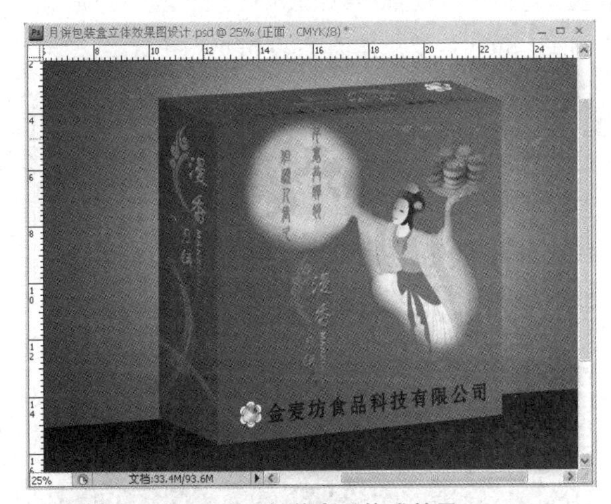

图 7-82　包装盒立体感效果

（6）复制“正面”图层和“侧面”图层，分别形成“正面副本”图层和“侧面副本”图层，执行“编辑”→“变换”→“垂直变换”命令，按快捷键 Ctrl+T 或执行“编辑”→“自由变换”命令，在按 Ctrl 键的同时，拖曳图像周围的控制点，将倒影图像和实物图像上下对齐，直到效果满意，按 Enter 键。再将这两个图层的不透明度设为 38%，之后的效果如图 7-83 所示。

（7）合并“正面副本”图层和“侧面副本”图层，为合并后的图层添加图层蒙版，做出越远离越淡，直至消失的效果，如图 7-84 所示。

（8）按快捷键 Shift+ Ctrl+ Alt+N，新建一个图层，将图层命名为“阴影”，选择“钢笔工具”，绘出不规则路径，按快捷键 Ctrl+Enter，将路径变为选区，选择“渐变工具”，将前景色设置为黑色，在“渐变工具”属性栏中选择“从前景色到透明渐变”，单击“渐变工具”属性栏的“径向渐变”按钮，在“图层”面板中选择刚建立的“阴影”图层，在选区内从右下角向左上角拖曳，为包装盒制作“阴影”效果，如图 7-85 所示。

图 7-83　倒影制作 1

图 7-84　倒影制作 2

图 7-85　阴影制作过程

（9）选择“阴影”图层，执行“滤镜”→“模糊”→“高斯模糊”命令，打开相应的对话框，在该对话框中设置参数，在预览框图中看效果，直到效果满意，单击“确定”按钮，再将“阴影”图层移动到“正面”图层的下面，效果如图 7-86 所示。

图 7-86　包装盒效果图

7. 制作月饼包装手袋平面效果图

7-6 月饼包装手袋平面效果图制作要点解析.mp4

（1）打开 Photoshop，执行“文件”→“新建”命令或按快捷键 Ctrl+N 新建一个文件，打开“新建文档”对话框。设置文件名称为“月饼包装手袋平面效果图设计”，宽度为 71.6cm，高度为 35.6cm，分辨率为 300 像素，颜色模式为 CMYK，背景为白色。其他选项为系统默认，设置完成后单击“确定”按钮。

（2）执行“视图”→“标尺”命令或按快捷键 Ctrl+R 将标尺显示出来，再执行“视图”→“对齐”命令将标尺对齐。执行“视图”→“新建参考线”命令，打开“新建参考线”对话框，在对话框中可设置新建的参考线是水平的还是垂直的，以及参考线的具体位置。本例中分别在 3mm、263mm、343mm、603mm、683mm、713mm 处建立垂直参考线，在 3mm、33mm、293mm、353mm 处建立水平参考线。

（3）按快捷键 Shift+ Ctrl+ Alt+N，新建一个图层，将图层命名为“模切”，建立一个选区，在包装手袋的主体部分建立一个选区，填充上红色（或者任意颜色）。按快捷键 Shift+Ctrl+Alt+N，新建一个图层，将图层命名为“模切 1”，选择工具箱中的“钢笔工具”，在“钢笔工具”属性栏中单击“路径”按钮，绘制出模切路径，并为路径填充颜色，选择浅黄色作为前景色，在“路径”面板中单击“用前景色填充路径”按钮，为“模切”路径描边，选择浅黑色作为前景色，选择工具箱中的“画笔工具”，在“画笔工具”属性栏中选择画笔的主直径为 2，硬度为 100%，单击“路径”面板中的“用画笔者描边路径”按钮。接下来制作圆孔，按快捷键 Shift+Ctrl+Alt+N，新建一个图层，将图层命名为“圆孔”，单击“形状工具组”右下角的三角按钮，在弹出的下拉列表中选择“椭圆选框工具”，按住 Shift 键的同时，拖曳鼠标进行绘制，绘制出两个正圆，并填充其为白色。复制“圆孔”图层 3 次，再分别将复制的图像移动到合适的位置，“模切”制作完成，效果如图 7-87 所示。

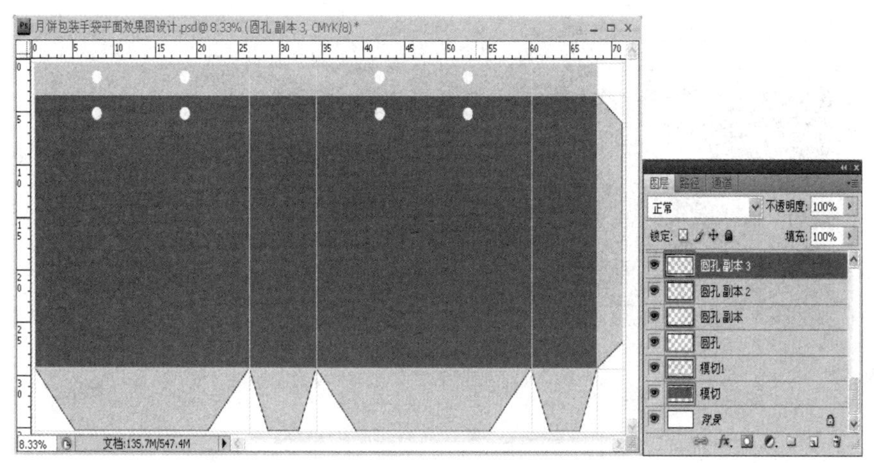

图 7-87　模切制作

（4）按快捷键 Shift+ Ctrl+ Alt+N 键，新建一个图层，命名为“渐变”。选择“渐变工具”，将前景色设置为红色，背景色设置为黑色，在“渐变工具”属性栏中选择“从前景色到背景色渐变”，单击“渐变工具”属性栏的“径向渐变”按钮，在“图层”面板中选中新建的“渐变”图层，从画布中央水平向画布外拖动。

（5）单击“文字工具组”右下角的三角按钮，在弹出的下拉列表中选择“直排文字工具”，在“文字工具”属性栏中设置文字为汉仪粗篆繁体、85 点、平滑、红色。在要添加文字的地方单击，出现光标闪烁，输入文字“明月几时有？把酒问青天。不知天上宫阙，今夕是何年。我欲乘风归去，又恐琼楼玉宇，高处不胜寒。起舞弄清影，何似在人间？转朱阁，低绮户，照无眠。不应有恨，何事长向别时圆？人有悲欢离合，月有阴晴圆缺，此事古难全。但愿人长久，千里共婵娟”，选择“移动工具”，将它移动到包装侧面适当位置，将文字图层的不透明度调整为 18%，在“图层 1”上加上若隐若现的诗句，增强画面的传统韵味，效果如图 7-88 所示。

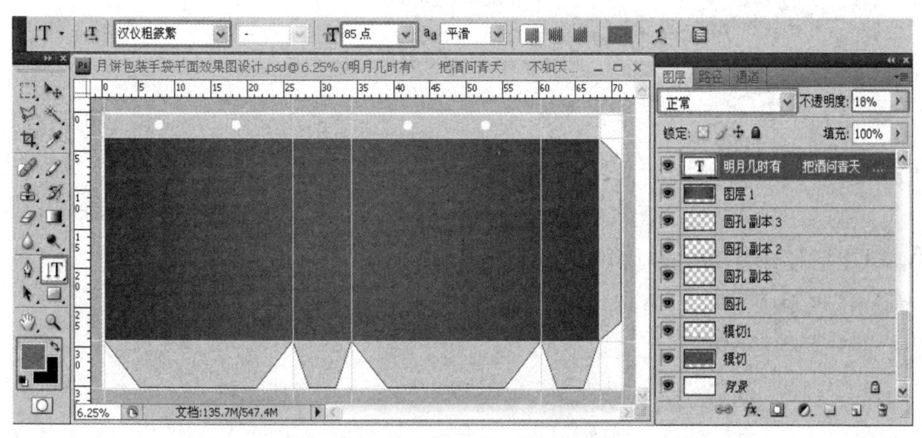

图 7-88　加上若隐若现的诗句效果

（6）打开“月饼包装盒平面效果图设计.psd”文件，将该文件中的“组 2”“组 2 副本”“组 1”“组 1 副本”和“组 1 副本 2”拖曳至“月饼包装手袋平面效果图设计.psd”文件中，按快捷键 Ctrl+T 或执行“编辑”→“自由变换”命令，将这些对象调整为合适的大小，并移动到合适的位置，效果如图 7-89 所示。

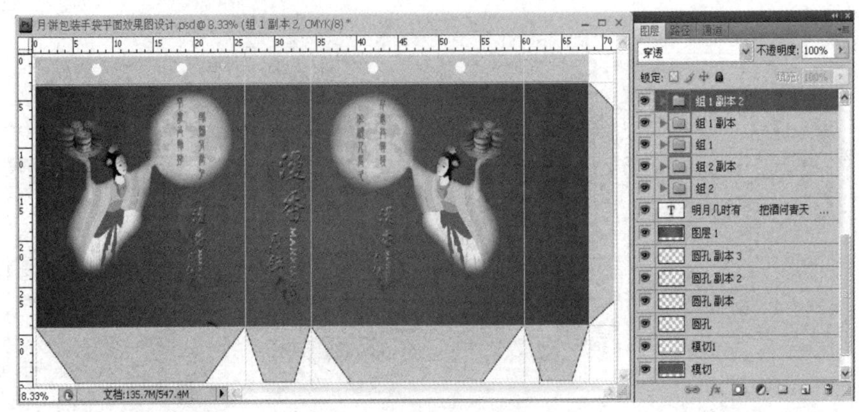

图 7-89 加上主要元素的效果

（7）在 Photoshop 中打开“月饼包装盒平面效果图设计.psd”文件，将所需图层拖曳至“月饼包装手袋平面效果图设计.psd”文件中，按快捷键 Ctrl+T 或执行“编辑”→“自由变换”命令，将这些对象调整为合适的大小，并移动到合适的位置，为月饼包装手袋平面效果图添加文字和公司 Logo，效果如图 7-90 所示。

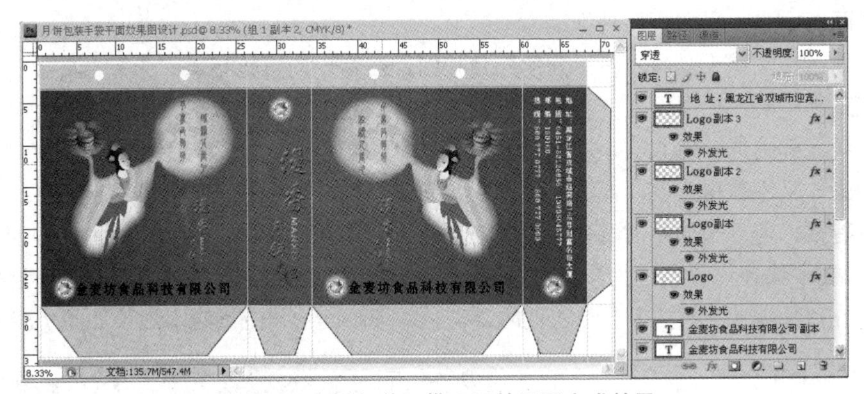

图 7-90 月饼包装手袋平面效果图完成效果

8. 制作月饼包装手袋立体效果图

7-7 月饼包装手袋立体效果图制作要点解析.mp4

（1）打开 Photoshop，执行“文件”→“新建”命令或按快捷键 Ctrl+N 新建一个文件，打开“新建文档”对话框。设置文件名称为“月饼包装手袋立体效果图设计”，宽度为 29.1cm，高度为 21.6cm，分辨率为 300 像素，颜色模式为 CMYK，背景为白色。其他选项为系统默认，设置完成后单击“确定”按钮。

（2）在新建的文件中，执行“视图”→“标尺”命令或按快捷键 Ctrl+R 将标尺显示出来，执行“视图”→“对齐”命令，在画布的上、下、左、右边缘 3mm 处向图像内部拖出两条垂直参考线和两条水平参考线，作为出血线。

（3）按快捷键 Shift+Ctrl+Alt+N，新建一个图层并命名为“图层 1”，选择“渐变工具”，将前景色设置为白色，背景色设置为蓝色，在“渐变工具”属性栏中选择“从前景色到背景色渐变”，单击“渐变工具”属性栏的“径向渐变”按钮，在“图层”面板中选择刚建立的“渐变”图层，从画布中央水平向画布外拖动。单击“套索工具组”右下角的三角按钮，在弹出的下拉

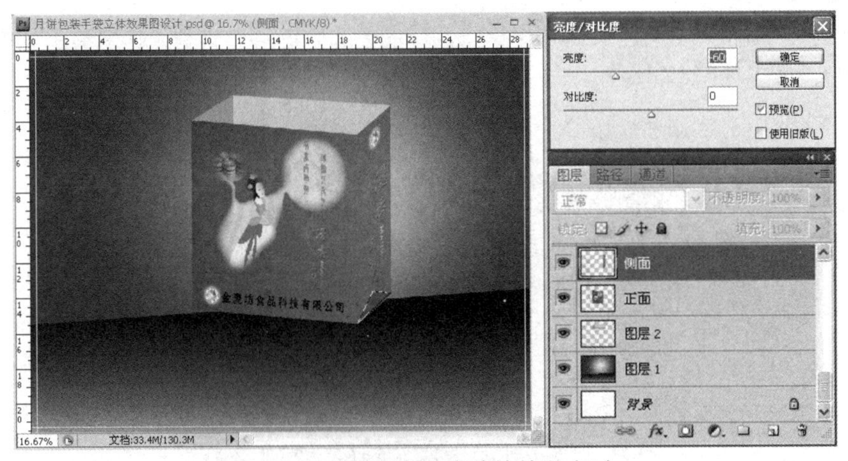

图 7-95　将侧面部分变暗的效果（1）

图 7-96　将侧面部分变暗的效果（2）

图 7-97　制作不规则选区

（8）选择“侧面”图层，按 Delete 键将侧面图像选区内部分删除，使包装手袋侧面的立体感更强一些，效果如图 7-98 所示。

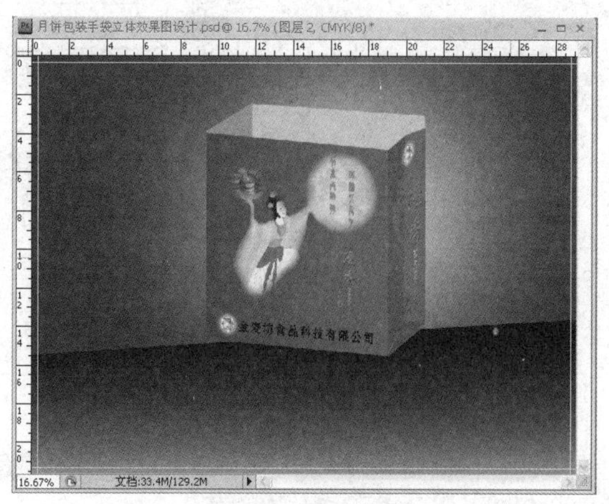

图 7-98　将侧面选区内部分删除效果

（9）选择“图层 2”，选择工具箱中的“钢笔工具”，在“钢笔工具”属性栏中选择“路径”，绘制出不规则钢笔路径，效果如图 7-99 所示。按快捷键 Ctrl+Enter 将路径转换为如图 7-100 所示的选区，按 Delete 键将侧面图层 2 选区内部分删除，经过以上几个步骤的处理，包装手袋主要部分的立体效果就做出来了，效果如图 7-101 所示。

（10）选择工具箱中的“钢笔工具”，在“钢笔工具”属性栏中选择“路径”，绘制出一条曲线钢笔路径，形状像一条带子，按快捷键 Shift+Ctrl+Alt+N，新建一个图层，将图层命名为“带子”。选择红色为前景色，选择工具箱中的“画笔工具”，在“画笔工具”属性栏中设置画笔的主直径为 5，硬度为 100%，单击“路径”面板中的“用画笔者描边路径”按钮。选择“带子”图层，执行“图层”→“图层样式”→“斜面和浮雕”命令，在打开的“斜面和浮雕”对话框中进行相应的设置，为带子添加“斜面和浮雕”的立体效果，复制“带子”图层，形成“带子副本”图层，将其移动到合适的位置，效果如图 7-102 所示。

图 7-99　制作不规则路径

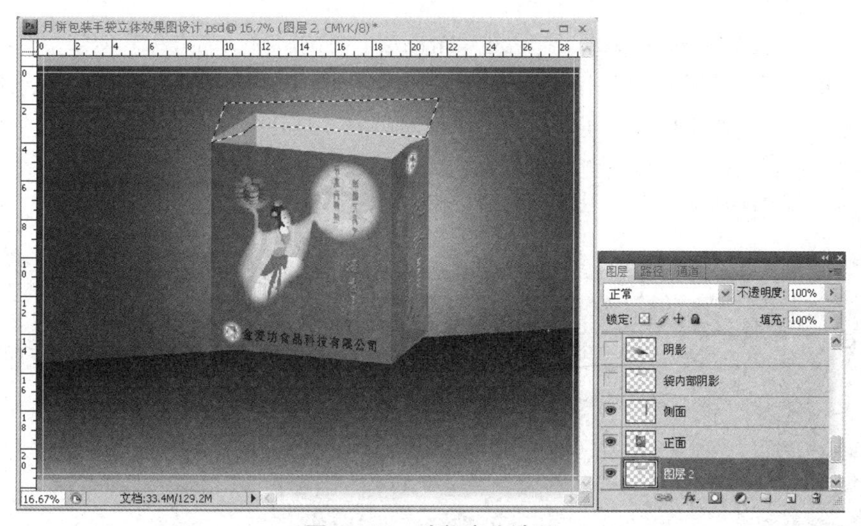

图 7-100　路径变为选区

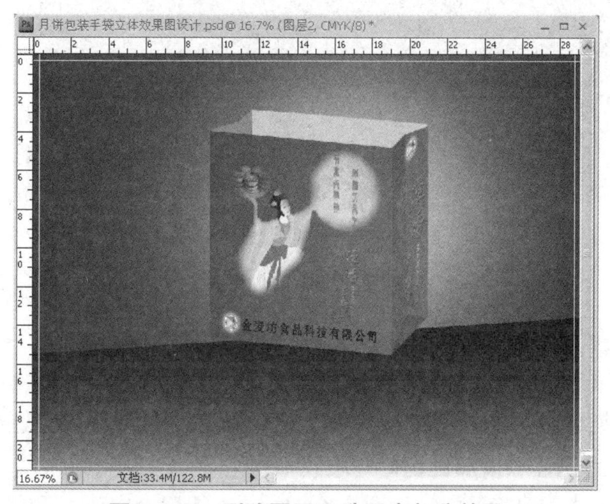

图 7-101　删除图层 2 选区内部分效果

图 7-102　月饼包装手袋带子效果

（11）按快捷键 Shift+Ctrl+Alt+N，新建一个图层，将图层命名为“孔”，单击“形状选择工具组”右下角的三角按钮，在弹出的下拉列表中选择“椭圆选框工具”，按住 Shift 键的同时，拖曳鼠标进行绘制，绘制出一个正圆，执行“编辑”→“描边”命令，打开“描边”对话框，在该对话框中设置参数：宽度为 2 像素，颜色为白色。复制 3 次“圆孔”图层，再分别将复制的图像移动到合适的位置，制作完成的效果如图 7-103 所示。

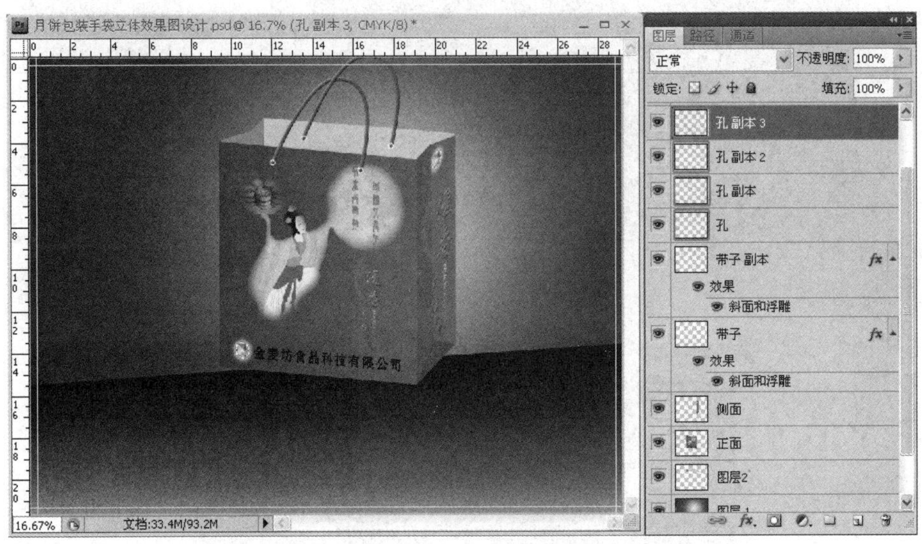

图 7-103　带子孔制作效果

（12）分别复制“正面”图层和“侧面”图层，形成“正面副本”图层和“侧面副本”图层，执行“编辑”→“变换”→“垂直变换”命令，按快捷键 Ctrl+T 或执行“编辑”→“自由变换”命令，再按住 Ctrl 键的同时，拖曳图像周围的控制点，将倒影图像和实物图像上下对齐，直到效果满意，按 Enter 键。再将这两个图层合并，将合并后的图层的不透明度设置为 38%，为该图层添加图层蒙版，为包装手袋加上倒影。

（13）按快捷键 Shift+Ctrl+Alt+N，新建一个图层，将图层命名为“阴影”。选择“钢笔工具”，绘出不规则路径，按快捷键 Ctrl+Enter，将路径变为选区；选择“渐变工具”，将前景色设置为黑色，在“渐变工具”属性栏中选择“从前景色到透明渐变”；单击“渐变工具”属性栏的“径向渐变”按钮，在“图层”面板中选择刚建立的“阴影”图层，在选区内从右下角向左上角拖动；选择“阴影”图层，执行“滤镜”→“模糊”→“高斯模糊”命令；打开相应的对话框，在该对话框中设置参数，在预览框图中看效果，直到效果满意；单击“确定”按钮；将“阴影”图层移动到“图层 2”的下面，为包装盒加上阴影，效果如图 7-104 所示。

【小技巧】

1．使用“快速蒙版”抠像

（1）勾选所选区域：双击“以快速蒙版模式编辑”按钮，打开“设置”面板，将“色彩指示”选项更改为“所选区域”选项，单击“确定”按钮。

（2）用画笔涂抹：选择“画笔工具”，绘制涂抹出想要的图像部分，绘制完成后再次单击“以快速蒙版模式编辑”按钮，会看到已经框选了图像。

（3）调整边缘：当选中的图像有超出部分时，可以再次进入快速蒙版模式，选择“白色画笔”擦除超出部分。

2. 剪贴蒙版的妙用

以文字为例，图片在上，文字在下，选择上边的图片图层，按住 Alt 键，鼠标移动到两个图层中间，单击，即可完成剪贴蒙版，图片被填充到了文字里。

图 7-104　月饼包装手袋立体效果图完成效果

【提示】

在网络时代，虚拟现实技术逐渐完善，各种形式的产品正从实物状态转化为虚拟状态，从这个角度来说，包装的设计不仅包含实物包装设计，还包含虚拟包装设计。

任务评价

填写任务评价表，如表 7-3 所示。

表 7-3　任务评价表

工作任务清单	完成情况
（1）谈谈你对路径、图层样式、图层混合模式、蒙版的理解，并使用 PPT 形式展示	○优　○良　○中　○差
（2）制作月饼简易包装平面效果图	○优　○良　○中　○差
（3）制作月饼简易包装立体效果图	○优　○良　○中　○差
（4）制作月饼包装盒平面效果图	○优　○良　○中　○差
（5）制作月饼包装盒立体效果图	○优　○良　○中　○差
（6）制作月饼包装手袋平面效果图	○优　○良　○中　○差
（7）制作月饼包装手袋立体效果图	○优　○良　○中　○差

任务拓展

设计一个系列包装。

项目总结

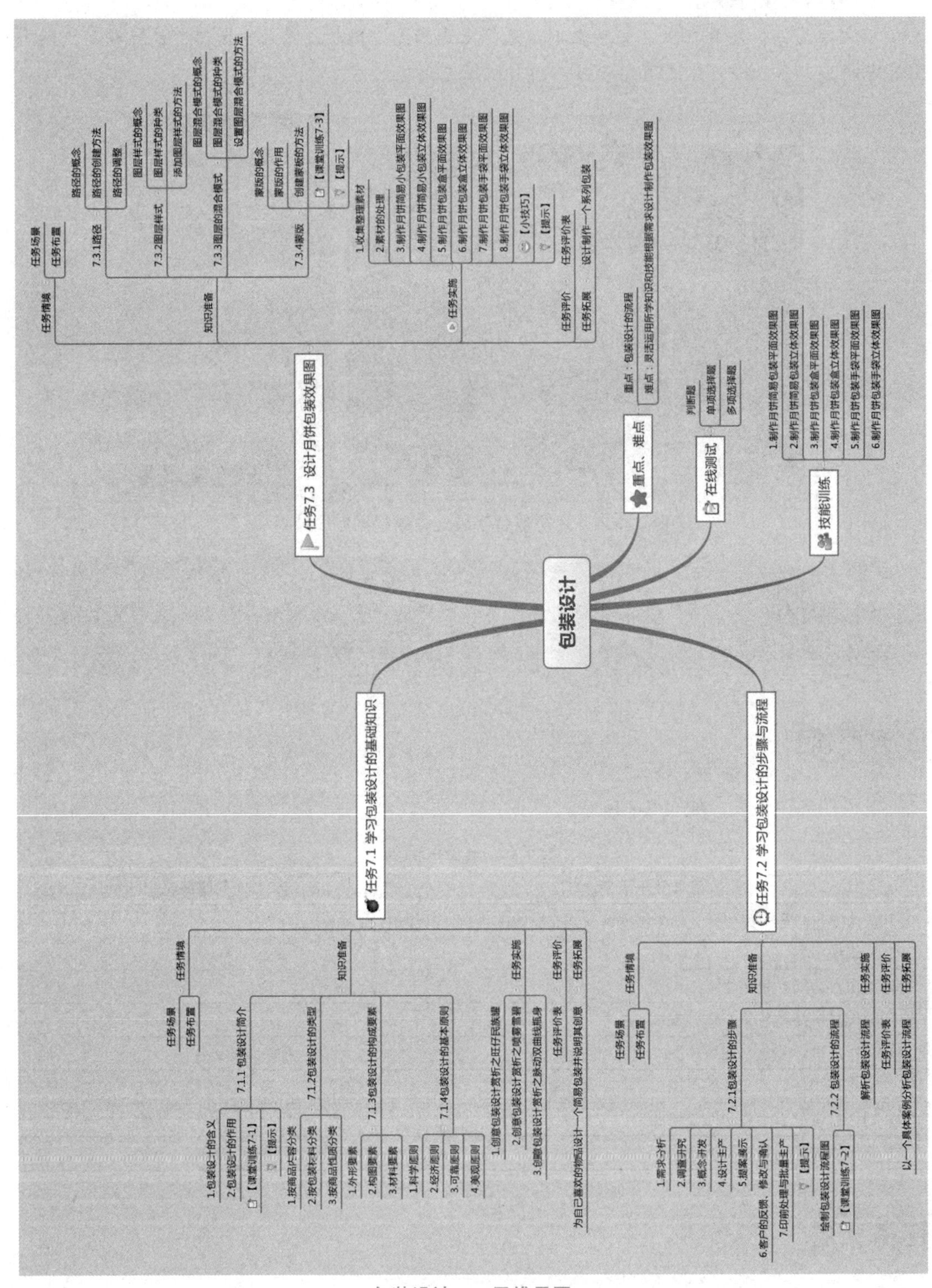

包装设计——思维导图

在线测试

包装设计——在线测试

技能训练

1．制作月饼简易包装平面效果图。
2．制作月饼简易包装立体效果图。
3．制作月饼包装盒平面效果图。
4．制作月饼包装盒立体效果图。
5．制作月饼包装手袋平面效果图。
6．制作月饼包装手袋立体效果图。

教学单元设计

包装设计——教学单元设计

项目 8　网页设计

学习目标

1．知识目标

•了解网页设计的基本结构。
•掌握网页设计的基本原则。
•了解网站的分类。
•掌握网页设计的步骤和流程。

2．技能目标

•熟练使用工具箱进行网页设计。
•能够独立制定网页设计方案并根据需要整理素材。
•熟练设计网页背景主题、网页标题。
•掌握制作导航栏、分割线及登录区的方法。

3．能力目标

•培养学生主动学习，创新设计的能力。
•培养学生综合运用创意、美学知识设计创新的能力。

4．素质目标

•培养学生细致工作，爱岗敬业的职业素养。
•培养学生健康乐观的心理素质，使学生懂得奉献、分享与感恩。

任务 8.1　学习网页设计的基础知识

任务情境

【任务场景】Photoshop 的应用十分广泛，不仅可以用于修改图像，而且可以运用图层、蒙版设计简单网页，通过文字排版和网页优化，可以完成网页的设计与制作。网页是用户访问网站的界面，是用户通过网络获得信息与资源的手段。

【任务布置】学习网页设计的结构、基本原则；了解网站的分类并分析不同网站的特点；根据网页制作的原则，分析在网页制作过程中需要使用到的 Photoshop 工具。

分析网页设计的基本结构，包括网站标识、功能区、导航栏、正文内容、附加信息；掌握网页设计的基本原则，包括网页整体布局统一、网页内容连贯、页面分割合理、内容及色彩既有对比又要做到和谐一致；了解网站的分类及各类网站的特点。

知识准备

8.1.1　网页的基本结构

网页的基本结构即网页内容的布局，对网页结构进行规划、创建是页面优化的重要环节之一。Photoshop 的图像调整功能可以用于辅助网页结构设计，还可以用于制作网页模块。网页的基本结构包括网站标识、功能区、导航栏、正文内容、附加信息等。

1. 网站标识

网站标识由文字、字母、数字、图案等组成。网站名称多指网站标识中的文字部分。

网站标识是网站的名称或网站的特殊标志。网站标识就是网站的名片，可以反映出网站及设计者的相关信息。好的网站标识具有精美、独特的特点。制作网站标识应注意网站标识与网站整体风格的统一，如图 8-1 所示。

图 8-1　网站标识

2. 功能区

功能区一般在网页的顶部，网站种类不同，功能区含有的内容也会有差别。功能区可能包含登录、注册或个人信息等内容，如图 8-2 所示。

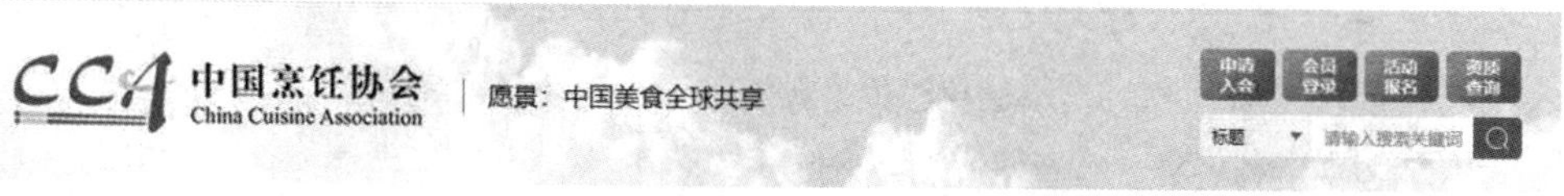

愿景：中国美食全球共享

图 8-2　“中国烹饪协会”官网功能区

3. 导航栏

导航栏是指位于网页顶部或侧面区域的一排导航按钮。导航栏是网站设计中非常重要的元素，它链接着整个网站中的各个网页。导航栏在制作时以文字为主，也可以使用图形或图标。

进入网站，首先看到的是导航栏，它的功能是帮助用户在较短的时间内快速、准确地找到所需要的内容，起到一个引导作用。因此导航栏的设置应该符合网站的特点，要求设置合理、简洁、醒目。按导航栏的分布方向可以分为横向导航栏和纵向导航栏，如图 8-3 和图 8-4 所示。

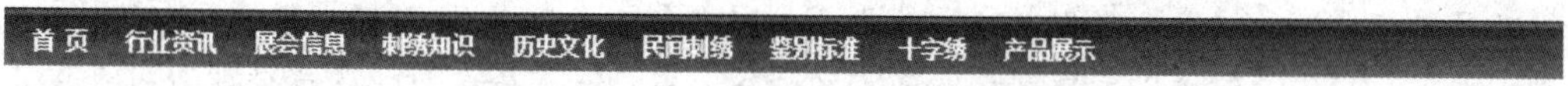

首 页　行业资讯　展会信息　刺绣知识　历史文化　民间刺绣　鉴别标准　十字绣　产品展示

图 8-3　“中国刺绣网”网站横向导航栏

主题市场

- 女装 / 内衣
- 男装 / 运动户外
- 女鞋 / 男鞋 / 箱包
- 美妆 / 个人护理
- 腕表 / 眼镜 / 珠宝饰品
- 手机 / 数码 / 电脑办公
- 母婴玩具
- 零食 / 茶酒 / 进口食品
- 生鲜水果
- 大家电 / 生活电器
- 家具 / 灯具 / 卫浴
- 汽车 / 配件 / 用品
- 家纺 / 家饰 / 鲜花
- 医药保健
- 厨具 / 收纳 / 宠物
- 图书音像

家用电器

- 手机/运营商/数码
- 电脑/办公
- 家居/家具/家装/厨具
- 男装/女装/童装/内衣
- 美妆/个护清洁/宠物
- 女鞋/箱包/钟表/珠宝
- 男鞋/运动/户外
- 房产/汽车/汽车用品
- 母婴/玩具乐器
- 食品/酒类/生鲜/特产
- 艺术/礼品鲜花/农资绿植
- 医药保健/计生情趣
- 图书/文娱/教育/电子书
- 机票/酒店/旅游/生活
- 理财/众筹/白条/保险
- 安装/维修/清洗/二手
- 工业品

图 8-4　购物网站纵向导航栏

4. 正文内容

正文内容是指网页中的主体内容，即网页中展示给用户的主体信息。正文内容是网页中的主要元素，一般正文内容并不完整，主要是内容标题或摘要的超链接。用户通过单击这些超链接，才能在网页中看到正文内容。正文内容一般可以是文字、图像、视频和音频等。

5. 附加信息

附加信息分布在网页的底部，又被称为“页脚”，通常用于介绍网站所有者的具体信息和联络方式，如网站地址、联系方式、版权信息、法律声明、网站的备案信息、友情链接信息、合作伙伴信息等，如图 8-5 所示。

图 8-5　“中国传统文化网”网页底部附加信息

【提示】

在网页中经常会设置一些广告区。广告区是网站盈利或自我宣传的区域，一般位于网页的顶部或底部。广告内容可以是文字、图像、动画等。在设置广告区时，既要合理、引人注目，又不能影响网页的整体布局。

8.1.2　网页设计的基本原则

用户对网站的感受取决于网页设计，合理地对颜色、字体、图片、主题等元素进行搭配，可以美化网页设计。

为了让网页达到内容主次分明、布局条理清晰、色彩和谐统一、对比度适当的目的，设计者应该遵循整体布局统一、网页内容连贯、页面分割合理、对比及和谐的基本原则。

1. 整体布局统一

设计作品的整体效果是至关重要的。布局统一是指设计作品的整体性、一致性，包括风格和色彩两个方面。在网页设计时，尽量保持网站的主题颜色、字体、风格等一致性，保证网页的美观、和谐。

1）风格统一

网页设计风格统一非常重要，在设计过程中应该保持每个页面的设计风格基本相同。比如字体大小、标题、子标题、布局和按钮样式等在整个网站中要保持一致的风格。在进行网页设计时应该提前规划网页的整体布局，确保网页设计效果，如图 8-6 所示。

图 8-6　“故宫博物院”网站图案与文字

2）色彩统一

网页设计既要传达信息又要符合人们的审美。网页色彩设计应该遵循“总体协调，局部对比”的原则。网页色彩搭配合理可以使人心情愉悦，网页色彩设计在保证色彩生动的同时更应该保证与整体设计相呼应，如图 8-7 所示。

图 8-7　旅游网站的网页色彩

2. 网页内容连贯

网页设计要保持内容连贯。在设计过程中应该注意页面的相互关系，注意各部分内容在联系和表现形式上的相互呼应，保持设计风格的一致性，实现视觉上和心理上的连贯。

文本是大部分网页内容的主要呈现形式，也是为用户提供信息的主要手段。成功的网页设计不仅仅可以在视觉上吸引用户，还应该使内容更方便用户阅读。网页内容连贯、造型一致、风格统一、布局合理可以更好地满足用户各方面的需求。

3. 页面分割合理

页面分割是指将网页分成若干区域，各区域之间色彩、组成元素、内容等分别体现出各自的特点，用户使用时可以一目了然。当网页信息量大时，为了使用户得到良好的使用体验，一定要注意对页面进行有效的分割。

分割不仅是表现形式的需要，也是对于网页内容的分类归纳。为了使网页内容能够更好地呈现在用户面前，在设计网页时一定要避免过度堆砌。

4. 对比、和谐

对比是指通过颜色、尺寸、图像和分区等对比表现矛盾和冲突，使设计更加灵动，富有生气。在制作网页过程中，应该灵活准确运用对比手法，对比过强容易破坏网页的美感，影响用户感受；对比不够强烈，达不到想要的视觉冲击效果。

和谐是指整个网页和谐统一浑然一体，也指在制作与使用网页的过程中，维护社会和谐，传播正能量。成功的网页设计既有色彩、形状、线条、文本等的合理搭配，也有结构形式的合理布局，在保证网页功能的同时，形成的视觉效果与人的心理产生共鸣。网页设计必须做到内容健康并传播正确的价值观，维护网络世界纯净和谐，如图 8-8 所示。

图 8-8 “古典文学网”网站布局

【提示】

在网页设计中，应该注意在网页中适当“留白”。留白是指网页中不输入内容的位置，包括页面分割时各区域之间的界线，也包括为了保证网页效果设置的空白区域。留白区域根据网页布局进行设计，如果留白区域过大，则会有一种内容空虚，不够充实的使用感受；相反，如果留白区域过小，则会给人一种逼仄、紧张的局促感。

8.1.3 网站的分类

网站是指将多个网页系统地进行链接而形成的网页集合。网站可以分为多种类型，根据网站的内容不同，可以将网站分为门户网站、综合网站、行业网站、企业网站、娱乐休闲网站、电子商务网站、社交网站等；根据网站的商业用途不同，可以将网站分为营利性网站（如行业网站）和非营利性网站（如学校网站）；根据网站的所有权不同，可以将网站分为个人网站、机构网站、政府网站。

1. 门户网站

门户网站是指通向某类综合性互联网信息资源并提供有关信息服务的应用系统。门户网站可以使用特定的程序从互联网上搜集信息，再对信息进行组织和处理，为用户提供各类信息资源和与之相对应的信息服务，是用户了解资讯和各类信息的平台。门户网站的内容是多种多样的，按照信息服务种类划分，可以分为资讯类门户网站和搜索类门户网站两种类型。比较著名的资讯类门户网站有腾讯、网易、搜狐、新浪；搜索类门户网站有百度、中国搜索、谷歌等。

虽然不同的门户网站有着不同的内容和领域，但是都具有功能明确、实时信息传递及信息整合的特点。搜索类门户网站可以为用户提供强大的搜索引擎，便于用户搜索信息；而资讯类门户网站则可以为用户提供各类新闻资讯。

2. 政府网站

政府网站是指各级政府为了更好地履行职能，在各部门的信息化建设基础之上，建立起的跨部门综合业务应用系统，是政府机关面向社会提供服务，实现政务信息公开、服务企业和社会公众、互动交流的重要渠道，可以使公民、企业与政府工作人员快速便捷地接入政府部门的政务信息与业务应用，更好地执行政府职能。

从功能上讲，中央政府网站向全社会甚至世界展示中国政府形象，向公众提供法律、法规、规范性政府文件等；地方政府网站是直接面向当地社会公众，处理与民众密切相关的事务，为提高政府工作效率、发展地方经济、改善社会环境服务提供帮助。

3. 企业网站与行业网站

1）企业网站

企业网站作为企业名片，可以展现企业品牌形象、公司产品或公示业务流程、企业资讯新闻、企业信息等内容。完整的企业网站可以成为企业宣传品牌、展示服务与产品并进行经营活动的平台，是企业对外开放宣传、策划、沟通、交流的窗口。通过企业网站可以展示企业形象、扩大社会影响力、提高企业的知名度。在企业网站的基础上，融合产品推广的思维方法，发展线上推广，可以建设与企业产品相关的营销推广网站。

2）行业网站

行业网站是介绍某个具体行业的网站，可以为专业人员提供行业动态，反映行业特点。网站主要介绍的是行业的动态信息、产品知识、生产厂家信息、行业新闻等，专业性很强，如食品伙伴网、医药网、中国家电网等。

4. 电子商务网站

电子商务是指买卖双方通过使用电子通信方式进行各种商贸活动。通俗地讲，电子商务就是在网上进行商品买卖，购买的对象可以是企业，也可以是消费者。电子商务包括两方面内容：电子方式和商贸活动。

电子商务网站分公司商城网站和电商网站两种。公司商城网站是在企业网站的基础上，添加了商品购买功能，使用户能够使用电子设备，完成购买。电商网站包括 O2O/B2B/ B2C/C2C/分销商等电子商务种类。电子商务网站可以促进网上销售市场的发展。

5. 娱乐休闲网站

娱乐休闲网站是以提供娱乐信息和相应的娱乐服务功能为目的建立的网站，是专门从事经营性文化娱乐活动的网络媒体，可以为用户提供丰富多彩的娱乐内容，包括音乐、视频、游戏等娱乐项目的网站，还包括小说网站、视频网站、音频网站、游戏网站、社交网站等，这类网站通常色彩鲜艳明快、内容丰富，设计风格轻松活泼，设计要求比较高。

6. 社交网站

社交网站是支持用户通过网络进行社交的工具，负责人与人之间的沟通，其中社交是目的，网络是途径。典型的社交网站包括 QQ 空间、微信、微博、博客、论坛等，如图 8-9 和图 8-10 所示。个人网站也属于社交网站。

图 8-9　QQ 空间

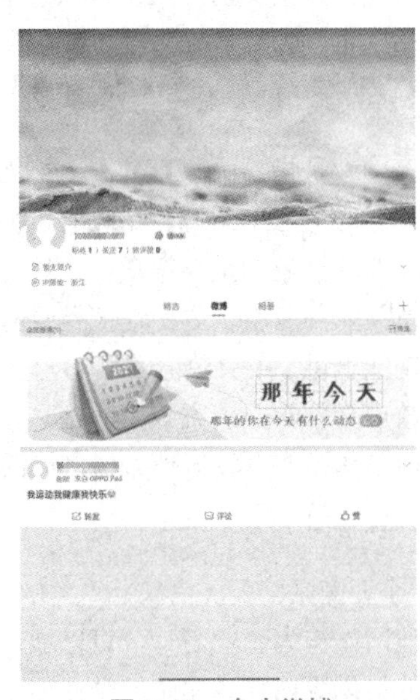

图 8-10　个人微博

【提示】

个人网站是由个人在网上开通的，可以发布个人信息的网站。个人网站的设计比商业网站的设计自由，设计目的不同，网站的设计也会有很大的差别，个人网站不一定是自己制作的，也不一定很优美、很完善，但设计一定要和谐有个性，一定要以个人信息为主，既可以发表个人见解和观点，也可以发布个人作品等。

任务实施

总结政府网站的特点

政府网站都是围绕“政府信息公开、在线办事、政民互动”三项主要内容展开的。政府网站与其他网站的不同之处在于，政府网站是用于全民交流的政务版，以实现集“安全、资源整合、在线服务、信息公开、民主参与”于一身的政府网站平台为核心目的，重点突出“公众参与、在线办事、政务公开”等核心内容。网站首页的整体布局应简洁大方，网页背景多为纯色，可以用标志性建筑或历史古迹等作为主页背景，也可以以水印的方式显示网站的 Logo 和单位名称，以便产生较高的识别度。可以将网页划分为主题登录、在线办事、今日政务、民生热点及各级政府链接等部分。政府网站要以能够实现对外宣传的窗口作用，成为民政交流互动的平台。

任务评价

填写任务评价表，如表 8-1 所示。

表 8-1　任务评价表

工作任务清单	完成情况
（1）认识网站标识、功能区、导航栏	○优　○良　○中　○差
（2）区分不同网页正文内容及附加信息的区别	○优　○良　○中　○差
（3）掌握网页设计的基本原则	○优　○良　○中　○差
（4）掌握门户网站、政府网站的特点	○优　○良　○中　○差
（5）掌握企业网站、行业网站和电子商务网站的特点	○优　○良　○中　○差

任务拓展

分析功能网站，总结网页结构。

任务 8.2　学习网页设计的步骤与流程

任务情境

【任务场景】在互联网高速发展的今天，网络已经成为人们获取信息资源的重要途径。信息的获取离不开网页，网页的主要作用是将用户需要的信息与资源采用一定的手段进行组织，通过网络呈现给用户。网站都是由多个网页构成的，用户访问网站的界面是网页，所以网站设计就是对网站中的每个网页进行设计。在制作网站时，先要设计网站的整体布局。

【任务布置】掌握网页设计步骤，包括网站设计目的分析、确定网页设计方案、收集素材编辑网页、检查网页；了解网页设计的流程，包括设计主题、规划内部结构、版面布局设计、网页色彩搭配。

知识准备

8.2.1 网页设计的步骤

网站作为上网的主要依托，随着人们对网络的频繁使用而变得日益重要。在设计网页过程中，首先需要根据市场需求状况、自身的情况进行综合分析；然后以业务目标为中心进行功能策划，以满足用户体验、网页精美为目标进行设计，使用合理的颜色、字体、图片、样式进行网页设计并进行美化；最后根据用户反馈，进行页面设计调整，以达到最优效果。

1. 网站设计目的分析

网页的主要作用是将用户需要的信息与资源，使用一定的技术手段进行编辑，通过网络呈现给用户。由于设计者需要通过网站向用户提供某些服务，所以网页设计必须首先明确设计站点的目的和用户的需求，网页设计就是根据设计者希望向用户传递的内容（包括产品、服务、理念、信息）进行策划，并对页面进行美化，作为网站主体对外宣传的一种方式。

制作网站的目的是建立完善的信息展示平台，树立政府、企业、个人或店铺形象，为用户提供更多的信息及资源。

2. 确定网页设计方案

不同类型的网站设计也会有所区别，先确定要制作哪一种类型的网站后，再进行合理规划，包括明确网站的功能、设计版式类型和确定网站面对的用户等。

由于设计网页的目的不同，所以选择的网页策划与设计方案也会有所不相同。在制作网站前，先要进行网站页面的整体设计，做出切实可行的设计方案。而在网页设计中，最先提到的就是网页的布局，布局是否合理、美观，将直接影响到用户的浏览体验及访问时间。

网站的目的明确之后，就要考虑网站要展示的具体内容，还要考虑如何使内容系统化，如何把各项内容在网页中合理布局，如何规划网页之间的关系。最重要的是将这些信息以什么方式、在什么位置展示给用户，也就是制定网页设计方案。在制定网页设计方案时，要注意结合主题和具体内容来规划结构。

3. 收集素材

在网页设计方案确定以后，就可以根据主题和结构的规划收集素材。素材大致包括文字、音频、视频、动画、表格、超链接、图像等。

4. 编辑网页

做好各项准备工作之后，开始编辑网页，也就是对收集到的素材进行处理，根据设计要求，将这些文字、图像、动画等按照设计好的方案合理安排，组合到网页中。根据网站类型，面向用户来设计，网站的版面不宜太过杂乱，一定要简洁，保证提供良好的用户体验。

5. 检查网页

网页制作完成后，在发布之前，需要对网页进行检查，包括内容的合理性、合法性、科学性和实用性，网页中链接的正确性及网页整体美观性等。在网站程序编写完成后，网站的雏形就形成了，但这时网站还是不完善的，需要进行测试评估，从用户的角度去体验和观察，逐渐完善和更新网站。网页设计需要不断更新换代、推陈出新，应随时把握最新的设计趋势，时常更新网页内容。

【课堂训练 8-1】

制定个人网站设计方案。

8.2.2 网页设计的流程

在设计网页时先要考虑的是网站功能和用户需求，所有的设计都围绕着网站功能和用户需求进行，这样才能做出可行的设计计划。

网页设计的协调性能够影响网页的视觉效果。网页元素合理搭配、统筹处理，可以形成一个和谐的整体，提高用户体验。好的网页设计要有序进行，无论哪一种类型的网站，在进行网页设计时，都是有计划并且对计划不断完善的过程，大多都遵循“主题—结构—布局—色彩搭配”的基本流程，不同的网页设计流程也会有所差异。图 8-11 所示为网页设计流程图。

1. 主题设计

网页设计的首要任务就是确定网站的主题，网站主题取决于网站的应用范围与建设目的。在明确了网站的应用范围与建设目的后，即可对网站的整体风格和特色做出定位，设计网站的主题。在目标明确的基础上，完成网站的构思创意，即总体设计方案，进而规划出网站的组织结构。在选择主题时，要做到定位小、内容精，也就是网站的服务范围小，内容精炼准确。设计主题既要从用户的角度考虑，又要有自己的风格特点，在同类网站中做到个性鲜明、容易识别、便于操作。

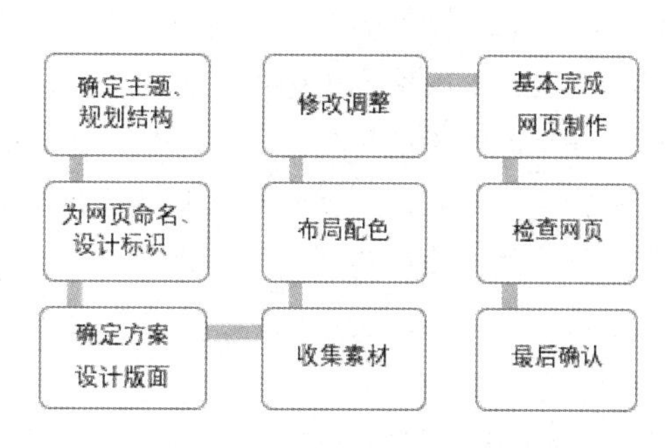

图 8-11 网页设计流程图

2. 规划内部结构

在网页设计中，规划内部结构也是非常重要的，详细的规划能避免在建设网站过程中出现的诸多问题，使网站建设能顺利进行。

在设计网页之前应该提前规划好布局样式，确定文本、按钮等的字体和颜色，并在开发过程中保持风格一致。网页设计风格的一致性非常重要，尽量保持每个页面的设计风格基本相同。网站中的所有图像、文字，还有背景颜色、分割线、标题、注脚，要统一一致，贯穿整个网站，为用户提供舒适、友好、简单的访问体验。使用户在使用过程中感到舒服、顺畅，感受到网站的专业性。网页设计的主要目的是功能展示，因此在设计网页时要保持网页尽可能简单。干净整洁的网页设计，不仅可以使网站更有吸引力，而且可以帮助用户快速了解网站。

8-1 常见的网页布局结构.pdf

3. 版面布局设计

网页是网站构成的基本元素。网页是否精美的因素不仅包括色彩的搭配、文字的变化、图片的处理等，还有一个非常重要的因素——网页的布局。网页布局就是以最适合用户浏览的方式将素材排放在网页的不同位置，将用户需要的内容充分展示出来，通过文字图形的空间组合，表达出和谐与美感。网页布局种类包括“国”字形布局、拐角形布局、标题正文布局、封面布局、“T”字形布局、“口”字形布局、对称对比布局、POP 布局。

在网页设计中，布局是否合理、美观，将直接影响用户的使用体验。含有多个网页的网站，在编排设计时要把网页之间的有机联系反映出来，要处理好网页之间和网页内的秩序与内容的关系，反复推敲整体布局的合理性。版面布局从用户体验的角度出发，将图片和文字排放在网页的适当位置，方便用户浏览。不同的设计者会针对不同的网站主题，采用适当的布局设计，既可以为用户提供良好的服务，又可以体现网站设计的专业程度，使网站成为宣传的窗口。

4. 网页色彩搭配设计

色彩是艺术表现的要素之一。在网页设计中，根据和谐、均衡和重点突出的原则，可以将不同的色彩进行组合、搭配，根据色彩对人们心理的影响，合理地加以运用，可构成漂亮的网页。为了做到主题鲜明突出，要点明确，将不同的色彩进行组合，使配色和图片围绕主题，充分表现网站的个性，使网站更有特点。网页的色彩要设置合理，既引人注目又与众不同，使用户对网页产生强烈的印象；色彩要与网页表达的内容相匹配，要与网页的内涵相关联。一个网站不能只使用一种颜色，否则会让用户感觉单调；但也不能使用过多的颜色，否则显得页面杂乱，会使人感觉眼花缭乱，毫无规律和美感。所以一个网站必须要有主题色，确定网站的主题色是网页色彩搭配必须考虑的问题。在进行网页色彩搭配设计时，应该根据主题内容的需要，确定色彩的主次关系和色彩的使用面积，适度安排冷暖色调，并注意整体和局部的统一。

【课堂训练 8-2】

打开常用的网站主页，总结网页主题与色彩搭配的特点。

任务实施

解析娱乐网站“土豆网”首页的设计特点

“土豆网”网页的版面为“国”字形布局，内部结构分为页眉、正文和页脚 3 部分。页眉包括网站 Logo、搜索框和登录区 3 项内容；页脚主要显示附加信息，包括网站的基本信息、联系方式、版权声明及相关链接；正文部分为该视频网站的主要内容，包括热点信息、新鲜资讯、体育资讯和影院热播四大板块。

通过观察网站可以看到，“土豆网”的页眉颜色与页脚处二维码的颜色均为橙色，所以网页的主题色为橙色。正文部分的背景色为白色，网页中文字颜色以黑色为主，白色和灰色为辅，内容区图像以蓝色为主色调，偶尔有少量的红色和黄色。主题、背景及内容相结合，使网页色彩鲜艳明快、赏心悦目。

8-2 解析娱乐网站“土豆网”首页的设计特点.mp4

任务评价

填写任务评价表，如表 8-2 所示。

表 8-2　任务评价表

工作任务清单	完成情况
(1) 网站设计目的分析	○优　○良　○中　○差
(2) 确定网页设计方案	○优　○良　○中　○差
(3) 收集素材、编辑网页并检查网页	○优　○良　○中　○差
(4) 掌握网页设计流程	○优　○良　○中　○差

任务拓展

8-3 网页制作的注意事项.pdf

了解在网页制作过程中需要注意的问题。

任务 8.3　制作“图书销售”网站首页

任务情境

【任务场景】在 Photoshop 中制作网页，主要制作网页的框架。网页中的元素有很多，包括导航条栏、网页底部的页脚设计、网页主题内容的确定、特效文字的制作、动作按钮的设计等。

【任务布置】分析要制作的网站在同类网站中的特色和市场定位，确定网站风格；制定设计方案并收集整理素材；制作网页要素包括背景主题、网页标题、导航栏及分割线、登录区、网页内容和附加信息。

知识准备

8.3.1　任务解析

图书销售网站是商家在自己的网站上宣传所经营的图书商品，用更快捷、更全面、更加直观的方法让更多的客户了解自己的商品，促进交易。

1. 分析网站的市场定位

网上在线交易是通过网络去查询和购买所需商品，使人们有更多的选择。如今快节奏的生活状态，使人们减少了去实体店购买商品的时间，新手父母们忙于家务、工作和育儿，繁忙的事务导致他们更喜欢网上购物和交流。

网上图书销售是为了适应现代人的生活节奏而产生的。本次任务需要设计的是针对儿童教育及婴幼儿读物的电子商务网站，网站面对的用户是少年儿童及年轻的新手父母，图书种类既包括适合学龄前儿童的读物，也包括适合新手父母培养孩子学习时使用的工具书。

2. 确定网站风格

网站主题越集中，网站提供信息的质量也会越高；网站内容丰富更受用户欢迎，在推荐网站时位置也会越靠前。网站风格与主题相适应，更有利于网站的推广。

趣味性是培养儿童学习知识的原动力。根据儿童的生理和心理特点，可以通过有趣的内容调动儿童的积极性，在潜移默化中培养儿童学习知识的兴趣。儿童图书销售网站兼顾销售和传播知识的功能，因此网站的整体风格要保持严肃；因为销售的主要商品是儿童读物，所以要做到色彩艳丽、颜色搭配合理，给用户留下深刻的印象，使用户的购物过程轻松、快捷、方便。

3. 制定设计方案

综合以上的网站风格及市场定位，制定网站的设计方案：为了适应儿童的心理特点，以卡通图案和艳丽的色彩为主题；确定网站名称为“宝贝书房”；在网站标识中含有图书和儿童的元素；设计版面为“国”字形结构布局；对所收集的素材进行裁剪并调整色彩，保证布局的和谐统一。

在制定设计方案时需要注意的是：网站布局要与网站的特点相结合，对进入网站的用户有足够的吸引力并包含与年龄相符的时尚元素；在使用过程中可以使用户快速找到目标；能够满足用户需求；接受用户的反馈信息，完成网站与用户之间的双向交流；及时更新网站内的商品。

4. 收集整理素材

在收集整理素材时应该根据已经确定的网站风格进行适当的调整，使图像素材的色彩、色调与主题相符，使音乐、视频素材与网站风格一致。

【提示】

在制作网页的素材文件时，可以根据需要提前对图像素材的色彩、亮度和对比度等进行编辑。

8.3.2 制作网页

根据任务目的制作图书销售网站首页，如图 8-12 所示。

图 8-12　图书销售网站首页效果图

1. 背景主题

（1）打开 Photoshop，按快捷键 Ctrl+N 或执行“文件”→“新建”命令，在打开的“新建文档”对话框中设置文档名称为“图书销售网站背景”，宽度为 1000 像素，高度为 600 像素，分辨率为 72 像素/英寸，颜色模式为 RGB，背景为白色，如图 8-13 所示。单击“创建”按钮，完成画布的创建，效果如图 8-14 所示。

（2）选择“8-1.psd”素材文件，建立新的图层。执行“文件”→“置入嵌入的对象”命令，在打开的对话框中选择素材文件。调整图像与画布大小一致。设置图层不透明度为 30%，填充为 50%。使用同样的方法，选择“8-2.psd”素材文件建立新的图层，调整图层的位置与大小，设置不透明度为 80%，填充为 70%。

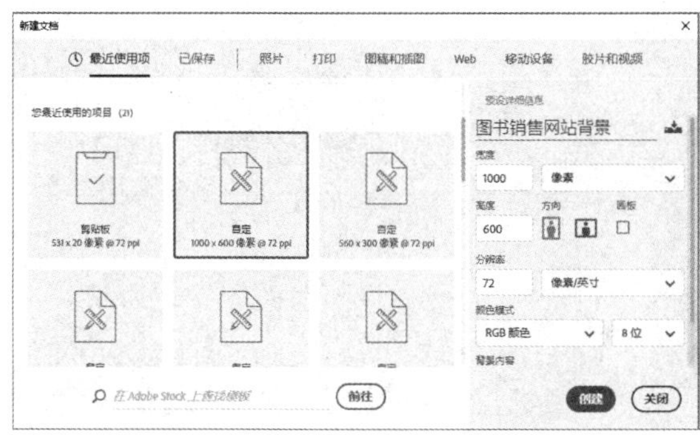

图 8-13 “新建文档”对话框

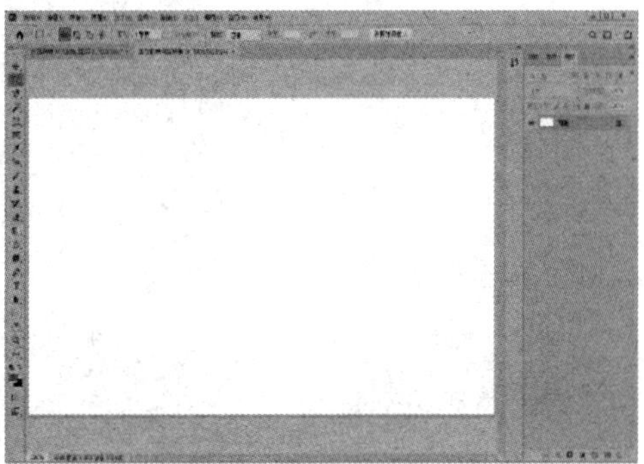

图 8-14 图书销售网站背景效果

（3）执行“文件”→“打开”命令，打开“8-3.psd”素材文件，使用“椭圆选框工具”制作椭圆选区，使用“移动工具”将选区移动到“图书销售网站背景”文件中，调整选区的大小和位置，创建新图层；使用同样的方法，选择“8-4.psd”素材文件，创建新图层。设置图层不透明度为 100%，填充为 80%，效果如图 8-15 所示。

图 8-15 背景主题效果

2. 网页标题

（1）设置网页标题：选择“横排文字工具”，在网页顶端输入文字“宝贝书房”。设置文字为华文琥珀、60 点、抗锯齿为无、黑色。设置变形文字为扇形弯曲 49%、水平扭曲 13%、垂直扭曲-59%。

（2）设置标题色彩：单击图层功能区右下角的“创建新图层”按钮，创建“图层 3”。先选择“图层 3”后，再选择“画笔工具”，设置笔尖大小为 60。在属性栏中打开“画笔设置”对话框，在左侧的画笔笔尖形状区域勾选“散布”复选框，设置散布值为 1000%，数量为 2，如图 8-16 所示。勾选“颜色动态”复选框，并勾选“应用每笔尖”复选框；设置色相抖动值为 100%，饱和度抖动值和亮度抖动值均为 10%，如图 8-17 所示。选择两种颜色作为前景色和背景色，颜色可以任选，但一定要新鲜艳丽。设置完成后，在“图层 3”中添加色彩，色彩添加越密集，色彩种类越多，后面的效果越明显。

（3）色彩添加完成后，在按住 Alt 键的同时，单击图层名称区域中“图层 3”与“宝贝书房”两个图层的中间位置，得到彩色的文字效果，即网页标题效果如图 8-18 所示。

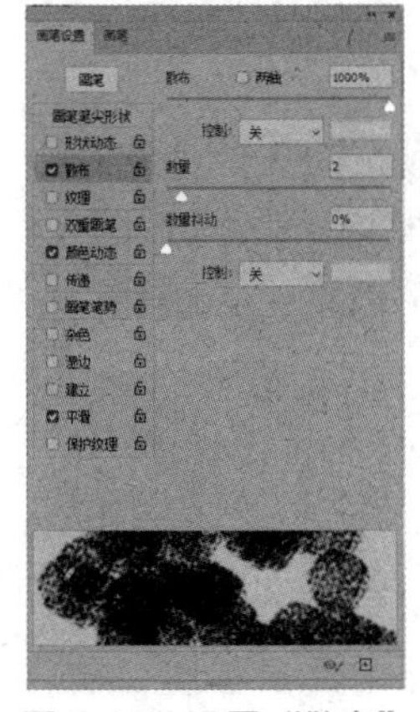

图 8-16　设置“散布”参数

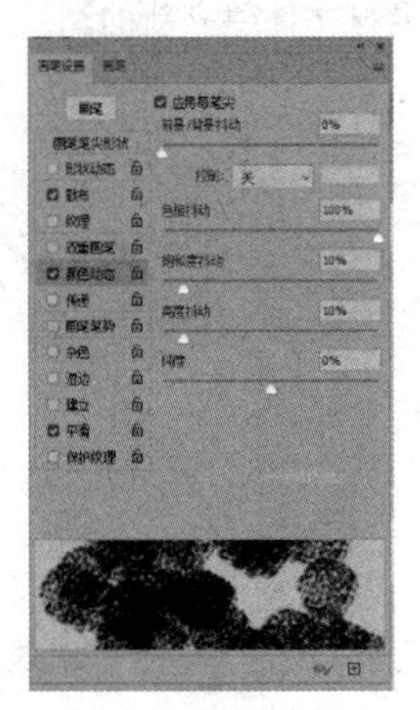

图 8-17　设置“颜色动态”参数

图 8-18　网页标题效果

3. 导航栏、分割线

（1）制作导航栏：选择“矩形工具”，在网页适当位置绘制矩形，属性设置如图 8-19 所示。

（2）绘制分割线：设置图层的前景色为灰色。选择“单列选框工具”，将导航栏分割为宽度相等的 5 份。右击导航栏，在弹出的快捷菜单中执行“填充”命令，在打开的对话框中设置“内容”为“前景色”。完成颜色设置后，再次右击导航栏，在弹出的快捷菜单中执行“取消选区”命令。灰色分割线制作完成。

（3）选择“横排文字工具”，在导航栏内输入文字“网站导航”“联系客服”“商品分类”“合作伙伴”“放入书架”。设置文字为黑体、18 点、抗锯齿为锐利、黑色，效果如图 8-20 所示。

图 8-19　设置“导航栏”属性

图 8-20　导航栏与分割线效果

4. 登录区

（1）绘制登录区背景：选择“圆角矩形工具”，在页面的适当位置绘制大小适中的圆角矩形。属性设置如图 8-21 所示。

（2）制作有登录区按钮：选择“圆角矩形工具”，在登录区背景处绘制图层，属性设置如图 8-22 所示。复制图层，并选择“横排文字工具”，分别输入文字“用户名”“密码”“验证码”“15JT”。设置文字为华文楷体、16 点、抗锯齿为锐利、黑色。再次选择“圆角矩形工具”，绘制图层，属性设置如图 8-23 所示。复制图层完成登录区制作，效果如图 8-24 所示。

图 8-21　设置登录区背景属性

图 8-22　设置登录区按钮属性（1）

图 8-23　登录区按钮属性设置（2）

图 8-24　登录区效果

5. 内容

（1）导航区：选择“横排文字工具”，在页面左侧区域创建图层，输入文字“图书分类”。设置文字为黑体、18 点、抗锯齿为锐利、黑色。再次选择“横排文字工具”，输入图书类别，并在页面右侧输入榜单名称。设置文字为华文楷体、16 点、抗锯齿为锐利、黑色。

（2）搜索框：使用“矩形工具”在适当位置分别绘制两个矩形，属性设置如图 8-25 和图 8-26 所示。选择“横排文字工具”输入文字“搜索”，设置文字为黑体、22 点、抗锯齿为锐利、灰色。

（3）在页面适当位置使用“椭圆工具”绘制两个椭圆形状，属性如图 8-27 所示。分别输入文字“购物车 0”和“我的订单”。设置文字为黑体、18 点、抗锯齿为锐利、黑色。

（4）执行“文件”→“置入嵌入对象”命令，在页面中央位置插入“8-5.psd”素材文件，效果如图 8-28 所示。

图 8-25　设置搜索框属性（1）

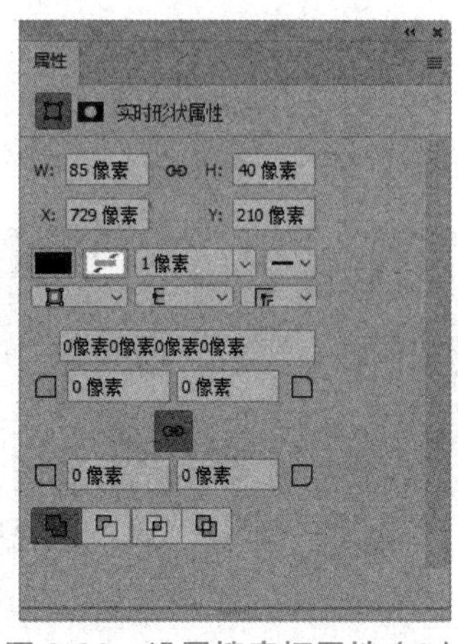

图 8-26　设置搜索框属性（2）

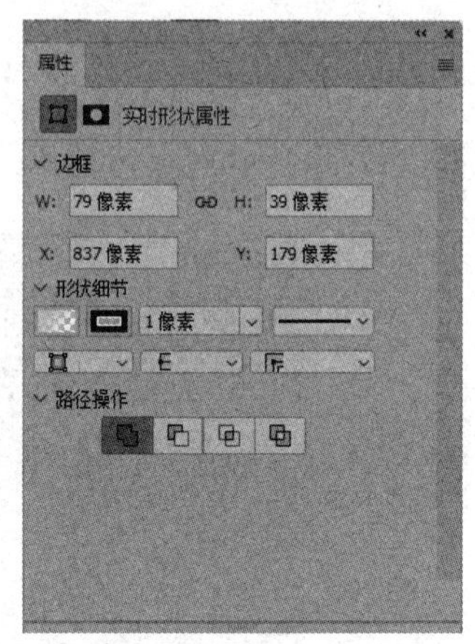

图 8-27　设置椭圆形状属性

图 8-28　输入内容信息后的效果

6. 附加信息

在页面底部编辑附加信息：经营许可证、购物指南、物流配送等信息。因网站种类的不同，附加信息会有差别，有些页面底部的附加信息还包括网页版权、网站拓展业务链接等，至此网页制作完成。

【课堂训练 8-3】

制定设计个人网站的方案。

任务实施

8-4 制作宠物摄影网站.mp4

制作宠物摄影网站

（1）制作背景：按快捷键 Ctrl+N 或执行“文件”→“新建”命令，在打开的“新建文档”对话框中设置名称为“宠物摄影网站背景”，宽度为 800 像素，高度为 600 像素，分辨率为 72 像素/英寸，颜色模式为 RGB，背景为白色。执行“文件”→“置入嵌入对象”命令导入“8-6.psd”素材文件。执行“图层”→“新建填充图层”→“渐变”命令，创建背景图层。设置背景图层参数，如图 8-29 所示，单击“确定”按钮，背景效果如图 8-30 所示。

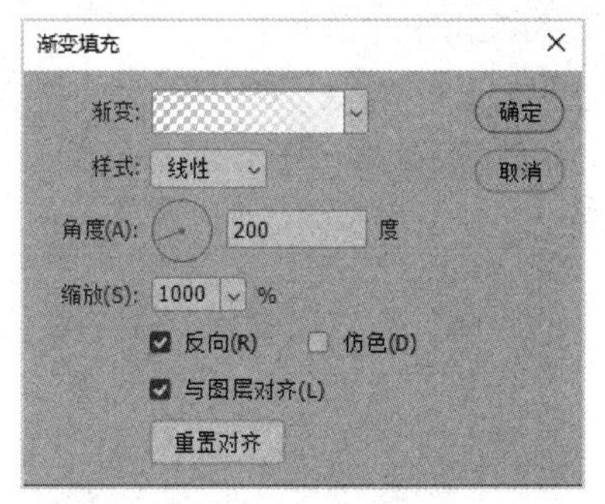

图 8-29　设置背景图层参数

图 8-30　背景效果

（2）制作标题：使用“横排文字工具”，在页面顶部适当位置，输入文字“萌宠摄影”。设置文字为华文琥珀、60 点、锐利，颜色以鲜艳、多彩为主，可自行设计，设置变形文字参数，如图 8-31 所示，效果如图 8-32 所示。

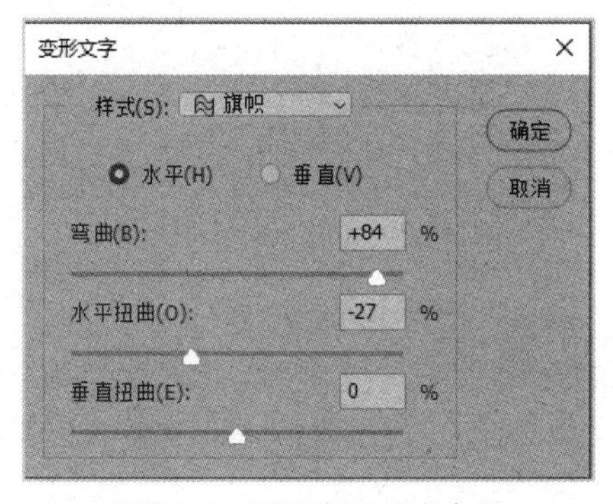

图 8-31　设置变形文字参数

图 8-32　标题效果

（3）制作导航栏：在标题下方，使用“矩形工具”绘制矩形，设置导航栏形状参数，如图 8-33 所示。使用“横排文字工具”，添加文字“网站首页”“关于我们”“样片欣赏”“重点介绍”“服务报价”。设置文字为方正舒体、30 点、RGB(101,21,87)，如图 8-34 所示。

（4）制作登录区：在页面的右上角，使用“椭圆工具”绘制登录区背景图层，参数设置如图 8-35 所示。使用“横排文字工具”，添加文字“会员号”，设置文字为宋体、20 点、黑色。在文字上方使用“圆角矩形工具”绘制形状，参数设置如图 8-36 所示。

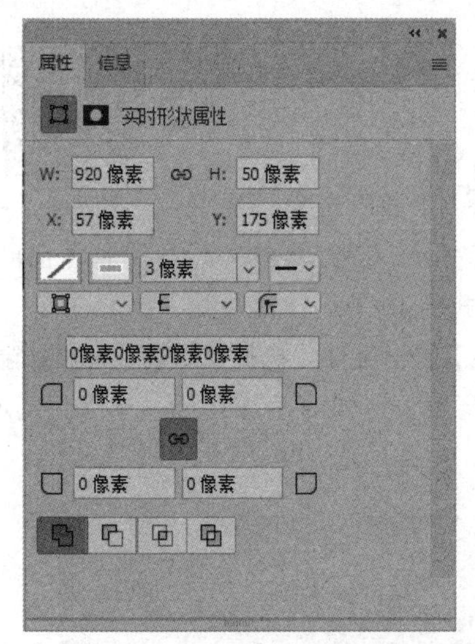

图 8-33　设置导航栏形状参数

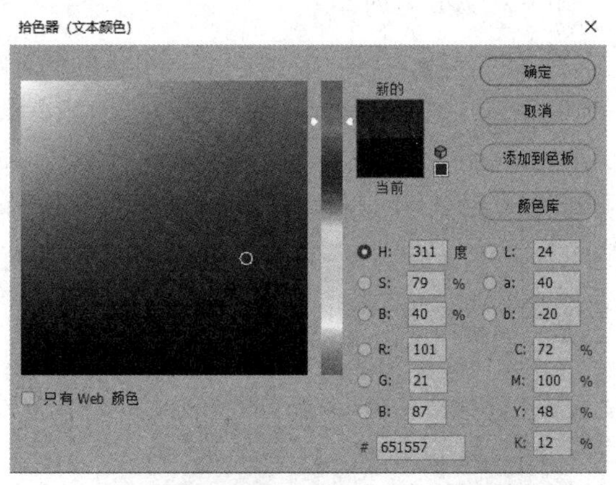

图 8-34　设置导航栏文字颜色参数

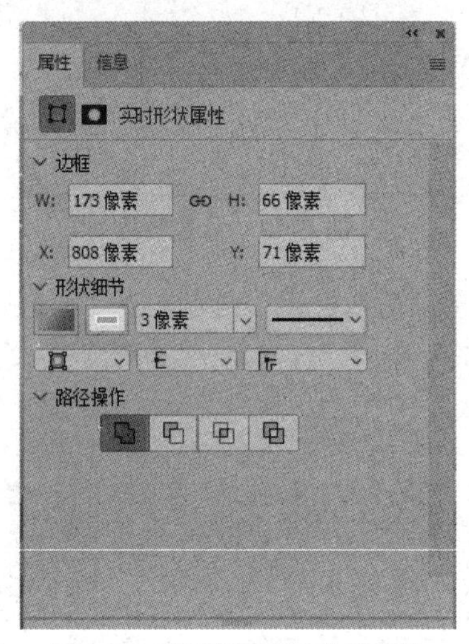

图 8-35　设置登录区背景参数

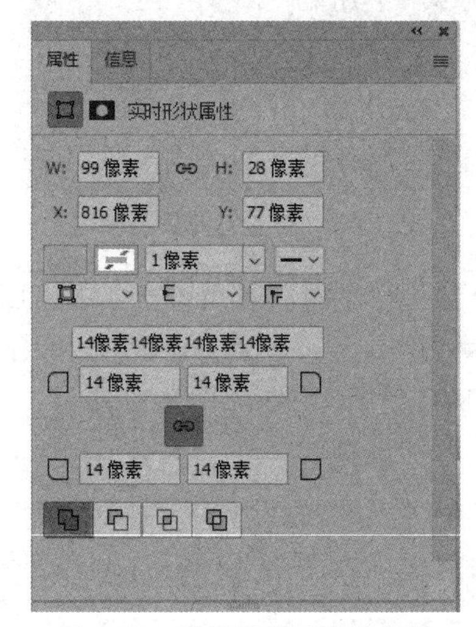

图 8-36　设置登录区形状参数

（5）制作内容：分别打开“8-7.psd”“8-8.psd”“8-9.psd”“8-10.psd”素材文件，调整图像素材的大小、形状、色彩、对比度等并进行保存。执行“文件”→“置入嵌入对象”命令，在适当位置添加调整后的图像素材。也可以在打开图像素材后，使用“椭圆选框工具”或“矩形选框工具”制作选区，并将选区移动到摄影网站的背景图层中。

（6）编辑附加信息：执行“文件”→“置入嵌入对象”命令，在页面的右下角添加“8-11.psd”素材文件，调整其大小及位置。使用“横排文字工具”，添加文字“24 小时服务热线 800-400-0000”，设置文字为方正舒体、30 点、黑色。宠物摄影网站效果如图 8-37 所示。

【提示】

在制作与摄影相关的网页时，对图像素材的质量要求较高，在使用时可以根据需要对图像素材的色彩、亮度、对比度等进行适当的调整，也可以根据网页的大小对图像素材的大小进行调整。

图 8-37　宠物摄影网站效果

任务评价

填写任务评价表，如表 8-3 所示。

表 8-3　任务评价表

工作任务清单	完成情况
（1）分析网站的市场定位	○优　○良　○中　○差
（2）确定网站风格	○优　○良　○中　○差
（3）制定设计方案	○优　○良　○中　○差
（4）收集整理素材	○优　○良　○中　○差
（5）制作网页背景主题	○优　○良　○中　○差
（6）制作网页标题	○优　○良　○中　○差
（7）制作导航栏、分割线	○优　○良　○中　○差
（8）制作登录区	○优　○良　○中　○差
（9）制作网页内容及附加信息	○优　○良　○中　○差

任务拓展

8-5 制作金属质感的按钮.pdf

制作金属质感的按钮。

项目总结

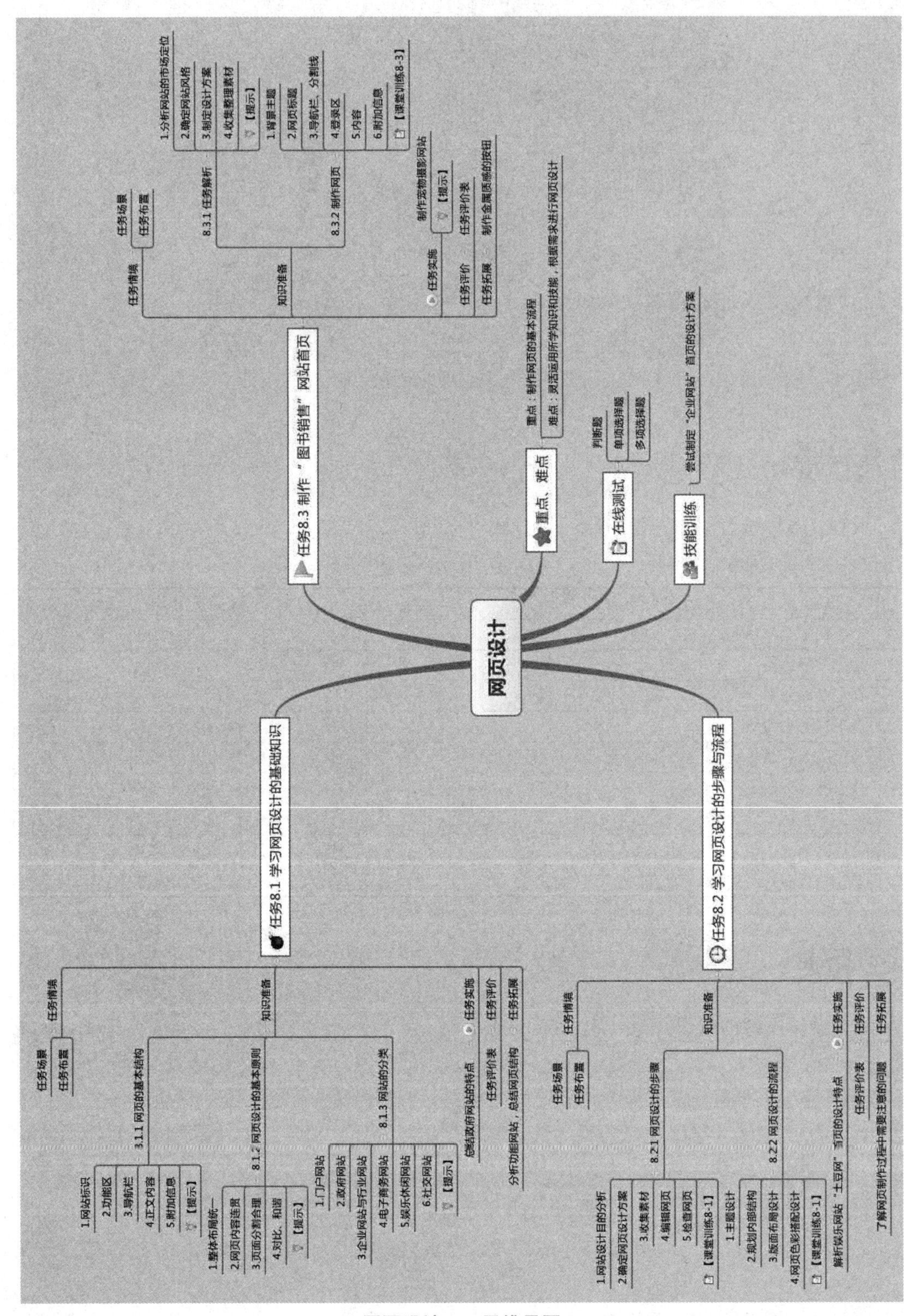

网页设计——思维导图

在线测试

网页设计——在线测试

技能训练

尝试制定“企业网站”首页的设计方案。

教学单元设计

网页设计——教学单元设计

参考文献

[1] 张秀杰．图形图像处理—平面创意设计与实现教程[M]．北京：北京师范大学出版社，2020．
[2] 黑马程序员．Photoshop 图像处理案例教程[M]．北京：中国铁道出版社，2020．
[3] 黑马程序员．Photoshop CC 设计与应用任务教程（第二版）[M]．北京：人民邮电出版社，2021．
[4] 黑马程序员．Photoshop CS6 图像设计案例教程（第二版）[M]．北京：中国铁道出版社，2020．
[5] 贺海英．图形图像处理 Photoshop 2020 实战教程[M]．北京：水利水电出版社，2022．